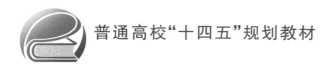

普通高校"十四五"规划教材

飞机液压系统

崔祚　周帮伦　高麒麟　陈坚　编

U0244747

北京航空航天大学出版社

内 容 简 介

本书以飞机液压系统为对象,首先介绍了飞机液压系统的流体传动、液压油等相关知识,然后对飞机液压传动系统中常用的液压元件进行了详细的阐述,包括液压泵、液压缸、液压控制阀及液压辅助元件等,并介绍了空客 A320 和波音 B747 飞机的液压系统,最后论述了液压系统在现代飞机上的应用,包括飞机起落架收放系统、襟翼收放系统、起落架机轮刹车系统等。

本书侧重液压传动的理论知识,并与飞机液压系统工程实际相结合,可供普通高等院校学生使用,也可为从事与飞机液压系统相关工作的技术人员提供参考。

图书在版编目(CIP)数据

飞机液压系统 / 崔祚等编. – – 北京 :北京航空航天大学出版社,2021.5

ISBN 978 - 7 - 5124 - 3520 - 9

Ⅰ. ①飞… Ⅱ. ①崔… Ⅲ. ①飞机—液压系统 Ⅳ. ①V245.1

中国版本图书馆 CIP 数据核字(2021)第 092302 号

飞机液压系统

崔 祚 周帮伦 高麒麟 陈坚 编
策划编辑 蔡 喆 责任编辑 蔡 喆

*

北京航空航天大学出版社出版发行

北京市海淀区学院路 37 号(邮编 100191) http://www.buaapress.com.cn
发行部电话:(010)82317024 传真:(010)82328026
读者信箱:goodtextbook@126.com 邮购电话:(010)82316936
涿州市新华印刷有限公司印装 各地书店经销

*

开本:710×1 000 1/16 印张:18.25 字数:389 千字
2021 年 8 月第 1 版 2024 年 7 月第 2 次印刷 印数:2 001～3 000 册
ISBN 978 - 7 - 5124 - 3520 - 9 定价:59.00 元

前　言

在大力发展航空制造业的战略前提下,我国近年来大力发展大飞机、航空发动机等高端装备。在现代飞机上,液压系统是一种非常重要的操纵系统,是保证飞机正常飞行和安全的关键系统,如飞行操纵系统、前轮转弯操纵、起落架的收放、刹车操纵和发动机反推等。

编写组成员长期从事飞机液压系统设计相关课题的研究,在多年来的教学和工程实践中积累了大量的飞机液压系统资料,对飞机液压元件及系统的设计开发和使用等具有丰富的经验。在编写过程中,重视理论和实际相结合,以液压基础理论为根本,详细阐述了液压系统理论知识、液压元件的工作原理、结构特点和应用等内容;重视将理论与飞机液压系统的实际应用相结合,注重应用性和综合性。通过对空客 A320 和波音 B737 飞机液压系统的论述,讲述了起落架收放系统、襟翼收放系统、起落架机轮刹车系统的有关知识。

目前,很多国内高校都开设了航空航天类专业,但是关于飞机液压系统的教材较少。本书力求通俗易懂,重点阐述飞机液压系统的关键元件,如航空柱塞泵、增压油箱、伺服阀、作动器、液压密封等,针对飞机液压系统的核心内容,详细分析其特点,为元件设计提供理论支持。另外,本书注意吸收其他院校在教学中的教学内容,在章节末尾配有相应的习题,以使学生更好地理解相关内容。本书可供普通高等院校学生使用,也可为从事与液压系统相关工作的专业技术人员提供参考。

全书由崔祚任主编,其中第 1 章和第 2 章由崔祚编写,第 3 章和第 4 章由高麒麟和周帮伦编写,第 5 章由周帮伦编写,第 6 章和第 7 章由陈坚编写,附录部分由崔祚和高麒麟编写。

由于编者水平有限,书中难免有疏漏和不当之处,对书中不足之处,恳请广大读者批评指正。

编著者

2020.09

目　　录

第1章 概　论

　　飞机的机动性主要靠驾驶员操纵机翼上升降舵、方向舵、副翼等来实现。对于小型飞机，操纵机翼较为轻巧，驾驶员可依靠自身来控制驾驶杆和脚蹬，或拉动钢索使副翼、水平舵或方向舵偏转。但是，对于大型民用飞机，驾驶员无法通过自身去操纵机翼或尾翼，这就必须依靠合适的助力机构。目前，常用的机械助力机构（如杠杆、滑轮、齿轮等）在现代飞机上很难应用，主要原因在于机械传动在传递力或力矩的过程中存在时滞性，影响对飞机的快速操纵。另外，部分机械助力机构是单向传力的，而对飞机的操纵往往是双向的，这也限制了机械助力机构的应用。

　　在飞机设计中，液压传动系统依靠其独特的优势，协助驾驶员用较小力量操纵笨重的飞机操纵面。液压传动系统是指以液体作为工作介质，利用液体的压力能来传递能量的传动系统。目前，液压传动被广泛应用于不同的工程技术领域，如航天航空、工程机械、矿山冶金、建筑机械和石油化工等。本章将介绍液压传动的工作原理，阐述飞机液压系统的组成、优缺点和发展趋势。

1.1　飞机液压系统概述

　　飞机的液压系统主要分布在主飞行舵面、辅助飞行舵面、起落架和功能系统中。如图 1.1 所示，典型民用飞机舵面包括主舵面和辅助舵面。主舵面包括方向舵、升降舵、副翼，其中方向舵主要完成飞机偏航控制，升降舵主要完成飞机升降控制，副翼主要完成飞机滚转控制。辅助舵面包括扰流板襟翼、缝翼和安定面等。扰流板辅助主/辅助舵面来改善飞机的控制性能，提供起飞、着陆时的增升动力，增加地面或飞行中的气动阻力。襟翼和缝翼主要增大飞机机翼面积，控制飞机升降。安定面分为水平和垂直安定面，分别用于保持飞机横向和纵向的平衡与控制。起落架主要用来承受、消耗和吸收飞机着陆与在地面运动时的撞击能量，协助飞机完成转弯和制动。功能系统主要包括手动舱门等，实现飞机上下客等基础功能。

　　飞机的液压系统的基础是液压传动，是利用液体静压来完成能量传递的一种方式，是一门相对成熟的学科。早在 17 世纪中叶，帕斯卡提出了静压传动原理，奠定了液压传动学科的基础。1795 年，英国的约瑟夫·布拉以水为工作介质，研制了世界上第一台水压机。1905 年，人们将水替换为油，进一步提升了水压机的工业应用。由于早期没有成熟的液压传动技术和液压元件，严重限制了液压传动的普遍应用。

　　在 1920 年后，液压传动技术逐渐开始得到广泛应用，不同种类的液压元件也开始进入工业生产阶段，如 1925 年维克斯发明了压力平衡式叶片泵。在第二次世界大

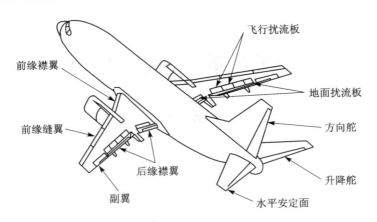

前缘襟翼

前缘缝翼

后缘襟翼

副翼

飞行扰流板

地面扰流板

方向舵

升降舵

水平安定面

图 1.1   民用飞机飞行舵面分布

战期间,由于战争对液压传动技术有了新的需求,液压传动技术得到了迅猛发展。目前,液压传动技术正根据实际需要进行各种改进和创新,降低成本,并使液压传动技术得到更广泛的工业应用。

液压传动技术的基础是帕斯卡静力传递原理,即在装满液体的密闭容器内,对液体的任一部分施加压力时,液体能把这一压力(压强)大小不变地向任何方向传递。利用该原理可以设计多种助力装置,如图 1.2 所示的液压千斤顶。

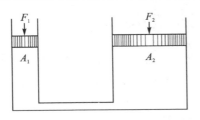

图 1.2   液压传动示意图

根据静压传递原理,在封闭的容器内,由外力产生的压力在两连通液压缸中相等,即

$$\frac{F_1}{A_1} = \frac{F_2}{A_2} = p \qquad (1.1)$$

由于容器内液体各部分的压力 p 都是相等的,所以当在面积小的一端施加较小的力 F_1,在面积大的一端就可以产生较大推力 F_2,力的放大比例等于面积的放大比例。在上述液压系统中,传力过程没有时间延迟,力的传递也是双向的,这些都体现了液压传动系统的优点。在上述千斤顶的例子中,当作用于千斤顶的外力 F_2 越大时,则需要施加于小面积上的力 F_1 也就越大,容积内的压力 p 也就越高;若外力 F_2 恒定不变,系统压力则保持不变,也说明了液压传动系统中的压力取决于负载。

在液压传动系统中,需要控制油液流向执行机构,以完成一定的执行动作。在液压传动过程中,单位时间内进入系统中油液的体积称为流量。流量越大,说明单位时间内流入执行机构(如液压缸)油液体积越大,执行运动速度就越大。这又说明了液压传动中执行机构的运动速度取决于流量大小。

在不考虑油液在管路流动的能量损失和渗漏等情况下,当油液输入执行机构做功时,油液压力不变,则油液对执行机构所做的功 W 为

$$W = F \cdot s \qquad (1.2)$$

式中：F——油液作用在执行机构上的力；

　　　s——执行机构运动距离。

液压传动功率 η 为油液在单位时间内对执行机构所做的功，即

$$\eta = \frac{W}{t} = F \frac{s}{t} \qquad (1.3)$$

式中：$\frac{S}{t}$ 为单位时间内执行机构的运动距离，即运动速度，用 v 表示；F 可表示为

PA，P 为压力，A 为截面积。式（1.3）可写为

$$\eta = Fv = PAv \qquad (1.4)$$

式中：Av 为单位时间内输入执行机构的油液体积，即流量 Q。式（1.4）写为

$$\eta = P \cdot Q \qquad (1.5)$$

上式说明，液压传动功率的大小决定于系统的工作压力（或油液压力）和流量。在其他条件相同的情况下，传动速度越大，传动功率越大。

当前，飞机的重量和飞行速度都在不断提高，液压传动系统面对的载荷也越来越大，对液压传动的响应速度要求也越来越高。所以，飞机液压系统的传动功率也越来越大。根据式（1.5），提高液压系统的传动功率有提高系统的工作压力 P 或增大油液流量 Q 两种方式。提高油液流量就意味着增大油液管路、液压缸等液压元件的几何尺寸，同时增大系统的工作压力，也意味着增大油液管道管壁的厚度等，而这些都会增加飞机的重量，与飞机结构最小重量的设计原则相悖。两种方式相比，提高系统压力的方式对飞机结构重量的影响较小，所以飞机液压系统通常采用增加系统压力的方式来提升传动功率。这正是现代飞机液压系统的工作压力越来越高的原因。

1.2　飞机液压系统的组成

在飞机液压系统中，油液压力超过 100 个标准大气压，内部存储的能量很高，这些能量用到飞机的特定操纵中，如飞机刹车和起落架收放。在飞机刹车过程中，由于液压缸安装在刹车片后方，利用液压缸的推杆将刹车片和固定轮盘压在一起，产生摩擦力使飞机停止运动。当飞机离地后，将起落架上的液压缸推杆回收，带动起落架收回到轮舱内；飞机降落时，推杆推出使起落架放下。

飞机飞行过程中，液压系统失灵是非常危险的，如飞机降落时放不下起落架的情形。因此，在飞行的任何时刻，必须保证液压系统正常运转，为此飞机设计上安排了三道防线。

第一道防线：采用至少两套相互独立的液压系统，分为公用液压系统和助力操纵液压系统，以保证飞机液压系统工作的可靠性。其中，公用液压系统主要用于起落架、襟翼和减速板的收放，前轮转弯操纵，风挡雨刷操纵和燃油泵液压马达的驱动以

及部分副翼、升降舵和方向舵的驱动等;助力液压系统仅用于驱动上述飞行操纵系统的助力器和阻尼舵机等。

典型军用飞机液压配置如图 1.3 所示,其液压系统由两套相互独立的系统组成,完成对副翼、升降舵、方向舵等主/辅飞行舵面的控制。每套系统均由发动机驱动泵(EDP,Engine Driven Pump)作为系统泵源,并设置了独立的油箱。正常情况下,两套系统同时工作,为飞行舵面提供能源。当一套系统失效时,另一套系统作为备用装置提供能源,保证飞机正常飞行。当两套系统都失效时,紧急能源装置会自动启动,为液压系统提供液压能源。此外,两套系统中还设置了蓄能器,当系统流量需求超过最大流量或两套系统均失效而紧急能源装置(EPU,Emergency Power Unit)未启动时,蓄能器会提供足够的压力来完成飞行控制。

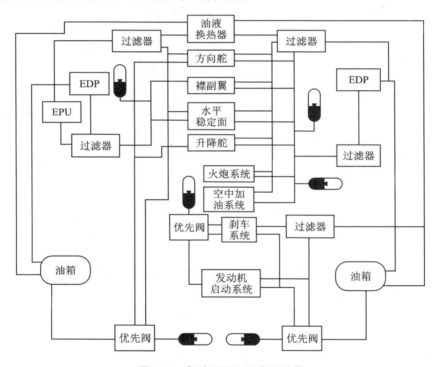

图 1.3　典型军用飞机液压配置

第二道防线:当公用液压系统和助力操纵液压系统均出现故障时,飞机上还有备用的直流电动泵。该泵由蓄电池供电,为液压油液提供驱动压力。

第三道防线:当上述防线均失效后,飞机将启用安装在机翼内部的空气冲压涡轮。驾驶员只有在紧急情况下,才将其从机翼内释放出来,将其涡轮叶片向前伸入到气流中,利用迎面而来的气流吹动涡轮叶片,带动与其相连的涡轮泵,为液压系统提供压力。空气冲压涡轮一般在 7 s 之内工作,反应较快,但该装置一旦释放后将无法自动回收到飞机机翼内。

飞机液压系统是指飞机上靠油液驱动执行机构并完成特定操纵动作的整套系统。现代飞机一般都由主液压系统、辅助液压系统、地面勤务系统及液压指示系统等多个独立液压系统组成。按液压系统的功能划分,液压系统由动力元件、控制元件、执行元件、辅助元件和液压工作介质等部分组成。

(1) 动力元件:主要包括主油泵(齿轮泵、柱塞泵和叶片泵等)和应急油泵等。液压油泵由发动机或电机带动,为液压传动系统提供具有一定压力和流量的油液,将机械能或电能转换为液压能。蓄能器用于维持液压系统工作平稳。液压动力元件是指将动力装置的机械能转换成为液压能的装置,为液压传动系统提供压力油,是液压传动系统的动力源。

(2) 控制元件:主要包括伺服阀、排气阀、优先阀、压力阀和单向阀等,用于控制和调节液压系统中油液流动的方向、压力和流量,以保证液压执行元件和工作装置完成特定工作。

(3) 执行元件:主要包括液压作动器和液压马达等,其作用是将油液的压力能转换为机械能。液压缸被安装在飞机的升降舵、方向舵和副翼等位置,利用油液压力和流量来获得输出力和速度,以产生活塞的线位移;液压马达利用增压后的液体冲击涡轮使其转动,输出旋转的角位移与扭矩,以推动飞机操纵面旋转运动。液压马达在工作原理上与液压油泵是可逆的。

(4) 管路元件:主要包括管路、管接头和管夹等元件。

(5) 辅助元件:主要包括油箱、蓄能器、过滤器和密封等元件,辅助液压系统的正常工作,对保证液压系统正常工作有重要作用。

(6) 液压工作介质:指传动液体或油液,也被称为液压油或液压液。

另外,按液压系统的系统功能来划分,飞机液压系统还可分为液压源系统和液压操作系统。

(1) 液压源系统:包括泵、油箱、油滤系统、冷却系统、压力调节系统及蓄压器等,现代民航客机上一般有三个隔离且相互独立的液压源系统。

(2) 液压操作系统:是指将执行元件和控制元件进行适当的组合,利用液压能实现工作任务的系统,如飞机起落架收放系统、液压刹车系统等。该系统可产生各种不同顺序的运动,完成不同的工作任务。

总体上,飞机液压传动是以油液在密封容腔内所形成的压力能来传递动力和运动的。系统由油泵、阀门、执行元件、油箱和管道等组成。油箱中存放着专用油液,油液经油泵加压,然后输送到管道系统中,利用液压阀控制油液的流速、压力和流动方向,最后利用执行元件实现飞机的操纵。液压传动系统中的能量转换和传递情况如图 1.4 所示,这种能量的转换能够满足对飞机特定的操纵。

某型飞机液压系统原理如图 1.5 所示,该液压系统由自增压油箱、防火切断阀、发动机驱动泵(EDP,Engine Driven Pump)、电动泵(EMP,Electric Motor Pump)、过滤器、优先阀、蓄能器等元件组成。自增压油箱通过高压管路压力反馈,增大了泵

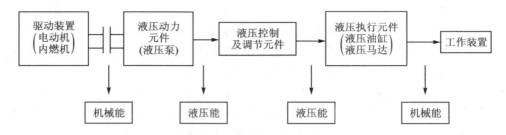

图 1.4 飞机液压系统中的能量传递和转换

源的吸油压力,防止泵源出现空吸现象;过滤器主要用来过滤系统油液中的固体颗粒及其他有害物质,保证油液污染度在关键液压元件能够耐受的限度以内,从而提高液压系统可靠性并延长元件的寿命;在系统出现低压状态时,优先阀优先确保关键执行机构的供油和工作,保证飞行的安全性;蓄能器主要用于减小系统脉动,并在中断起飞、复飞、着陆等短时大流量场合供应系统流量,保证系统的工作;每个 EDP 与油箱之间装有防火切断阀,当液压系统出现超高温或发动机出现火警时,防火切断阀自动开启,断开 EDP 吸油管路,使 EDP 泵不再工作,降低发动机着火的可能性。

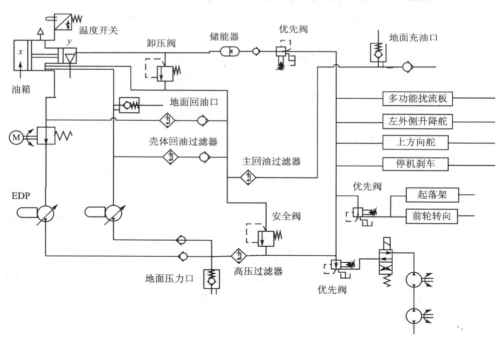

图 1.5 某型飞机的液压系统图

1.3　液压系统的图形表示

以机床工作台的液压传动系统为例，说明液压系统的图形表示方法。该液压系统主要功能是实现机床工作台的直线往复运动，分别利用液压系统的压力和流量来克服阻力和调节工作台往复运动速度。其工作过程为：由电动机驱动液压泵，油液从油箱流经滤油器进入液压泵，然后由液压泵高压泵出，流经开停阀、节流阀、换向阀进入液压缸左腔，推动活塞和工作台向右移动。这时，液压缸右腔的油液可经换向阀和回油管排回油箱。

在图 1.6 中，液压传动系统的各个元件是用半结构式图形绘制的，图形直观性强，容易理解。

在图 1.6 中，液压缸的推力是由液压缸中的油液压力产生的。油液压力越大，液压缸产生的推力就越大，反之亦然。因此，为克服工作台的负载阻力，需要调节液压泵的工作压力，使其高于液压缸中的油液压力。当压力支管油液压力对溢流阀钢球的作用力大于溢流阀中弹簧的预紧力时，溢流阀中的钢球被推开，油液泄流到油箱。所以，液压泵出口的油液压力由溢流阀决定的，可通过调节弹簧预紧力（或预压缩量）来调节液压泵的工作压力。工作台的运动速度是由节流阀来调节的。当节流阀口增大（或减小）时，进入液压缸油液的流量变多（或变小），工作台运动速度增大（或减小）。

换向手柄还可以换成图 1.6(b)或图 1.6(c)所示的两种状态。当换向手柄转换为图 1.6(b)所示的位置时，油液流经开停阀、节流阀和换向阀进入液压缸右腔，对活塞产生推力，推动工作台向右运动；液压缸右腔的油液又流经换向阀和回油管流回油箱。当换向阀手柄转换成图 1.6(c)所示的位置时，油液经溢流阀和回油管流回油箱，系统保持溢流阀调定的压力，油液不流经液压缸，工作台停止运动。另外，当开停手柄在图 1.6(d)所示的位置时，油液流经开停阀和回油管返回油箱，工作台停止运动，液压传动系统卸荷。

图 1.6 所示是由半结构式图形表示的液压传动系统，绘制较为麻烦，特别是当液压系统元件较多时。实际上，工程实际中一般采用简单的图形符号来绘制液压传动系统工作原理图，如图 1.7 所示。图 1.6 和图 1.7 都描述了机床工作台液压传动图，相比图 1.7 更简洁，绘制难度低。

在图 1.7 中，液压图形符号均采用国家标准《流动传动系统及元件图形符号和回路图》GB/T 786.1—2009 所规定的符号（见附录 2）。

图中液压图形符号仅表示液压元件的功能、控制方法及外部接口情况，无法表示元件的具体结构和性能参数，也不能描述元件各接口的实际安装位置。

在利用液压图形符号绘制液压系统时，液压元件符号的大小可根据图纸适当缩放，但是要根据具体情况水平或垂直绘制，保持图纸清晰美观。另外，《流动传动系统

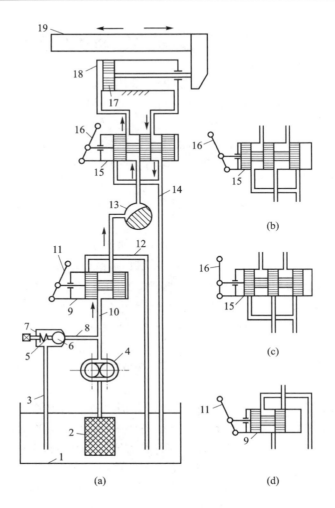

1—油箱;2—过滤器;3、12 和 14—回油管;4—液压泵;5—弹簧;6—钢球;
7—溢流阀;8—压力支管;9—开停阀,阀芯有左、右两个工作位置;10—压力管;
11—开停手柄;13—节流阀;15—换向阀,阀芯有左、中、右三个工作位置;
16—换向手柄;17—活塞;18—液压缸;19—工作台

图 1.6 　机床工作台的液压传动系统图

及元件图形符号和回路图》GB/T 786.1—2009 并未覆盖所有的液压元件,对于部分特殊液压元件无法用图形符号表达时,可根据国家标准中给出的液压元件的绘制规则和符号进行派生。当无法派生,并且有必要特别说明系统中某一元件的功能、控制方法或外部接口的情况时,可采用局部结构简图或半结构简图来表示。

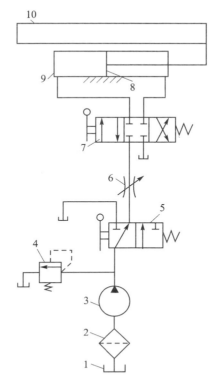

1—油箱;2—过滤器;3—液压泵;4—溢流阀;5—开停阀;6—节流阀;

7—换向阀;8—活塞;9—液压缸;10—工作台

图 1.7 用图形符号绘制的机床工作台液压传动图

1.4 飞机液压传动的特点

在现代飞机发展中,飞行速度和飞机整体重量都在不断增加,用人力来操纵飞机的收放起落架、襟翼、减速板和操作机轮刹车以及操纵面的偏转等日益困难,所以在飞机上采用液压和电力驱动的飞机部件也越来越多。电力驱动系统虽然响应快,动作灵敏,但电动机本身结构复杂,重量也很大,无法满足飞机的大功率需求。目前,电力驱动往往用来传动功率较小或对工作灵敏要求较高的飞机部件,而飞机液压系统则非常适合操纵飞机的大功率部件,具有重量轻、安装方便、检查容易等优点。具体来说,飞机液压传动相对于其他传动有以下优点。

(1)在产生相同驱动功率的条件下,飞机液压系统具有体积小、质量小、功率密度大和结构紧凑等特点;

(2)飞机液压系统能够在工作过程中对执行元件速度进行无级调节,而且调速范围较大;

（3）飞机液压系统工作平稳，执行机构换向冲击小，适合频繁换向的操纵需求；

（4）飞机液压系统能够实现自润滑，易于过载保护，使用寿命长；

（5）飞机液压系统的油液流动方向、压力和流量易于调节和控制，并且容易和机电控制相结合，易于实现自动化；

（6）飞机各类型液压元件大多已实现标准化、系列化和通用化，便于飞机液压系统的设计、制造和使用。

但是，飞机的液压系统也存在以下不足：

（1）由于油液的压缩性以及泄漏等原因，飞机液压传动系统很难实现精准控制，无法保证严格的传动比；

（2）由于飞机液压系统存在泄漏损失、摩擦损失等多种能量损失，传动效率相对较低；

（3）飞机液压传动系统对油液温度有一定要求，油温过高或过低对液压系统的工作性能有较大影响；

（4）飞机液压系统故障排除难度较大，不易查找故障原因。

1.5　飞机液压系统的发展趋势

飞机操纵系统的发展与飞机液压系统的发展密不可分。第二次世界大战之前，飞机液压系统主要是液压传动系统，被广泛应用于飞机大部分动力收放装置中。这得益于液压驱动功率密度大和快速性好等特点。二战末期，液压伺服技术逐渐应用到飞机液压系统中。液压伺服系统可使系统的输出量（如位移、速度或力等）快速而准确地跟随输入量的变化而变化，输出功率被大幅度放大，该系统具有响应速度快、负载刚度大、控制功率大等优点，在飞机舵面操纵中得到了广泛的应用。

随着电气技术、自动控制理论等的发展，液压伺服技术在飞机控制中发挥着越来越重要的作用。民用飞机的操纵系统，如副翼、水平尾翼、方向舵的舵机、前轮转弯与刹车系统等大多采用了液压伺服控制。该技术不仅能够减轻飞行员的体力消耗，而且能够克服飞机在跨声速飞行时舵面气动力引起操纵杆力变化的不可操纵性，使飞机由亚声速飞行跨入超声速飞行。在现代先进飞机中，液压伺服技术还被应用到大攻角超机动飞行、推力矢量控制、直接力控制、颤振抑制、机动载荷控制等系统中。现阶段，飞机的进一步发展也对飞机液压系统提出了更高的要求，逐渐向高压化、大功率、变压力、多余度等方向发展。

1. 超高压

在飞机液压系统中，油液压力一般为 20.7 MPa 或 27.6 MPa。目前，大量研究表明，提高飞机液压系统的工作压力有利于缩小动力元件尺寸，能够有效减轻飞机液压系统重量，提升飞机承载和机动性能。例如，美国海军在 F-14 战斗机上进行了不同液压工作压力的研究，将 20.7 MPa 的液压工作压力提升至 55.2 MPa 后，飞机液压系统重量可减轻 30%,体积可缩小 40%。另外,工作压力为 55.2 MPa 的飞机液压系统在 F-15、KC-10 等飞机上进行了同样的测试,可至少减轻系统重量 25%～30%。

目前,美国已经研制了工作压力为 34.5 MPa 液压系统的飞机,但目前我国飞机液压系统的最高压力是 20.7 MPa。由此可见,超高压液压系统是未来飞机液压系统发展的一种主要趋势。但是,飞机液压系统高压化会涉及很多问题,如液压元件、管路系统的强度和密封问题等,以及液压系统的高可靠性问题。目前,我国还没有完全掌握飞机液压系统的超高压技术。

2. 大功率

由于现代飞机性能的提高,飞机上使用液压动力的操纵装置也越来越多,使得机载液压功率增加了 50%～100%。飞机飞行速度和机动性的迅猛提升,飞行操纵舵面承受的气动力载荷变得更大,响应速度更快,再加上先进的控制技术的应用等,这都使飞机舵面的液压驱动功率变得更大。目前,YF-22A 和 YF-23A 飞机液压系统的功率分别为 560 kW 和 450 kW,大部分战术战斗机的液压系统的功率在 600 kW 左右,是二战时期飞机液压功率的五倍以上。总体上,高性能飞机的发展对飞机液压系统的功率要求大幅度提高,大功率是飞机液压系统发展的又一必然趋势。

3. 变压力

飞机液压系统的高压化和大功率发展带来了功率损失的新问题。对于超高压液压系统,液压泵的容积损失与泵的工作压力的平方成正比,液压系统任何微小的压力提升都必将带来很大的能量损失。以转速为 3 000 r/min 的 DRPV 3-240-1 液压泵为例,当工作压力从 10.35 MPa 提高到 20.7 MPa 时,泵的容积损失从 0.735 kW 提高到 2.94 kW。对于大功率飞机液压系统,随着泵源功率的增加,无效功率会随着总功率的增加而迅猛增加,这会降低液压系统的效率。

在飞机液压系统中,无效功率大多通过热进行耗散,引起系统温度急剧升高,降低油液黏度和润滑性能,密封性能差。对于飞机油液,温度每升高 15 ℃,它的稳定使用寿命可降低 90%,容易造成飞机控制失效。另外,由于飞机采用了大量复合材料,导热能力差,这将进一步促进液压系统的温度升高。为了散热,飞机不得不增加油液油箱(燃油交换散热)和冷却散热部件,这样就会增加系统重量和体积。

为了避免飞机长时间处于高压和大功率工作状态,美国和英国等国家正在研制变压力飞机液压系统,即根据工作需要来改变液压系统压力。但是,飞机液压泵源系统中的 EDP 和 EMP 大多是恒压变量泵源系统,系统压力根据负载的最大值设定为恒值。但飞机在整个飞行过程中,经常会经历中断、起飞、起飞爬升、复飞等大流量飞行工作剖面,也有起飞滑跑、巡航、下降等小流量工作需求,并且小流量飞行工作剖面占据飞机完整飞行剖面的 90% 以上,这会带来很大的能源浪费。所以,变压力也是目前飞机液压系统的研究趋势之一。例如,采用双级压力变量泵系统,该系统在飞机处于战斗或特技飞行状态时,泵源工作于高压变量状态,维持系统高压力;当飞机在起飞、巡航、返航和着陆等状态时,泵源则处于低压变量状态。这将因为减小系统压力而大大减小功率损耗。

4. 系统余度技术

在可靠性设计上，飞机液压系统存在余度配置和重量之间的矛盾，高余度的系统虽然可以提高系统的可靠性，但同时也增加了系统重量。所以，在进行飞机液压系统设计时，需要进行液压系统余度配置的优化，为飞机找出最佳的余度配置方案。

为了适应电传操纵系统和主动控制技术，现代飞机的液压系统大多采用余度技术，例如，Su-27 和 F-16 飞机都采用了三余度或四余度的舵面驱动系统，达到了单故障-工作、双故障-安全或双故障-工作、三故障-安全的水平。另外，飞机液压系统的能源部分也采用了余度技术，即双能源系统或三能源系统。F-18 飞机采用双能源系统，分别驱动舵面和操纵其他收放系统。波音 B767 和空客 A310 都采用了三能源系统，实现了单故障-工作、双故障-安全的可靠性等级。飞机采用余度技术，通过监控、诊断、调度及信号融合技术达到系统的容错功能，实现余度管理。

5. 多机电液系统的总线管理技术

目前，飞机座舱内部布满了各类型管路，结构复杂，有重量大、生存力低等缺点。为解决该问题，将电动机、液压泵和液压驱动装置集成一个组件，即电动静液作动器，这是一种分布式小型电动和电控液压作动系统，该配置将取消飞机上既有电源又有液压源的双能源体系。另外，现代飞机大多已经采用数据总线、多处理器、信息融合与调度技术，运用先进的系统管理策略，使飞机机电液系统的控制管理具有余度和故障自修复功能，摒弃了原来各机电液子系统单独配备电子控制系统的传统模式，从根本上改变了现有飞机机电液子系统的单独控制模式，有利于减轻飞机液压重量，提高飞机整体的可靠性。目前，新型军用飞机 F-35、民用飞机 A380 和 B787 等均成功应用了多机电液系统的总线管理技术，可提高飞机的可靠性、效率、执行力、扩展性和环保性等。

思考题

题 1.1　液体传动有哪两种形式？它们的主要区别是什么？

题 1.2　什么叫液压传动？液压传动所用的工作介质是什么？

题 1.3　液压传动系统由哪几部分组成？各组成部分的作用是什么？

题 1.4　液压传动的主要优缺点是什么？

题 1.5　飞机液压系统的发展趋势包括哪些方面？

第 2 章　液压流体力学基础

　　飞机液压系统是以油液作为工作介质来传递能量的,因此研究液压系统流体的流动与平衡至关重要。本章主要讨论液压传动的工作介质以及与液压传动有关的流体力学基础知识,为分析液压传动的基本原理和规律做铺垫。具体内容包括飞机液压油、流体静力学、流体动力学、管道流动、孔口和缝隙流动以及液压冲击和气穴现象等内容。

2.1　飞机液压油

2.1.1　飞机液压油的种类

　　在飞机液压系统中,液压油是传递动力和信号的工作介质,具有润滑、冷却、防锈等功能。随着飞机飞行速度、飞行高度、液压系统功率等性能的不断提高,对航空液压油的要求也越来越高。液压系统能否可靠、有效地工作在很大程度上取决于系统中所用液压油的质量和性能。在飞机液压系统中,飞机液压油需要按照飞机维护手册(Aircraft Maintenance Manual,AMM)添加所规定牌号的液压油,或者添加飞机油箱说明牌上所规定的油液,以免损坏液压系统中的非金属元件,同时保证液压系统的正常工作。民航飞机上经常使用的三类液压油如表 2.1 所列。

表 2.1　民航飞机使用的三类液压油

液压油	颜　色	适用密封圈	特　点	组　成
植物基液压油	蓝	天然橡胶	易燃	蓖麻油和酒精
矿物基液压油	红	合成橡胶	易燃	从石油中提炼
阻燃液压油	浅紫	异丁橡胶	阻燃(有防火特性)	合成液压油

1. 植物基液压油

　　植物基液压油由蓖麻油和酒精组成,有强烈的酒精气味,非常易燃。为便于识别,油液被染成蓝色,这种油液常用在最初较老式的飞机上。植物基液压油的密封通常使用天然橡胶密封件。另外,天然橡胶密封件在接触矿物基液压油或合成液压油后,容易发生膨胀和损坏,可能导致液压系统堵塞。

2. 矿物基液压油

　　矿物基液压油也称为石油基液压油,是从石油中提炼出来的,非常易燃。该类型液压油常被染成红色,以便识别。这类液压油是矿物质石油产品,润滑性能好,通过添加各种添加剂,阻止液压油泡沫产生,防止腐蚀。矿物基液压油的化学性质非常稳定,对温度不敏感,黏度变化范围也很小。常用的该类液压油有国产 10 号航空液压油(YH-10)、国产 15 号航空液压油(YH-15)、俄罗斯 AMr-10 航空液压油、俄罗斯 AMG-10 航空液压油、符合美军标 MIL-5606 系列(美孚 Aero HFS 航空液压油、壳牌 Shell 41 号航空液压油)等。矿物基液压油在使用过程中不能与植物基和合成液压油混合,被广泛应用于轻型飞机刹车系统、液压动力系统和缓冲器中。

另外,还有一类合成烃航空液压油,该类型液压油以合成烃基础油为基础,有着更好的泡沫抑制能力与耐磨性,常用的有壳牌 Shell 31 合成航空液压油、BP CAS-TROL Brayco Micronic882 合成航空液压油、ROYCO 782 合成航空液压油等,均符合美军标 MIL-PRF-83282 执行标准。

3. 阻燃液压油(磷酸酯基液压油)

阻燃液压油(磷酸酯基液压油)是添加了磷酸酯等材料的非石油基合成液压油,具有耐火/阻燃性能,被广泛用于现代飞机的液压系统中。该类型液压油喷向 6 000℃的焊接火焰进行耐火试验,不会持续燃烧。常见的有美孚 Hyjet V 航空阻燃液压油、尼科 NYCO FH 2 航空阻燃液压油、卢克 ROYCO 782 航空阻燃液压油、首诺 SKYDROL LD-4 航空阻燃液压油、首诺 SKYDROL PE-5 航空阻燃液压油。

在我国,航空液压油主要包括石油基和合成烃油,目前 90% 以上的液压设备采用石油基液压油,基油为精制的石油润滑油馏分。为满足不同设备的需求,通常会在基油中加入各种添加剂,以改善油液的物理和化学性能。我国液压油产品品种齐全,部分产品的质量也与国外同类产品相当,常用的国产石油基航空液压油主要有 4 种,如表 2.2 所列。

表 2.2　国产常用的石油基航空液压油

名　称	标准编号
3 号航空液压油	Q/SY 11530—85
10 号航空液压油	SH 0358—95
12 号航空液压油	Q/XJ 2007—92
15 号航空液压油	GJB 1177—1991

目前,军用飞机主要使用石油基液压油 10 号、12 号和 15 号。10 号航空液压油性能相当于俄罗斯的 AMT-10,应用机种最多;12 号和 15 号的性能符合 MIL-H-5606 规范。为了提高飞机的使用安全性而研制的 HFS N15 合成烃抗燃航空液压油,其性能符合 MIL-H-83282 要求,但由于其低温使用温度只有 -40 ℃,且黏度比石油基液压油大,应用受到限制。目前,我国已研制了低黏度合成烃抗燃液压油,其性能符合 MIL-H-87257 要求。我国民用飞机主要使用进口磷酸酯液压油,产品符合波音标准 BMS-3-11,目前民航飞机普遍使用的是 Ⅳ 型液压油,牌号为 LD-4。

2.1.2　飞机液压油的性能

1. 油液的密度和重度

对于均质流体,单位体积内的质量被称为密度 ρ。常见液压油在 15 ℃、1 个标准大气压下的密度数值如表 2.3 所列。

$$\rho = \frac{m}{V} \tag{2.1}$$

式中：m——流体质量,kg;

　　　V——流体体积,m^3。

表 2.3　常用液压油在 15 ℃、1 个大气压下的密度

种　类	液压油 (L‐HM32)	水包油乳化液 (L‐HFAE)	油包水乳化液 (L‐HFB)	水‐乙二醇 (L‐HFC)	磷酸酯 (L‐HFDR)
$\rho/(kg \cdot m^{-3})$	0.87×10^3	0.998×10^3	0.932×10^3	1.06×10^3	1.15×10^3

除了密度,工程上常采用重度 γ 来描述单位体积内流体的重量,即

$$\gamma = \rho g \tag{2.2}$$

式中：g——重力加速度,m/s^2。

2. 油液的可压缩性

油液的可压缩性是指油液受压力作用而使其体积发生变化的性质,液压油在受压力作用时,体积减小。一定体积的油液,在压力增量相同的情况下,体积的缩小量越小,则说明其可压缩性越小。油液的可压缩性通常由体积压缩系数 κ 来描述,其定义为

$$\kappa = -\frac{1}{\Delta p} \frac{\Delta V}{V} \tag{2.3}$$

式中：Δp——压力变化量,Pa;

　　　ΔV——在 Δp 作用下流体体积的变化量,m^3;

　　　V——压力变化前的流体体积,m^3。

体积压缩系数 κ 是受压流体在单位压力变化时发生的体积相对变化量。由于压力增大时液体的体积减小,所以式(2.3)通过添加负号,以使体积压缩系数 κ 保持正值。

描述油液可压缩性的另一个参数为体积弹性模量 K(或体积模量),是指流体压力增量与体积相对变化量的比值,其定义为

$$K = \frac{1}{\kappa} = -\frac{V}{\Delta V} \Delta p \tag{2.4}$$

体积压缩系数和体积弹性模量是互为倒数的关系,体积压缩系数描述了流体抵抗压缩的能力大小。常用液压油液的体积弹性模量如表 2.4 所列。

表 2.4　常用液压油液在 20 ℃、1 个标准大气压下的体积弹性模量

种　类	石油基液压油	水–乙二醇基	乳化液型	磷酸酯型
K/MPa	$(1.4\sim2.0)\times10^3$	3.15×10^3	1.95×10^3	2.65×10^3

在工程实际中,液压油的体积弹性模量和气体含量、温度及压力有关。在油液流动过程中,不可避免地会混入空气,这使得油液的抗压缩能力显著下降,直接影响液压传动系统的工作性能。例如,在一定压力下,当油液中混入体积分数为 1% 的气体时,体积弹性模量降低为纯油的 50% 左右。因此,在飞机液压系统中要尽量避免将空气混入油液中,也要控制其他易挥发性物质(如煤油、汽油等)在液压油中的含量,特别是对液压系统有较高要求的时候。另外,液压油的体积弹性模量还会随温度的降低和压力的增大而增大。在飞机液压系统工作压力范围内,体积弹性模量会有 5%~25% 的变化,但是该值在压力大于 3 MPa 时一般不再增大。考虑到油液气体、温度和压力的影响,工程中液压油的体积弹性模量通常取 0.7×10^2 MPa。

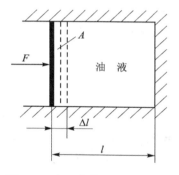

图 2.1　液压弹簧刚度计算简图

在考虑液压油可压缩的前提下,在外力作用下封闭在容器内的油液体积发生变化,外力增大(或减小),体积减小(或增大),类似于弹簧在外力作用下的变形,如图 2.1 所示。将液压油的这种特性用液压弹簧进行描述,即

$$k_h=-\frac{\Delta F}{\Delta l}=\frac{A^2K}{V} \qquad (2.5)$$

式中:k_h——为液压弹簧的刚度;

　　　A——液体承压面积;

　　　$\Delta p=\Delta F/A$,为压力变化量;

　　　$\Delta V=A\Delta l$,为体积变化量;

　　　Δl——为液柱长度变化值。

虽然实验表明任何流体都是可压缩的,但是可压缩的程度一般很小。因此,通常认为液压系统油液是不可压缩的。在飞机液压系统中,要求液压油中不含有气泡,压缩性要尽可能小,否则会引起液压系统能量传递的迟缓,甚至引起液压系统的破坏。所以,在分析液压传动系统的静态性能时,油液通常被看作是不可压缩的。

3. 液压油的黏性

流体的黏性是指流体内部相邻质点间或流层间存在相对运动时,在其接触面上会产生内摩擦力(或切应力)以阻碍其相对运动的性质。黏性是指流体流动时内部产生的摩擦力阻滞了流体内部流层的相互滑动,该性质反映了流体抵抗剪切流动的能力。

如图 2.2 所示,设两无限大平行平板之间充满了静止液体,将下平板固定,上平板以恒定速度 u_0 向右匀速运动。在外力作用下,液体流动或有流动趋势时,由于流

体与平板壁面间附着力和流体分子之
间内聚力的作用,流体各层的速度产生
差异。紧贴上板的流体黏附在其表面
上,流层的速度为 u_0,紧贴下板流层的
速度为零,两板之间各流层的速度从上
到下逐渐由大变小,直至为零。

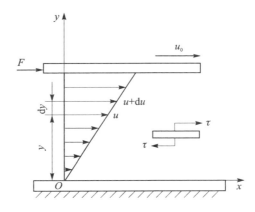

图 2.2 平板剪切流动实验

流体流动时,流体的黏性会使流体
内部各流层间的流动速度大小不等。
其中,速度快的流层带动速度慢的流
层,速度慢的流层对速度快的流层起阻
滞作用。实验表明,不同速度的流层之
间相对滑动必然在层与层之间产生内
摩擦力,该摩擦力 F_f 与流层接触面积 A 和流层间的速度梯度 $\mathrm{d}u/\mathrm{d}y$ 成正比,即

$$F_f = \mu A \frac{\mathrm{d}u}{\mathrm{d}y} \tag{2.6}$$

式中: μ ——黏度系数或动力黏度,Pa·s;

　　　A ——各液层间的接触面积,m^2;

　　　$\mathrm{d}u/\mathrm{d}y$ ——速度梯度,即在速度垂直方向上流体流动速度的变化率,s^{-1}。

式(2.6)就是牛顿液体内摩擦定律。流体内摩擦力是流体内力,总是成对出现,
大小相等、方向相反地作用在相邻流层上。对于一般的石油基液压油,流体动力黏度
μ 只与流体种类有关,与速度梯度无关,该类型流体被称为牛顿流体。

以 τ 表示流体的内摩擦切应力,则

$$\tau = \frac{F_f}{A} = \mu \frac{\mathrm{d}u}{\mathrm{d}y} \tag{2.7}$$

由式(2.7)可知,当切应力 τ 确定时,动力黏度 μ 越大,速度梯度 $\mathrm{d}u/\mathrm{d}y$ 越小,流
体发生剪切变形就越小。因此,黏性是流体在流动时抵抗变形能力的一种度量。黏
性越大,流体抵抗流层之间发生剪切变形的能力越强。在飞机液压系统中,液压油的
黏性会直接影响液压系统的工作,也是液压油最重要的性能参数之一。液压油黏性
的大小用黏度来表示,具体包括下面 3 种黏度。

(1) 动力黏度(绝对黏度)

由式(2.7)可知,动力黏度 μ 的表达式为

$$\mu = \frac{F_f}{A \dfrac{\mathrm{d}u}{\mathrm{d}y}} \tag{2.8}$$

动力黏度描述了在单位速度梯度下流体流动或有流动趋势时,相接触流层间单
位面积上产生的内摩擦力,标准计量单位为 Pa·s(N·s/m^2)。

（2）运动黏度

运动黏度ν是指流体动力黏度μ与其密度ρ的比值，即

$$\nu = \frac{\mu}{\rho} \tag{2.9}$$

由于运动黏度的量纲单位只有长度和时间，所以被称为运动黏度，法定计量单位为 $\mathrm{m^2/s}$。

在工程实际中，运动黏度是划分液压油牌号的依据。国家标准 GB/T 3141—1994 中规定，液压油的牌号就是用它在温度为 40 ℃时的运动黏度平均值（$\mathrm{mm^2/s}$）来表示的，黏度等级分 8 级，分别为 10、15、22、32、46、68、100、150。例如，46 号液压油是指油液在 40 ℃时的运动黏度平均值为 46 $\mathrm{mm^2/s}$，运动黏度范围为 41.4～50.6 $\mathrm{mm^2/s}$。

（3）相对黏度（条件黏度）

在工程实际中，动力黏度和运动黏度很难测量，所以常用相对黏度来描述流体黏性。相对黏度是采用特定的黏度计在规定的条件下测量出来的黏度。在我国，相对黏度通常指恩氏黏度°E，即由恩氏黏度计测定液压油的相对黏度，即

$$°\mathrm{E}_t = t_1/t_2 \tag{2.10}$$

式中：t_1 为 200 mL 的被测流体在 t ℃时从恩氏黏度计内泄流出所需的时间；

　　　t_2 为 200 mL 的蒸馏水在 20 ℃时从同一黏度计内泄流出所需的时间。

通常以 20 ℃、40 ℃及 100 ℃作为测定恩氏黏度的标准温度，对应的恩氏黏度分别用°E_{20}、°E_{40} 和°E_{100} 来标记。由恩氏黏度可换算运动黏度，为

$$\nu = \left(7.31°\mathrm{E} - \frac{6.31}{°\mathrm{E}}\right) \times 10^{-6}\ \mathrm{m^2/s} \tag{2.11}$$

飞机液压油黏度与流体压力和温度有关。压力越大，黏度也就越大，但在飞机液压传动系统中，黏度随压力的变化可忽略不计。如图 2.3 所示，液压油黏度对温度的

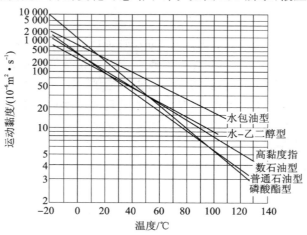

图 2.3　液压油黏度和温度之间关系

变化十分敏感,黏度会随温度升高而显著下降,这就是液压油的黏温特性。

不同种类的液压油有着不同的黏温特性。在工程中,常用黏度指数 VI 来描述油液的黏温特性,其物理含义是液体黏度随温度变化的程度与标准液的黏度变化程度之比。黏度指数高,黏温曲线平缓,表示黏度随温度变化小,其黏温特性好。典型液压油的黏度指数见表 2.5。

表 2.5　典型液压油的黏度指数 VI

介质种类	石油基液压油 (L－HM)	石油基液压油 (L－HR)	石油基液压油 (L－HG)	高含水液压油 (L－HFA)	油包水乳化液 (L－HFB)	水-乙二醇 (L－HFC)	磷酸酯 (L－HFDR)
黏度指数 VI	≥95	≥160	≥90	≈130	130～170	140～170	－31～170

对于飞机液压系统,需要选择具有足够黏度的液压油,以便在油泵、阀门和液压缸活塞等处获得良好的密封。如果油液黏度过小,液压系统密封效果差,容易渗漏,润滑性能差,导致了运动部件的磨损加剧和负荷加重。如果油液黏度过大,油液流动迟缓,流动阻力变大,传动动作慢,功率损失大,也容易引起系统温度升高,加大运动部件负荷并使部件产生过度磨损。总之,液压油黏度的大小会直接影响液压系统的工作性能,油液黏度过大和过小都会导致运动部件磨损加剧和负荷加重。

在实际应用中,液压油黏度随温度的变化量应尽量小,避免油液黏度因温度升高而迅速下降。一般液压系统要求油液黏度指数应在 90 以上。另外,当系统的工作温度范围较大时,应选用黏度指数高的液压油液。

4. 液压油的润滑性

液压油的润滑性是指油液在运动部件的摩擦面之间形成一层“油膜”的特性。这层“油膜”遮盖了运动部件的表面,使其摩擦面不直接接触,减小了摩擦阻力,削弱了运动部件的表面磨损。不同类型的液压油形成的“油膜”厚度和牢固程度也是不同的,对应的润滑能力也是不同的。“油膜”越厚,越能较好遮盖摩擦面上的不平滑部分,使得摩擦面油液相对流动速度变小,运动部件表面的磨损和摩擦力就越小,润滑性就越好。“油膜”越牢固,意味着“油膜”在工作载荷作用下越不容易破裂,润滑性也就越好。在液压系统中,液压油必须要有良好的润滑性以利用液压油的润滑性来改善液压系统运动部件的润滑。

5. 液压油的机械稳定性

液压油的机械稳定性是指油液在长时间高压作用下,保持其原有的物理性质(如黏性、润滑性等)的能力。机械稳定性越好,其物理性质的变化就越小。大多数矿物基液压油在受到长时间高压挤压的作用后,分子结构容易遭到破坏,黏度减小。液压油应具有良好的机械稳定性,以避免液压油在高压作用下通过小孔和缝隙时黏度变小,影响液压系统的正常工作。

6. 液压油的化学稳定性

液压油的化学稳定性是指油液抗氧化和抗变质的能力。当液压系统工作温度越高,液压油的氧化程度就越剧烈,油液氧化后会产生一些黏稠的沉淀物,使油液的流动阻力增大,使运动部件传动变缓。另外,油液氧化后还会产生一些酸性物质,使金属导管和液压部件受到腐蚀,而腐蚀物又会加剧油液污染,使液压油的化学稳定性恶化。所以,液压油应具有良好的化学稳定性,保持中性(不呈酸性,也不呈碱性),并且不含杂质,避免腐蚀系统的金属导管、密封材料以及其他运动附件。

2.1.3 飞机液压油的选用

飞机液压系统具有高压、高温、高剪切以及间歇式和连续操作并存的工作特点。飞机液压油(航空液压油)是飞机液压系统的工作介质,用于对飞机起落架和襟翼的操纵,对飞行安全十分重要。随着飞机性能的不断提高,飞机液压系统朝着高温、高压方向发展,不燃航空液压油是飞机液压油的发展方向。据统计,飞机液压系统的故障占到飞机机械故障总量的 30% 左右,其中一半以上都与航空液压油有关,因此飞机液压油的选用对于飞行安全十分重要。

1. 对液压油的要求

航空液压油是飞机液压系统的重要组成部分。为使液压系统各项性能得以充分发挥,液压油必须具有与液压系统相匹配的使用性能。不同的液压系统和不同的使用条件对液压油的要求不尽相同。一般情况下,飞机液压系统所使用的液压油应具备以下性能。

(1) 合适的黏度等级,润滑性能好,并具有较好的黏温特性。液压系统工作过程中,液压能内耗、空蚀、管道的局部阻力、液压油的漏损以及运动部件的磨损等现象均与黏度有关。黏度过高则阻力增大,能耗增加,液压油升温快,不利于液压泵启动;黏度过低则磨损增加,液压泵效率下降,液压油漏失增加。因此,适中的黏度是液压油的基本条件之一。液压油应具有良好的黏温特性、黏压特性和抗剪切特性。

(2) 质地纯净,杂质少,并对金属和密封件有良好的相容性。在飞机液压系统中,能与液压油直接接触的材料有金属材料、弹性体、涂层和润滑剂。液压油良好的相容性是指对金属不产生腐蚀,对橡胶密封材料具有一定的膨胀率,但力学性能影响小,不破坏涂层且与液压件的润滑剂相容。

(3) 对温度、氧化和高压等有良好的机械稳定性和化学稳定性,还具有良好的抗乳化性、抗泡沫性、抗腐蚀性及防锈性。飞机液压系统工作条件复杂,液压油在液压系统循环过程中,不仅要承受温度、压力和剪切力的作用,而且还要承受工作条件高低交替变化带来的影响,以及外来污染的影响。因此,航空液压油在使用和长时间储存条件下,要能保持良好的机械稳定性和化学稳定性,还应具有良好的抗乳化性、抗泡沫性、抗腐蚀性及防锈性。

(4) 体积膨胀系数低,比热容高,蒸发损失小。液压油在受热时会蒸发,若蒸发度过高,会破坏液压油的组成,还会产生气穴现象。因此,航空液压油应具有较小的蒸发损失。油液含有过多空气会使液压油的可压缩性增大,导致执行元件的动作误差,产生爬行,破坏系统工作的平稳性。

(5)流动点和凝固点低,燃点和闪点高。航空液压油的易燃性或可燃性,不同程度地对液压系统以及飞机的安全构成威胁,因此可利用闪点、燃点、自燃点、热表面点火温度、火焰传播速度、喷雾点火温度和燃烧热值等评价航空液压油的抗燃性。

(6)低密度,对人体有害性低,对环境污染小,成本低,性价比优。航空液压油的密度影响液压系统的重量,低密度可以减轻飞机重量,降低运营成本。液压油或其蒸汽应不会对人体皮肤、眼睛等产生刺激,或当人接触时不会产生不良影响。

2. 液压油的选用

正确合理地选用液压油是保证液压传动系统正常工作的首要条件,对延长液压系统和液压元件的使用寿命有着重要影响,有助于提高液压传动系统的工作可靠性。选用液压油时首先需要考虑液压系统的工作环境和工作条件,然后再考虑液压油的类型和黏度。选用液压油时需要考虑的因素见表 2.6。

表 2.6　选用液压油时需要考虑的因素

工作环境方面	是否抗燃(闪点、燃点); 抑制噪声的能力(空气溶解度、消泡性); 废液再生处理及环境污染要求; 毒性和气味
工作条件方面	压力范围(润滑性、承载能力); 温度范围(黏度、黏温特性、剪切损失、热稳定性、氧化率、挥发度、低温流动性); 转速(气蚀、对支承面浸润能力)
油液质量方面	物理化学指标; 对金属和密封件的相容性; 过滤性能、吸斥水性能、吸气情况、抗水解能力、对金属的作用情况、去垢能力; 防锈、防腐蚀能力; 抗氧化稳定性; 剪切稳定性; 电学特性(耐电压冲击强度、介电强度、导电率、磁场中极化程度)
经济性方面	价格及使用寿命; 维护、更换的难易程度

3. 选择液压油类型

在选择液压油类型时,首先要考虑的是液压系统的工作环境和工作条件。当液压系统温度在 300 ℃ 以上或者液压系统存在高温表面热源(或明火场所)时,要选如表 2.1 所列的阻燃型液压油。当液压油用量较大时,建议选用乳化型液压液;当液压油用量较小时,建议选用阻燃型液压油。当液压系统选用了石油基液压油后,首选的是专用液压油。如果条件受限时,也可选用普通液压油或汽轮机油代替。

4. 选择液压油的黏度

油液黏度是液压系统选择液压油需要考虑的最关键因素。油液黏度太大,液体流动的压力损失增大,系统发热增大,驱动效率降低;油液黏度太小,泄漏增大,也会使系统效率降低。因此,要选择合适黏度系数的液压油,以使系统能正常、高效和可靠地工作。一般情况下,可根据液压泵的要求来选择液压油的黏度,主要原因是液压系统中液压泵的工作条件最为苛刻。另外,由于油液的黏温特性,要控制液压系统温度,以使油液在最佳黏度范围内工作。

2.1.4　飞机液压油的使用和污染控制

1. 飞机液压油的混合

因为植物基液压油、矿物基液压油及阻燃性液压油各自成分不同,所以要避免相互掺合。不同类型的液压油也要配合不同材料的密封件。应根据飞机维护手册,给飞机液压系统添加所要求牌号的航空液压油,若加错了液压油,则应立即排出油液,清洗油箱等被污染的元器件,并根据飞机维护手册对液压密封件进行处理,否则会对液压系统造成损坏,导致事故的发生。

2. 飞机液压油与其他材料的相容性

在选择飞机液压油时,要避免液压油对飞机材料产生腐蚀作用。一般情况下,只要油液不受到污染,一般不会明显影响飞机上的普通材料。例如,Skydrol 液压油会腐蚀氯乙烯,长时间使用会损坏电子线路的绝缘材料。该类型油液与天然纤维、尼龙和聚酯等人工合成物相容,通常使用异丁(烯)橡胶或乙烯-丙烯合成橡胶密封件,但不宜使用氯丁(二烯)橡胶或丁腈橡胶制的密封件。

3. 液压油的污染原因及后果

液压油液污染是液压系统产生故障的主要原因之一。为了控制液压油的污染,首先要明确其污染的主要原因。结合工程实践,飞机液压油污染的主要原因如下:

(1)残留物的污染:指液压元件在制造、储存、运输、安装和维修过程中,带入的砂粒、铁屑、焊渣和灰尘等残留物对液压油造成的污染。

(2)侵入物的污染:指空气、尘埃、水滴等污染物通过外露的活塞杆、油箱的通气孔和注油孔等侵入到液压系统所造成的油液污染。

(3)生成物的污染:指工作过程中所产生的金属微粒、密封材料磨损颗粒、水分、气泡及油液变质后生成的胶状物等所造成的液压油污染。

如表 2.7 所列,润滑油清洁度国际标准 ISO 4406 中已经给出了污染度等级标准,可用于定量描述液压油的污染程度。液压油的污染度等级是指单位体积液压油液中固体颗粒污染物的含量,即液压油中所含固体颗粒的浓度。油液的污染度等级用两个数码表示,前面的数码代表 1 mL 液压油中尺寸不小于 5 μm 的颗粒数等级,后面的数码代表 1 mL 液压油中尺寸不小于 15 μm 的颗粒数等级,两个数码之间用斜线分隔。例如,污染度等级数码为 19/17 的液压油,表示它在每毫升内不小于 5 μm 的颗粒数在 2 500~5 000 范围内,不小于 15 μm 的颗粒数在 640~1 300 范围内。

表 2.7　ISO 4406 污染度等级

每毫升颗粒数		等　级	每毫升颗粒数		等　级
大于	上限值		大于	上限值	
80 000	160 000	24	10	20	11
40 000	80 000	23	5	10	10
20 000	40 000	22	2.5	5	9
10 000	20 000	21	1.3	2.5	8
5 000	10 000	20	0.64	1.3	7
2 500	5 000	19	0.32	0.64	6
1 300	2 500	18	0.16	0.32	5
640	1 300	17	0.08	0.16	4
320	640	16	0.04	0.08	3
160	320	15	0.02	0.04	2
80	160	14	0.01	0.02	1
40	80	13	0.005	0.01	0
20	40	12	0.002 5	0.005	0.9

被污染的液压油将会对液压系统和液压元件造成以下危害。

(1) 油液中微小固体颗粒和胶状物容易堵塞滤油器、阀类元件的小孔或缝隙,使液压泵吸油不畅,阀类元件动作失灵,直接影响系统的正常运行。

(2) 微小金属微粒、密封材料磨损颗粒等都会增加运动部件表面磨损,损伤密封件,使泄漏流量增加,液压元件不能正常工作。

(3) 空气、尘埃、水滴等污染物的混入会降低液压油的润滑性,并加速其氧化和气蚀过程,最终损坏液压元件,使液压系统出现振动、爬行等现象。

4. 液压油的污染控制

在实际工程中,通常采用一些措施来控制油液污染,以延长液压元件的使用寿命,保证液压系统的正常工作。液压油的具体污染控制措施如下:

(1) 严格控制油温。液压油液的工作温度过高将会使油液黏度下降,使运动部位的油膜破坏,摩擦阻力增大,泄漏增加,系统工作效率显著降低。油温过高会引起结构件热膨胀,使运动副之间的间隙发生变化,造成动作不灵或卡死,直接影响其工作性能；另外，还会加速其氧化变质，缩短其使用期限。所以，要限制油液的工作温度。

（2）严格控制过滤精度。根据液压系统和液压元件的工作要求，分别在吸油口、压力管路、伺服调速阀的进油口等处，按照要求的过滤精度设置滤油器，并且要定期检查、清洗或更换滤芯。滤油器过滤精度一般按系统中对过滤精度敏感性最大的元件来选择，以控制油液中的颗粒污染物。国家制定的典型液压元件清洁度等级见表 2.8，表中的数值为污染度等级。

表 2.8　典型液压元件的清洁度等级

液压元件	等级		
	优等品	一等品	合格品
液压泵	16/13	18/15	19/16
一般液压阀	16/13	18/15	19/16
伺服阀	13/10	14/11	15/12
活塞缸和柱塞缸	16/13	18/15	19/16
液压马达	16/13	18/15	19/16
液压蓄能器	16/13	18/15	19/16

（3）强化现场管理，减少外界污染。液压传动系统的管件、接头和油箱在装配前后必须全面清洗，以去除残渣和表面氧化物。液压系统的维修与液压元件的更换、拆卸应在无尘区进行。另外，油箱通气孔要加空气滤清器，对外露件应装防尘密封，并经常检查，定期更换。

（4）定期检查更换液压油液。根据液压设备使用说明书和维护保养规程，定期检查、更换液压油液。更换液压油时要清洗油箱，冲洗系统管道及液压元件。在飞机液压系统使用和维护中，工作人员应戴橡皮手套等防护设备，以防液压油接触人体而发生腐蚀。一旦液压油接触人体皮肤或眼睛等，须迅速用大量清水冲洗，并根据情况进行医治。

2.2　流体静力学

液体静力学是流体力学的一个分支，研究静止流体的压力、密度等的分布以及流体对器壁的作用力。所谓静止液体是指液体内部质点之间没有相对运动的流体。本节主要讨论液体在静止时的静压力、压力分布和静压力的作用力等内容。

2.2.1　流体的压力

作用在液体上的力有质量力和表面力两种。

1. 质量力

作用在每一个流体质点上与流体质量成正比的力称为质量力。在均质流体中，它与体积成正比，又称为体积力。

常见的质量力有重力和惯性力等。在液体的所有质点上，质量力大小与流体的质量成正比。单位质量液体所受的力称为单位质量力，它在数值上等于重力加速度。

2. 表面力

作用在流体表面且与流体表面积成比例的力称为表面力。单位面积上作用的表面力称为应力，应力分为法向应力和切向应力。

当液体静止时，由于流体质点之间没有相对运动，不存在切向摩擦力，所以静止流体的表面力只有法向应力。由于流体质点之间的凝聚力很小，不能受拉，因此法向应力只能沿着流体表面的内法线方向作用。这里把流体在单位面积上所受的内法线方向的法向力简称为压力，通常用 p 来表示。

流体的压力有如下基本性质：

（1）流体的压力沿着内法线方向作用于承压面。

（2）静止流体内任一点处的压力在各个方向上都相等。

由此可知，静止流体总是处于受压状态，并且其内部的任何质点都受平衡压力的作用。

2.2.2　静止流体的压力分布

如图 2.4(a)所示，在重力作用下，密度为 ρ 的流体在容器中处于静止状态，其外加压力为 p_0，它的受力分析情况如图 2.4(b)所示。

如图 2.4(b)所示，从液面向下切取一个垂直小液柱作为研究体，设液柱底面积为 ΔA，高为 h，在任意深度 h 处的压力为 p。由于液柱处于受力平衡状态，在垂直方向上列出它的静力平衡方程，有

$$p \Delta A = p_0 \Delta A + F_G \qquad (2.12)$$

式中：F_G 是液柱的重力，$F_G = \rho g h \Delta A$，则式(2.12)可写为

$$p = p_0 + \rho g h \qquad (2.13)$$

式(2.13)是液体静力学基本方程式，其压力分布具有以下特点。

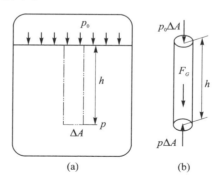

图 2.4　重力作用下静止流体

（1）静止流体内任一点处的压力由液面上的压力 p_0 和该点以上流体自重所形成的压力 $\rho g h$ 两部分组成。当液面上只受大气压力 p_a 作用时，则流体内任一点处的压力为

$$p = p_a + \rho g h \qquad (2.14)$$

（2）静止流体内的压力 p 的分布与流体深度 h 成线性关系。

（3）离液面深度 h 相同的各点组成了等压面，这个等压面为一水平面。

由图 2.5 所示，流体压力有绝对压力和相对压力两种描述方式。绝对压力是指以绝对真空为基准来进行度量的压力；相对压力是指以大气压力为基准来进行度量的压力。大多数测压仪表在大气压的作用下并没有指示，所以仪表指示的压力是相对压力，又称表压力。以大气压力为基准计算压力值时，基准以上的正值是表压力；基准以下的负值的绝对值就是真空度，即

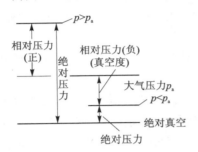

图 2.5 绝对压力、相对压力和真空度

相对压力 ＝ 绝对压力 － 大气压力

真空度 ＝ 大气压力 － 绝对压力

在飞机液压系统中，因为油液通常受到较大的外力作用，而由油液自重所产生的压力非常小（可忽略不计），所以可近似认为整个液压系统的内部压力是相等的。压力的法定计量单位是 Pa（帕，N/m^2）和 MPa（兆帕）。如果没有特别说明，液压系统的压力一般都是指相对压力。

2.2.3 流体静压力的作用力

在密闭容器内，当施加在静止流体上的外力变化时，会引起外加压力发生变化，则静止流体内任一点的压力将发生同样大小的变化，这就是静压传递原理（帕斯卡原理）。该原理也可以表述为"施加于静止液体上的压力可以等值传递到液体内各点"。静止流体和固体壁面相接触时，流体作用于固体壁面上的力等于固体壁面上各点所受压力的总和。当固体壁面为平面时，忽略重力影响，作用在固体壁面上的压力 F 等于静压力 p 与承压面积 A 的乘积，其作用力方向垂直于壁面，即

$$F = pA \qquad (2.15)$$

当固体壁面为曲面时，曲面上液压作用力在任意方向上的总作用力等于液体静压力与曲面在该方向投影面积的乘积。

2.3 流体动力学

在液压系统中，油液的流动状态、运动规律及能量转换等问题对分析液压传动系统是非常重要的，这些内容也是液压系统设计的理论依据。油液流动时，由于重力、惯性力和黏性摩擦力等因素影响，油液内部各质点在不同时间、不同空间处的运动状态是不相同的。本节主要阐述液压系统中油液在空间某特定点处或特定区域内的平均运动情况。

2.3.1　基本概念

1. 流量和平均流速

在单位时间内,流过某一通流截面的液体体积称为流量,单位为 m^3/s 或 L/min。其中,通流截面指的是流体在管道中流动时垂直于流动方向的截面。流量一般以 q 来表示,表达式为

$$q = \frac{V}{t} \tag{2.16}$$

式中:V——流过通流截面液体的体积,m^3/s;

　　t——流过液体体积为 V 时所用的时间,s。

如图 2.6(a)所示,当流体通过微小通流截面 dA 时,流体在该截面上各点速度 u 认为是相等的,所以流过该截面的流量 $dq = u\,dA$,流过整个通流截面 A 的流量为

$$q = \int_A u\,dA \tag{2.17}$$

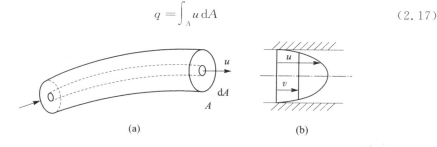

图 2.6　流量和平均流速

由于黏性力的作用,实际上流体在整个通流截面上各点的流速 u 是不相等的。如图 2.6(b)所示,通流截面上各点流速按一定规律分布,比较复杂。为便于分析,假设通流截面上各点的流速均匀分布,采用平均流速进行分析。平均流速 v 主要依据流体以实际流速 u 流过通流截面的流量,即

$$q = \int_A u\,dA = vA \tag{2.18}$$

所以,流过此截面的平均流速为 $v = \dfrac{q}{A}$。平均流速描述了整个流体在某特定空间中的平均运动情况,在实际工程中更有应用价值。

2. 理想液体和定常流动

流体黏性对流动有着非常重要的影响,但是由于流体黏性的复杂性,通常将流体假设为完全不可压缩又无黏性的理想流体。基于此,分析流体流动的基本规律。实际上,任何流体都具有黏性,而且可以压缩(尽管压缩量很小)。

根据流动是否随时间变化,可将流体流动分为定常流动和非定常流动。定常流动是指流体中任一空间点处的压力、速度和密度都不随时间变化的流动,也称为稳定

流动或恒定流动;非定常流动是指流体中任一空间点处的压力、流速和密度中有任意一个随时间变化的流动,也称为时变流动。

在飞机液压系统中,油液在管道中的流动通常看作是定常流动。

2.3.2　流体连续性方程

在流体力学中,流体连续性方程实质上是质量守恒定律的一种具体表现。如图 2.7 所示,当流体在任意形状管道中作定常流动时,任取 1、2 两个通流截面,其面积分别为 A_1 和 A_2,流体密度分别为 ρ_1 和 ρ_2,平均流速分别为 v_1 和 v_2。由于定常流动,在任意两个通流截面之间的流体密度 ρ、压力 p、速度 v 都不随时间而变化。

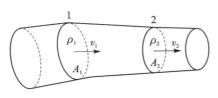

图 2.7　流体连续性原理

根据质量守恒定律,任意两个通流截面之间的流体质量不随时间而变化,所以有

$$\rho_1 v_1 A_1 = \rho_2 v_2 A_2 \qquad (2.19)$$

在液压系统中,油液的可压缩性可忽略不计,即 $\rho_1 = \rho_2$,则有 $v_1 A_1 = v_2 A_2$,由此得

$$q_1 = q_2 \quad 或 \quad q = vA = \text{const} \qquad (2.20)$$

式(2.20)是流体在管道中作定常流动的连续性方程。在忽略管道变形的前提下,流体在同一管道中作定常流动时,流过各通流截面的体积流量是相等的。因此,在管道中流动的流体流速与其通流截面面积成反比。

在飞机液压系统中,定长流动的油液常常被分流到不同分支管道中,通过总管道的流量为各分支管道流量的总和。

2.3.3　伯努利方程

1. 理想流体的伯努利方程

在流体力学中,伯努利方程是能量守恒定律的一种具体表现形式。如图 2.8 所示,当理想液体在管道中作定常流动时,任取两通流截面 1—1 和 2—2,假设两通流截面的中心到基准面之间的高度分别为 h_1 和 h_2,截面面积分别为 A_1 和 A_2,压力分别为 p_1 和 p_2。由于理想液体在通流截面上的流速是均匀的,设两通流截面上流体流速分别为 v_1 和 v_2,经过时间 Δt 后,1—2 段之间流体流到 $1'$—$2'$ 段,以该段流体为研究对象,分析该段液体在 Δt 时间前后能量的变化情况。

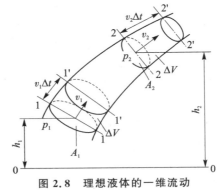

图 2.8　理想液体的一维流动

由于理想流体无黏性,所以流体流动过程中没有摩擦力。该段流体在端面两端均受到不同压力,对应的压力所做的功为

$$W = p_1 A_1 v_1 \Delta t - p_2 A_2 v_2 \Delta t$$

由流体连续性方程可知,$A_1 v_1 \Delta t = A_2 v_2 \Delta t = q \Delta t = \Delta V$,$\Delta V$ 为 1—1′或 2—2′微段流体的体积,所以外力所做的功为

$$W = (p_1 - p_2)\Delta V \tag{2.21}$$

因为是定常流动,所以 Δt 前后流体的力学参数均未发生变化,流体能量保持不变,该段流体的质量可表示为

$$\Delta m = \rho_1 v_1 A_1 \Delta t = \rho_2 v_2 A_2 \Delta t = \rho q \Delta t = \rho \Delta V$$

所以,流动流体能量的变化只源于 1—1′和 2—2′两段流体的机械能变化,其中,两段流体的位能差 $\Delta E_{位}$ 和动能差 $\Delta E_{动}$ 分别为

$$\Delta E_{位} = \rho g q \Delta t (h_2 - h_1) = \rho g \Delta V (h_2 - h_1)$$

$$\Delta E_{动} = \frac{1}{2}\rho q \Delta t (v_2{}^2 - v_1{}^2) = \frac{1}{2}\rho \Delta V (v_2{}^2 - v_1{}^2)$$

根据能量守恒定律,外力对流体所做的功等于该流体能量的变化量,即

$$W = \Delta E_{位} + \Delta E_{动}$$

整理上式,求解单位体积流体的压力能、位能和动能,得理想流体的伯努利方程为

$$p_1 + \rho g h_1 + \frac{1}{2}\rho v_1{}^2 = p_2 + \rho g h_2 + \frac{1}{2}\rho v_2{}^2 \tag{2.22}$$

式(2.22)表明作定常流动的理想液体在密闭管道中能量保持不变,但压力能、位能和动能三种形式的能量在流动过程中可互相转化。

2. 实际流体的伯努利方程

在实际中,流体在管道中流动时,流体在管道通流截面上的流速是不均匀的。在此,引入修正系数 α 来修正用平均流速计算动能所带来的误差。另外,因为流体流动过程中,流体黏性产生内摩擦力以及管道形状的骤然变化等原因,所以假设在两通流截面间单位体积流体的能量损失为 Δp_{w}。因此,结合上述条件,得到实际流体的伯努利方程,即

$$p_1 + \rho g h_1 + \frac{1}{2}\rho \alpha_1 v_1{}^2 = p_2 + \rho g h_2 + \frac{1}{2}\rho \alpha_2 v_2{}^2 + \Delta p_{w} \tag{2.23}$$

式中:α_1 和 α_2 为动能修正系数。当流体为紊流时,α 取值为 1;当流体为层流时,α 取值为 2。

实际流体的伯努利方程考虑了流体流动速度和能量的损失,增加了动能修正系数和能量损失 Δp_{w} 项。伯努利方程揭示了流体流动过程中的能量变化规律,如果没有能量的输入和输出,流体内的总能量是不变的。

2.3.4 动量方程

在液压系统中,通常利用动量方程来求解油液对固体壁面的作用力。类似于刚体力学动量方程,流体的定量方程可描述为

$$\sum F = \frac{m(v_2 - v_1)}{\Delta t}$$

对于定常流动流体,在考虑以平均流速代替实际流速的前提下,引入系数 β 来修正动量误差,流体质量 m 表示为 $\rho q \Delta t$,所以动量方程可描述为

$$\sum F = \rho q(\beta_2 v_2 - \beta_1 v_1) \tag{2.24}$$

式中:$\sum F$ ——作用在流体上所有外力的矢量和,N。

v_1、v_2 ——流体在前、后两个通流截面上的平均流速矢量,m/s。

β_1、β_2 ——修正系数,当流体为紊流时,$\beta=1$;当流体为层流时,$\beta=4/3$。

ρ ——流体密度,kg/m³。

q ——流体流量,m³/s。

在实际工程问题中,往往要计算流体对固体壁面的作用力,即动量方程(2.24)中 $\sum F$ 的反作用力。

2.4 管内流动的压力损失

由于流体黏性,流体流动过程中会产生阻力,并损耗一部分能量。该部分能量损失在伯努利方程中描述为压力损失 Δp_w。在液压系统中,压力损失会导致系统温度升高,因此要尽量减少油液流动过程中的压力损失。本节首先分析流体在管道内流动情况;然后分析流体的压力损失,流体的压力损失分为沿程压力损失和局部压力损失两类。

2.4.1 流体流动状态

1883 年,雷诺(Reynold)做了一系列经典实验,发现了水在圆管内两种不同的流动情况,即层流和紊流(或湍流)。在层流状态时,流体的流速低,流体质点由于黏性约束而互不干扰,流动呈线性或层状,且平行于管道轴线,黏性力起主导作用;在紊流状态时,流体的流速较高,流体质点的运动杂乱无章,流动呈无序状态,惯性力起主导作用,黏性的制约作用减弱。

在雷诺实验中,发现流体在圆形管道中的流动状态与平均流速 v、管道直径 d 和流体运动黏度 v 有关。后续提出了雷诺数 Re 和水力半径 R 来描述流体流动状态,即

$$Re = \frac{vd}{v} \tag{2.25}$$

通流截面的水力半径 R 为

$$R = \frac{A}{\chi} \tag{2.26}$$

式中：A——通流截面面积，m^2；

　　　χ——有效截面的管壁周长，m。

直径为 d 的圆形截面管道水力半径为

$$R = \frac{A}{\chi} = \frac{\frac{\pi}{4}d^2}{\pi d} = \frac{d}{4} \tag{2.27}$$

雷诺数是流体的惯性力对黏性力之比，是判断流体在管道中层流和紊流流动的判断依据。雷诺数较大时，惯性力起主导作用，流体处于紊流状态；雷诺数较小时，黏性力起主导作用，流体处于层流状态。针对某一流体的流动，存在临界雷诺数 Re_{cr}，使其在紊流和层流两种流动状态进行转换。当流体雷诺数小于临界雷诺数时，流体流动为层流；当流体雷诺数大于临界雷诺数时，流体流动为紊流。常见管道的临界雷诺数如表 2.9 所列。

表 2.9　常见流体管道的临界雷诺数

管　　道	Re_{cr}	管　　道	Re_{cr}
光滑金属圆管	2320	带环槽的同心环状缝隙	700
橡胶软管	1600~2000	带环槽的偏心环状缝隙	400
光滑的同心环状缝隙	1100	圆柱形滑阀阀口	260
光滑的偏心环状缝隙	1000	锥阀阀口	20~100

水力半径描述了流体在管道通流能力的大小程度。水力半径越大，流体和管壁接触的周长短，管壁对液流的阻力小，通流能力也就越大。如图 2.9 所示，对于等面积条件下不同形状通流截面，对应的水力半径是不相同的。其中，圆形通流截面的水力半径最大，环形通流截面的水力半径最小。

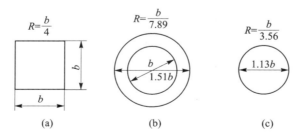

图 2.9　等面积条件下不同形状通流截面的水力半径

2.4.2　流体沿程压力损失

流体沿程压力损失是指流体在等直径直管中流动时,因摩擦和质点的相互扰动而产生的压力损失。

1. 层流流动的沿程压力损失

流体在等直径水平直管中作层流流动时,取一段与管轴重合的微小圆柱体作为研究对象,如图 2.10 所示。设微小圆柱体半径为 r,长度为 l,作用在两端面的压力分别为 p_1 和 p_2,作用在侧面的内摩擦力为 F_f。在水平方向上,流体做匀速运动,平衡受力方程为

$$(p_1 - p_2)\pi r^2 = F_f$$

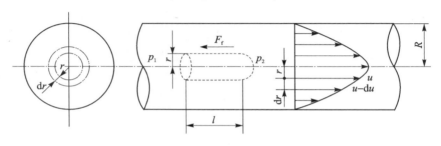

图 2.10　流体在圆管内层流流动时的运动分析

液体内摩擦力 F_f 为 $-2\pi r l \mu \, \mathrm{d}u / \mathrm{d}r$,记 $\Delta p = p_1 - p_2$,将上式进行整理、积分,并代入速度的边界条件(当 $r = R$ 时,$u = 0$),得

$$u = \frac{\Delta p}{4\mu l}(R^2 - r^2) \tag{2.28}$$

式(2.28)描述了管内流体质点流速在半径方向上的分布规律,最小流速在管壁 $r = R$ 处,其值为零;最大流速在 $r = 0$ 处,其值为 $u_{\max} = \dfrac{\Delta p}{4\mu l}R^2$。

在图 2.10 中,微小环形过流断面面积 $\mathrm{d}A = 2\pi r \mathrm{d}r$,所通过的流量为 $\mathrm{d}q = u \mathrm{d}A$,对其进行积分,得

$$q = \int_0^R 2\pi \frac{\Delta p}{4\mu l}(R^2 - r^2) r \mathrm{d}r = \frac{\pi R^4}{8\mu l}\Delta p \tag{2.29}$$

管道内流体的平均流速为

$$v = \frac{q}{A} = \frac{R^2}{8\mu l}\Delta p \tag{2.30}$$

上述分析表明,平均流速 v 为最大流速 $u_{\max}$ 的 1/2,对应的沿程压力损失为

$$\Delta p_\lambda = \Delta p = \frac{8\mu l v}{R^2} \tag{2.31}$$

式(2.31)表明,当流体在直管中的流动为层流时,其沿程压力损失与流体黏度、

管长、流速成正比,与管径的平方成反比。式(2.31)可改写为

$$\Delta p_\lambda = \frac{64}{Re} \frac{l}{d} \frac{\rho v^2}{2} = \lambda \frac{l}{d} \frac{\rho v^2}{2}　\qquad(2.32)$$

式中:λ——沿程阻力系数。理论上,圆管层流的 λ 值为 $64/Re$。在工程实际中,金
属圆管 λ 取值为 $75/Re$,橡胶管 λ 取值为 $80/Re$。

2. 紊流流动的沿程压力损失

由于紊流流动的复杂性,对应的沿程压力损失的计算较难,在此直接给出紊流流
动时沿程压力损失的表达式,即

$$\Delta p_\lambda = \lambda \frac{l}{d} \frac{\rho v^2}{2} (\text{Pa})　\qquad(2.33)$$

在式(2.33)中,沿程阻力系数 λ 与雷诺数 Re 和管壁的相对粗糙度 Δ/d 均有关,
其中,Δ 为管壁的绝对粗糙度,d 为管道直径。对于光滑管,$\lambda = 0.316 Re^{-0.25}$;对于粗
糙管,λ 的取值可由图 2.11 查出。

2.4.3　流体局部压力损失

流体局部压力损失是指流体流经管道突变截面(如弯头和接头等)和液压元件
(如阀口和滤网等)时,流动方向和流速发生变化,并形成旋涡、气穴等现象而造成的
压力损失。局部压力损失 Δp_ξ 很难通过理论分析计算获得,通常由实验来确定,对
应的计算公式为

$$\Delta p_\xi = \xi \frac{\rho v^2}{2}　\qquad(2.34)$$

式中:ξ——局部阻力系数,可通过实验测定或查阅相关手册获得。

流体流过各种阀类的局部压力损失 Δp_V 为

$$\Delta p_V = \Delta p_n \left(\frac{q}{q_n}\right)^2　\qquad(2.35)$$

式中:Δp_n——阀在额定流量 q_n 下的压力损失;

　　q——通过阀的实际流量,m^3/s;

　　q——阀的额定流量,m^3/s。

2.4.4　管路流动总压力损失

在飞机液压系统中,管路系统的总压力损失是所有沿程压力损失和所有局部压
力损失的总和,即

$$\sum \Delta p = \sum \Delta p_\lambda + \sum \Delta p_\xi = \sum \lambda \frac{l}{d} \frac{\rho v^2}{2} + \sum \xi \frac{\rho v^2}{2}　\qquad(2.36)$$

从式(2.36)可知,可采取减小流速、缩短管道长度、减少管道截面突变和提高管
道内壁的光滑度等措施,降低管路系统的压力损失。其中,流速对压力损失的影响最

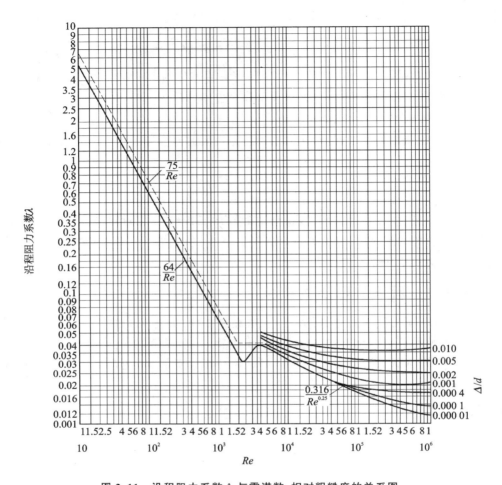

图 2.11   沿程阻力系数 λ 与雷诺数、相对粗糙度的关系图

大。当流体在管路中的流速过大时,压力损失较大;当流速太低时,为不影响液压系统的工作,须加大管道和阀类元件尺寸,这样成本会增高。因此,要综合考虑确定流体在管道中的流速,通常可查阅有关手册获得推荐值。

2.5   流体孔口流动

液压元件(如阀类元件)常利用孔口来控制系统的压力、流量和速度。因此,分析流体在孔口的流动规律对分析液压元件和系统的工作性能至关重要。目前,根据孔口的长径比 l/d,孔口可分为薄壁孔($l/d \leqslant 0.5$)、短孔($0.5 < l/d \leqslant 4$)和细长孔($l/d > 4$)三类。

2.5.1　薄壁孔口

　　如图 2.12 所示,将薄壁孔口的进口边做成刃口形,当流体流过孔口时,在靠近孔口后方会出现收缩现象。当薄壁圆孔前通道直径 d_1 与小孔直径 d 之比大于等于 7 时,流束收缩作用不受孔前通道内壁的影响,该类型收缩为完全收缩;当前通道直径与小孔直径小于 7 时,孔前通道对流体进入小孔起导向作用,该类型收缩为不完全收缩。

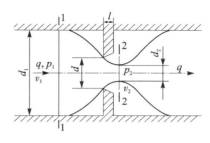

图 2.12　薄壁孔口的流体流动

　　对孔前和孔后通道截面之间(截面 1—1 和 2—2)的流体列伯努利方程,有

$$p_1 + \rho g h_1 + \frac{1}{2}\rho \alpha_1 v_1{}^2 = p_2 + \rho g h_2 + \frac{1}{2}\rho \alpha_2 v_2{}^2 + \Delta p_w$$

式中:$h_1 = h_2$;截面 2—2 的流动是紊流,$\alpha_2 = 1$;$v_1 \ll v_2$,v_1 可忽略不计;所以,总压力损失 Δp_w 为

$$\Delta p_w = \lambda \frac{l}{d}\frac{\rho v^2}{2} + \xi \frac{\rho v^2}{2} = \left(\lambda \frac{l}{d} + \xi\right)\frac{\rho v^2}{2}$$

式中:λ——流体流过截面 1—1 和 2—2 之间的沿程损失系数;

　　　　l——流体流过截面 1—1 和截面 2—2 之间的距离,m;

　　　　d——孔口直径,m;

　　　　ξ——流体流过孔口处的局部损失系数。

　　整理上式可得

$$v_2 = \frac{1}{\sqrt{1 + \lambda \dfrac{l}{d} + \xi}}\sqrt{\frac{2}{\rho}(p_1 - p_2)} = C_v \sqrt{\frac{2}{\rho}\Delta p} \tag{2.37}$$

式中:Δp——截面 1—1 和 2—2 之间的压力差,$\Delta p = p_1 - p_2$,Pa;

　　　　C_v——速度系数,$C_v = v_2/v_T$;

　　　　v_T——孔口直径为 d 处的流体流动速度,m/s。

　　通过薄壁孔口的流量为

$$q = A_2 v_2 = C_v C_c A_T \sqrt{\frac{2}{\rho}\Delta p} = C_q A_T \sqrt{\frac{2}{\rho}\Delta p} \tag{2.38}$$

式中:A_2——收缩截面的面积,m^2,$A_2 = \pi d_2^2/4$;

　　　　C_c——收缩系数,$C_c = A_2/A_T = d_2^2/d^2$;

　　　　A_T——孔口的通流截面积,m^2,$A_T = \pi d^2/4$;

　　　　C_q——流量系数,$C_q = q_1/q_T$,这里 $C_q = C_v C_c$;

q_T——孔口处液流流量，m^3/s。

在流体完全收缩的情况下，当 $Re \leqslant 10^5$ 时，C_q、C_c 及 C_v 可根据图 2.13 选择具体参数，也可由实验确定。当 $Re > 10^5$ 时，上述参数默认为常数，取值范围分别为 $C_c = 0.61 \sim 0.63$，$C_v = 0.97 \sim 0.98$ 和 $C_q = 0.6 \sim 0.62$。当液流不完全收缩时，流量系数可增大到 $0.7 \sim 0.8$，特别是带棱边或小倒角的孔口。

在液压系统中，薄壁孔口流量稳定，常用在节流器中。但是薄壁孔口加工困难，实际应用较少。

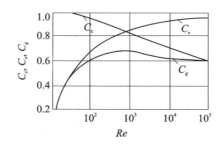

图 2.13   小孔的 C_q-Re、C_v-Re、C_c-Re 曲线

2.5.2   短孔和细长孔口

短孔的流量可通过式（2.38）进行计算，其流量系数 C_q 由图 2.14 给出。当 $dRe/l > 1\,000$ 时，C_q 可取值为 0.82。与薄壁孔口相比，短孔常用于固定节流器，易加工。

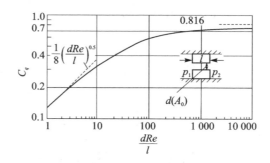

图 2.14   短孔流量系数分布图

细长孔的流动速度低，多为层流，其流量计算式为

$$q = \frac{\pi d^4}{128 \mu l} \Delta p \tag{2.39}$$

由式（2.39）可见，细长孔的流量 q 和孔前后的压差 Δp 成正比，而和液体的黏度 μ 成反比。

综合对薄壁孔、短孔和细长孔的分析，总结流体流过孔口的通用流量公式为

$$q = CA_T \Delta p^\varphi \tag{2.40}$$

式中：A_T——孔口的通流截面面积，m^2；

　　　Δp——孔口的两端压力差，Pa；

　　　C——由孔口的形状、尺寸和流体共同决定的系数。对于细长孔，有 $C = d^2/(32\mu l)$；对于薄壁孔和短孔，有 $C = C_d\sqrt{2/\rho}$。

　　　φ——与孔口长径比相关的系数。薄壁孔 $\varphi = 0.5$，细长孔 $\varphi = 1$。

2.6　流体的缝隙流动

在液压系统中，由于存在液压元件机械结构的装配间隙，当缝隙两端存在压力差，或缝隙两壁面有相对运动时，油液就会通过这些缝隙进行流动（或泄漏），对应的流量称为缝隙泄漏流量。通常情况下，缝隙狭窄，流体流动速度小，流体的流动状态为层流。下面分别讨论平行平板缝隙和圆环缝隙的流动情况。

2.6.1　平行平板缝隙

平行平板缝隙间流体的流动情况如图 2.15 所示，缝隙高度为 h，宽度为 $b(b \gg h)$，长度为 $l(l \gg h)$，缝隙两端的压力分别为 p_1 和 p_2，压差为 $\Delta p = p_1 - p_2$。通过分析缝隙微段流体的受力状态，得到流体在平行平板缝隙中流动时的流量为

$$q = \frac{bh^3}{12\mu l}\Delta p \pm \frac{u_0}{2}bh \tag{2.41}$$

如图 2.16 所示，当流体从短平板端面流出时，式(2.41)中的"±"号由长平板相对于短平板移动的方向和压差方向是否相同来确定。当二者方向一致时，取"+"号；当二者方向相反时，取"-"号。

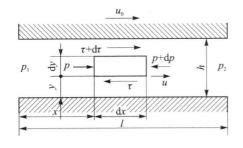

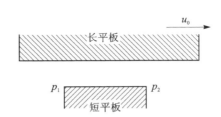

图 2.15　平行平板缝隙流体的流动　　　　　图 2.16　剪切流量方向的识别

当 $u_0 = -h^2\Delta p/(6\mu l)$ 时，平行平板缝隙间不会有液流通过。当平行平板间存在压差，没有相对运动时($u_0 = 0$)，平行平板缝隙间的流量为

$$q = \frac{bh^3\Delta p}{12\mu l} \tag{2.42}$$

在该情况下,通过缝隙的流量与缝隙值的三次方成正比,这说明液压元件内缝隙的大小对其泄漏量的影响是很大的。

当平行平板两端没有压差时($\Delta p = 0$),平行平板缝隙间的流量为

$$q = \frac{u_0}{2} bh \tag{2.43}$$

2.6.2　圆环缝隙

液压系统中还存在圆环缝隙流动现象,如在液压缸的活塞和缸筒之间、液压阀的阀芯和阀孔之间等均存在该现象。根据机械结构装配关系,圆环缝隙有同心和偏心两种情况。

1. 同心圆环缝隙

图 2.17 所示的同心圆环缝隙,内外表面之间有轴向相对运动,其中圆柱体直径为 d,缝隙值为 h,缝隙长度为 l。同心圆环缝隙流量为

$$q = \frac{\pi d h^3}{12 \mu l} \Delta p \pm \frac{\pi d h u_0}{2} \tag{2.44}$$

当相对运动速度 $u_0 = 0$ 时,即为内外表面轴向之间无相对运动的同心圆环缝隙流量,为

$$q = \frac{\pi d h^3}{12 \mu l} \Delta p \tag{2.45}$$

2. 流过偏心圆环缝隙

如图 2.18 所示,若内外圆环不同心,且其偏心距为 e,则形成偏心圆环缝隙,对应的流量为

$$q = \frac{\pi d h^3}{12 \mu l} \Delta p (1 + 1.5 \varepsilon^2) \pm \frac{\pi d h u_0}{2} \tag{2.46}$$

式中:h——内外圆同心时的缝隙值,m;

　　　ε——相对偏心率,$\varepsilon = e/h$。

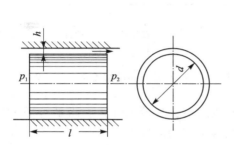

图 2.17　同心环形缝隙间流体的流动

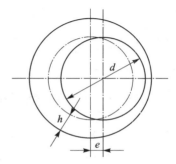

图 2.18　偏心环形缝隙间流体的流动

当 $\varepsilon=0$ 时,式(2.46)与同心圆环缝隙的流量公式相同;当 $\varepsilon=1$ 时,偏心距离达到最大,此时压差流量为同心圆环缝隙压差流量的 2.5 倍。这也表明,只有液压缸的活塞和缸筒、液压阀的阀芯和阀孔等处于同心状态才能将圆环缝隙的泄漏减到最小,偏差距离越小,泄露流量越小。

2.7　液压冲击和气穴现象

在飞机液压系统中,液压冲击和气穴现象会给液压系统带来不利影响,因此需要了解这些现象产生的原因,并采取措施加以防治。

2.7.1　液压冲击

1. 液压冲击产生的原因

当液压系统突然启动、停机、变速或换向,或者液压阀口突然关闭或动作突然停止时,由于流动油液的惯性作用,系统内瞬时形成很高的峰值压力,该现象称为液压冲击。

液压冲击产生的主要原因包括如下几点:

(1)液压阀口突然关闭:阀门在开启状态时,管路中的压力保持不变,但是当阀门突然关闭时,管路中的流体立即停止运动,此时油液的动能转化为油液的挤压能,系统压力急剧升高,产生液压冲击。

(2)高速运动部件突然被制动:以高速运动的液压缸为例,当油缸部件换向时,换向阀迅速关闭,原来管路的油液停止流动,但活塞由于惯性作用仍在运动,而液压缸中的油液不再排出,从而引起压力急剧上升造成压力冲击。

(3)某些元件动作不够灵敏:在系统压力突然升高的情况下,溢流阀反应迟钝,不能迅速打开,便会产生液压冲击的现象。

2. 液压冲击的危害

液压冲击会产生峰值压力,最高可达正常工作压力的 3~4 倍,而液压系统中很多元部件(如管道、仪表等)会因峰值压力的冲击力而遭到破坏。液压冲击还会损坏密封装置、管道或液压元件,引起设备振动,产生很大的噪声。液压冲击还可能引起液压系统升温,对液压系统的可靠性和稳定性影响较大。所以,在液压系统工作时,要尽量避免液压冲击的形成。

3. 减小液压压力冲击的措施

(1)针对液压阀口突然关闭而产生液压冲击的防治措施:① 尽可能延长阀门关闭和运动部件制动换向的时间,如采用换向时间可调的换向阀;② 适当增大管径,减小流速及流速的变化量,以减小缓冲压力;缩短管长,避免不必要的弯曲;采用软管,减缓液压冲击。③ 在容易产生液压冲击的地方设置蓄能器。

（2）针对运动部件突然制动而产生液压冲击的防治措施：① 在液压缸端部设置缓冲装置，延缓油路关闭时间。② 安装单向节流阀，控制运动部件的排油速度。③ 控制运动部件工作装置的冲击速度，并在液压缸回油油路中设置平衡阀或背压阀。④ 采用橡胶软管吸收液压冲击能量，降低冲击力。

另外，还可以采用电气控制方式简单有效地预防液压冲击，不需要对液压系统进行大的调整，但会降低系统响应速度。

2.7.2　气穴现象

液压系统的气穴现象是指由于油液某处的压力低于空气分离压时，原先溶解在油液中的空气就会分离出来，从而导致出现大量的气泡的现象。如果油液的压力进一步降低到油液的饱和蒸气压，流体将迅速汽化，产生大量蒸汽泡，使气穴现象更加严重。

气穴现象多发生在液压泵和液压阀的进口处。在液压泵的进口处，由于泵转速过高、安装高度过高或吸油管直径太小，造成吸油阻力太大，进口处真空度过大，产生气穴。另外，液压阀阀口的通道狭窄，油液流速较大，压力迅速下降，也容易产生气穴。

在液压系统中，气穴现象会破坏油液的连续性，造成流量脉动和压力脉动。当油液中的气泡进入高压区时，气泡会迅速破灭并产生瞬时高压，剥蚀液压元件，该类型腐蚀也被称为气蚀。气蚀直接影响液压元件的工作性能，并大大降低使用寿命。为减少液压系统气蚀的危害，通常采取下列措施。

（1）减小孔口或缝隙前后的压力降，一般孔口或缝隙前后的压力比 $p_1/p_2 <$ 3.5；

（2）降低液压泵的吸油高度，适当加大吸油管直径，限制吸油管内的油液流速；

（3）管路要有良好的密封，防止空气进入；

（4）提高液压元件的抗气蚀能力，采用抗腐蚀能力强的金属材料，减小零件表面粗糙度。

思考题

题 2.1　解释理想流体、定常流动、流量、平均流速、层流、紊流和雷诺数的具体概念。

题 2.2　液压油液的黏度有哪些表示方法？

题 2.3　20 ℃时 200 mL 蒸馏水从恩氏黏度计中流尽的时间为 51 s，如果 200 mL 的某液压油在 40 ℃时从恩氏黏度计中流尽的时间为 255 s，已知该液压油的密度为 890 kg/m³，求该液压油在 40 ℃时的恩氏黏度、运动黏度和动力黏度各是多少？

题 2.4　液压油的选用原则是什么？液压油的污染原因及避免污染的措施是什么？

题 2.5　液体连续性方程和伯努利方程的物理意义是什么？理想液体伯努利方程和实际液体伯努利方程有什么区别？

题 2.6　有一高度为 10 m 的容器内充满水，水的密度 $\rho = 1\ 000\ \text{kg/m}^3$，求容器底部的相对压力是多少？

题 2.7　题 2.7 图容器中充满油液，油液密度 $\rho = 900\ \text{kg/m}^3$，活塞上的作用力 F 为 10 000 N，活塞直径 $d = 2 \times 10^{-1}$ m，活塞厚度 $H = 5 \times 10^{-2}$ m，活塞材料为钢，密度为 7 800 kg/m^3，求活塞下方深度 $h = 0.5$ m 处的液体压力是多少？

题 2.8　求题 2.8 图中压力为 p 的流体对缸筒内壁面的作用力大小。

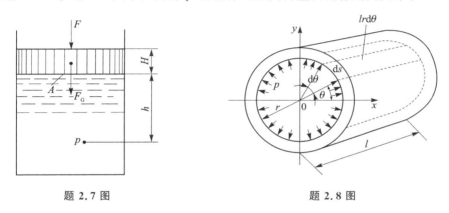

题 2.7 图　　　　　　　　　　　　　　　　题 2.8 图

题 2.9　在题 2.9 图所示的装置中，流量 $q_1 = 25$ L/min，小活塞杆直径 $d_1 = 20$ mm，小活塞直径 $D_1 = 75$ mm，大活塞杆直径 $d_2 = 40$ mm，大活塞直径 $D_2 = 125$ mm，假设没有流量泄漏，求解大小活塞的运动速度 v_1 和 v_2 各是多少？

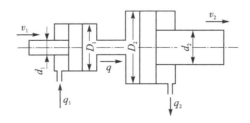

题 2.9 图

题 2.10　当流体从垂直圆管流出，如题 2.10 图所示，管直径 $d_1 =$ 为 10 cm，管口处平均流速 $v_1 = 1.4$ m/s，求管垂直下方 $H = 1.5$ m 处的流速 v_2 和液柱直径 d_2 分别是多少？

题 2.11　如题 2.11 图所示,柱塞与缸套同心,柱塞在力的作用下向下运动,并将油液从缝隙中挤出。假设施加在柱塞上的力 F 为 40 N,柱塞直径 $d = 19.9$ mm,缸套直径 $D = 20$ mm,长 $l = 70$ mm,油液黏度 $\mu = 0.784 \times 10^{-3}$ Pa·s,求柱塞下落 0.1 m 所需要的时间是多少?

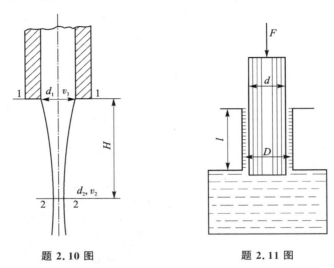

　　　题 2.10 图　　　　　　　　　　　题 2.11 图

题 2.12　如题 2.12 图所示,设 Ⅰ-Ⅰ 断面的直径为 $d_1 = 12$ mm,Ⅱ-Ⅱ 断面处的

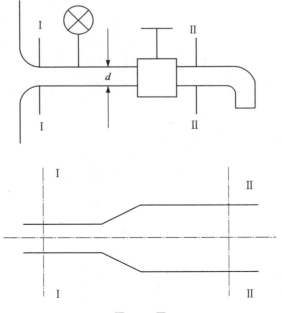

题 2.12 图

直径为 $d_2 = 6$ mm,流速 $v = 3$ m/s,所用油为 20 号机械油,油温 50 ℃。试判断光滑油管中流过截面 Ⅰ-Ⅰ 及 Ⅱ-Ⅱ 时的流态。

题 2.13 如题 2.13 图所示,用一根管子将具有一定真空度的容器与装有油液的水槽(与大气相通)连通,在大气压力的作用下,水槽中油液进入管中,其高度为 $h = 1$ m。设油液的密度为 $\rho = 932$ kg/m³,试求容器内的真空度。

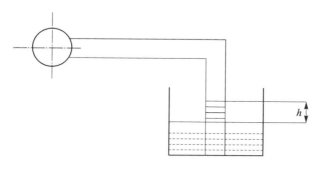

题 2.13 图

题 2.14 若某管子内流过某种液体,液体的流速 $v = 10$ m/s,管子内径 $d = 30$ mm,液体运动黏度为 0.4 cm²/s,试求该液流的雷诺数,并判断此时的流态。

题 2.15 如题 2.15 图所示,安装在某一高度的液压泵通过油管从油箱中吸油,油箱直接与大气相通,大气压力为 1 个标准大气压。已知泵流量 $q = 600$ L/min,油管直径 $d = 12$ cm,油液的物理参数为:$\rho = 900$ kg/m³,运动黏度 $v = 30 \times 10^{-6}$ m²/s,液压泵吸油口处的真空度为 0.2×10^5 N/m²,吸油过程中的局部阻尼系数(弯头处和管子入口处)$\zeta = 0.7$,管道长度等于 L,试求泵的安装高度 h。

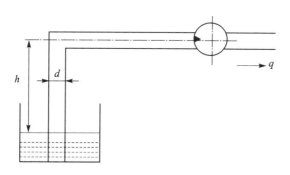

题 2.15 图

题 2.16 如题 2.16 图所示,左侧液压缸活塞直径 $D = 24$ cm,右侧液压缸活塞直 $d = 3.2$ cm,杠杆尺寸 $b = 2.5$ cm、$a = 30$ cm。假设手的作用力 $F = 1\,000$ N,试求液压缸活塞向上顶起的作用力是多少? 力放大的倍数是多少?

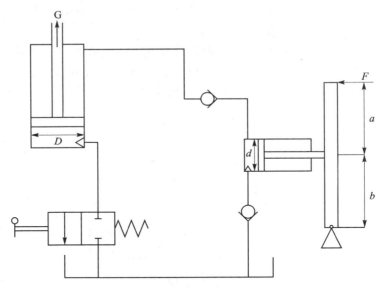

题 2.16 图

题 2.17　如题 2.17 图所示,相同尺寸的液压缸分别正置和倒置,已知:柱塞直径 $d=100$ mm,缸内径 $D=150$ mm,所施加的负载均为 $F=5\,000$ N,若不考虑液压油及活塞或缸体质量的影响,试求(a)、(b)两种情况下的液压缸内的压力。

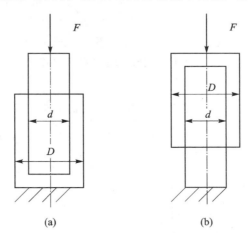

(a)　　　　　　　　　(b)

题 2.17 图

题 2.18　题 2.18 图所示为一容积调速回路,在该回路中,已知:液压泵的最大排量 $q_p=20$ ml/r,其容积效率 $\eta_{pv}=0.9$,机械效率 $\eta_{pj}=0.95$,输出口压力 $P_p=10\times10^5$ Pa;液压马达的排量 $q_m=20$ ml/r,容积效率 $\eta_{mv}=0.95$,机械效率 $\eta_{mj}=0.9$。

试求:(1)当液压泵转速为 1 450 r/min 时,需要使用多大功率电机才能驱动?

（2）液压泵所能输出的最大功率为多少？

（3）液压马达能达到的转速和其输出转矩分别是多少？

（4）回路效率为多少？

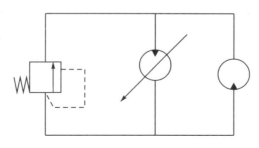

题 2.18 图

题 2.19　如题 2.19 图所示，油液在变管径油管中流动，油管进口处的内径 $d_1 =$ 5 mm（截面 1-1），出口处的内径 $d_2 = 20$ mm（截面 2-2）。假设该油管水平放置，已知油液的密度 $\rho = 900$ kg/m³，运动黏度 $v = 20$ mm²/s，若不计油液流动时的能量损失，试求：

（1）比较截面 1-1、截面 2-2 的压力大小？

（2）若给定流量 $q = 30$ L/min，求进出口之间的压力差为多少？

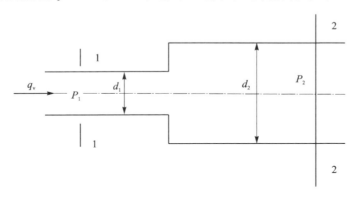

题 2.19 图

题 2.20　如题 2.20 图所示，可通过手动对液压泵输出流量进行调节，当液压泵的流量为 $q_1 = 25$ L/min 时，阻尼孔前的压力测量值为 $P_1 = 0.5$ MPa；若增加液压泵的流量达到 $q_2 = 50$ L/min，试求：若阻尼孔为细长孔，其前的压力 P_2 是多少？

题 2.21　如题 2.21 图所示，两个液压缸并联运行，若两液压缸的作用面积 $A_1 = A_2$，左侧受到的作用力大于右侧，即 $F_1 > F_2$。当右侧液压缸 2 的活塞运动时，试

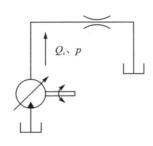

题 2.20 图

求 V_1、V_2 分别是多少? 所需要液压泵提供的压力 P 是多少?

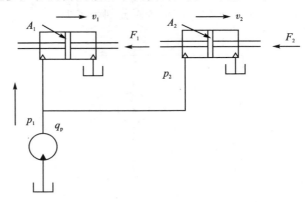

题 2.21 图

第 3 章　航空液压马达与液压泵

在液压传动系统中,能量转换元件分为动力元件和执行元件。

执行元件是将输入液压油压力能转换成机械能的部件,如液压马达,它利用液压油的压力驱动工作装置,输出扭矩和转速。在飞机液压系统中,液压马达主要在大流量工况或非正常工况下启动,为了防止某套液压系统的电驱动泵和发动机驱动泵同时失效的情况发生,液压马达借助相邻液压系统,驱动并维持液压系统正常工作。

动力元件是由驱动装置驱动,将机械能转换成液压油压力能的部件,如液压泵。每套飞机液压系统中至少有一台航空液压泵,可采用电动机、发动机、液压马达等驱动航空液压泵。飞机液压系统的主泵是由发动机进行驱动,正常工况下提供主要的液压能源,应急情况下一般由电动机驱动泵提供液压能源。

3.1　航空液压马达与液压泵概述

3.1.1　液压马达和液压泵的分类

液压马达和液压泵的一般图形符号如图 3.1 所示。液压马达输入变量是压力和流量,输出参量是转速和扭矩;液压泵的输入变量是转速和扭矩,输出参量是压力和流量。

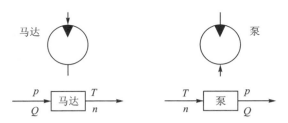

图 3.1　液压马达和液压泵的符号

根据结构形式的不同,液压马达和液压泵可分为柱塞式、螺杆式、齿轮式、和叶片式等类型。根据单位时间内密封工作腔输出(输入)油液体积能否调节,液压马达和液压泵可分为定量式和变量式两类。液压泵每个周期排出油液体积不变时,为定量式;每个周期排出的油液体积变化时,为变量式。另外,根据不同的工况,可选择不同类型的液压马达或液压泵。以液压泵为例,当液压系统为中高压以下压力等级时,可用齿轮泵;当液压系统为现代大中型民航客机的高压系统时,则大多采用柱塞泵。

3.1.2 液压马达的性能参数

如图 3.2 所示,液压马达的高压油液由吸入口进入封闭缸体中,单向阀的作用将出油口关闭,活塞在高压油的压力作用下向右移动,驱动曲柄连杆绕 O 旋转,从而输出扭矩和转速,直至活塞向右运动到最大行程。此后,在惯性的作用下,活塞会向左移动,单向阀的作用将进油口关闭,将低压油通过出油口排除,活塞运动到最左端,完成一个运动周期。该过程说明了液压马达的工作原理,即依靠高压油进入密封工作腔来推动活塞做功。密封工作腔容积变化的大小、单位时间内的变化次数和工作腔数目共同决定了液压马达输出扭矩的大小。

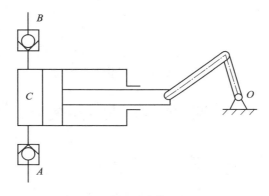

图 3.2 液压马达的工作原理

1. 排量和流量

液压马达的排量是其密封容腔几何尺寸在马达轴旋转一周的变化计算而得的液体体积,用 V 来表示。

液压马达的理论流量是马达密封容腔容积变化所需要的流量,用 q_{Mt} 来表示;实际流量是液压马达入口处所需的流量,用 q_M 来表示;液压马达的泄漏量 Δq_M 为实际流量和理论流量之差,即

$$\Delta q_M = q_M - q_{Mt} \tag{3.1}$$

2. 工作压力和额定压力

液压马达的工作压力是马达入口油液的实际压力,马达的负载情况决定了其工作压力的大小。液压马达的工作压差是马达入口压力和出口压力的差值。在马达出口直接连接油箱的情况下,马达的工作压力被近似认为工作压差。

在正常工作条件下,液压马达的额定压力为按试验标准规定连续运转的最高压力。通常情况下,液压马达的最高压力会受到一定限制,其原因在于工作压力过大,易引起泄漏量增大,效率和转速下降等。另外,液压马达零件强度也制约额定压力的

大小,超过此值时就会过载。

3. 转速和容积效率

液压马达实际工作时由于存在一定的油液泄漏,导致实际流量大于理论流量。设液压马达的泄漏流量为 Δq_M,马达的实际流量为 $q_M = q_{Mt} + \Delta q_M$。这时液压马达的容积效率可表示为

$$\eta_v = \frac{q_{Mt}}{q_M} = \frac{q_M - \Delta q_M}{q_M} = 1 - \frac{\Delta q_M}{q_M} \tag{3.2}$$

马达的输出理论转速 n_t 等于理论流量 q_{Mt} 与排量 V 的比值,即

$$n_t = \frac{q_{Mt}}{V} \tag{3.3}$$

计算转速 n 时需要根据马达的实际流量 q(容积效率 η_V)进行计算。马达的实际输出转速等于理论转速 n_t 乘以容积效率 η_V,即

$$n = n_t \eta_V \tag{3.4}$$

4. 转矩和机械效率

设液压马达的入口压力为工作压力 p,出口压力为 0,排量为 V,则马达的理论输出转矩 T_{Mt} 为

$$T_{Mt} = \frac{pV}{2\pi} \tag{3.5}$$

由于马达实际运行中存在机械摩擦,故计算实际输出转矩还应考虑机械效率 η_m。假设液压马达的转矩损失为 ΔT_M,则马达的实际转矩为 $T_M = T_{Mt} - \Delta T_M$。液压马达的机械效率可表示为

$$\eta_m = \frac{T_M}{T_{Mt}} = \frac{T_{Mt} - \Delta T_M}{T_{Mt}} = 1 - \frac{\Delta T_M}{T_{Mt}} \tag{3.6}$$

则马达的实际输出转矩为

$$T_M = T_{Mt} \eta_m = \frac{pV}{2\pi} \eta_m \tag{3.7}$$

5. 功率和总效率

马达的输入功率 P_i 为

$$P_i = pq \tag{3.8}$$

马达的输出功率 P_o 为

$$P_o = \omega T = 2\pi n T \tag{3.9}$$

马达的总效率 η 即为

$$\eta = \frac{P_o}{P_i} = \frac{\omega T}{pq} = \frac{2\pi n T}{p \dfrac{Vn}{\eta_V}} = \eta_V \eta_m \tag{3.10}$$

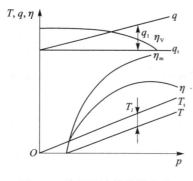

图 3.3　液压马达的特性曲线

由式(3.10)可见,液压马达的总效率等于容积效率和机械效率的乘积,这与液压泵总效率的计算类似。图 3.3 所示是液压马达的特性曲线。

根据式(3.4)和式(3.7)可知,对于定量液压马达,排量 V 为定值,若压力 p 和流量 q 不发生变化,则输出转速 n 和转矩 T 也保持定值不变。对于变量液压马达,可调节排量 V 的大小,它的输出转速 n 和转矩 T 随着排量变化而改变,若流量 q 和压力 p 不变,增大排量 V,则转速 n 减小,转矩 T 增大。

3.1.3　液压泵的性能参数

液压泵是液压系统的动力源。液压泵是利用密封容积的变化来实现吸油、压油的。图 3.4 所示为液压泵的工作原理,通过不断地吸油与排油来输出液压能。

(1)泵的吸油过程:当密封工作腔的容积增大时,腔内部压力会降低,其值小于大气压力,形成与外界的压力差,由于工作腔与吸油窗口是连通的,在压力差的作用下油箱中的油液会通过吸油窗口进入工作腔内,完成吸油过程。

(2)泵的排油过程:当柱塞运动导致工作腔容积减小时,位于工作腔中的油液会受到柱塞的挤压作用,腔内油液压力逐渐大于排油管内压力,由于工作腔与排油窗口是相通的,油液在压力差的作用下由排油窗口排出,从而完成排油过程。

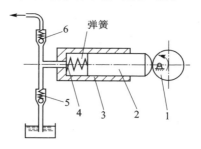

1—偏心轮;2—柱塞;3—缸体;
4—弹簧;5—吸油阀;6—压油阀

图 3.4　液压泵的工作原理

液压泵是靠一个或者若干个密封工作腔的容积变化来实现吸油和压油的。密封工作腔容积变化的大小、单位时间内的变化次数和工作腔数目共同决定了液压泵输出流量。

1. 排量和流量

液压泵的排量 V 是指液压泵每转排出液体的体积,其值由液压泵的密封容腔几何尺寸决定。在工程实际中,泵的排量表示在无泄漏的情况下轴每转一转所排出的液体体积,单位为 mL/r。

液压泵的理论流量 q_t 是指通过计算液压泵的密封容腔几何尺寸变化,从而获得泵在单位时间内排出油液的体积,代表泵在完全无泄漏情况下的值,它等于泵排量 V

和转速 n 的乘积,即

$$q_1 = nV \tag{3.11}$$

在实际工作中,液压泵油液存在泄漏,泄漏流量与油液的黏度高低、密封间隙大小及泵输出压力的高低有关,输出压力升高会导致泄漏流量增大。液压泵的实际流量 q 是指考虑油液泄露情况下的输出流量,其值等于理论流量与泄漏流量之差,即

$$q = q_1 - \Delta q \tag{3.12}$$

额定流量 q_n 是指液压泵在额定转速运行且输出压力为额定压力时的输出流量。因液压泵存在泄漏,故额定流量小于理论流量。

2. 工作压力和额定压力

液压泵的主要压力参数包括工作压力和额定压力。

液压泵的工作压力是指在实际工作时泵输出油液的出油口处压力,其值大小由负载决定,也称为系统压力。当负载增大时,液压泵的工作压力升高;当负载减小时,液压泵的工作压力降低。因此,同一液压泵输出的工作压力会因系统负载大小的变化而变化。

在保证容积效率和使用寿命的前提下,液压泵的额定压力是指在额定转速连续运转时,泵所允许使用的最大压力值。它表示液压泵在正常工作的条件下,符合试验标准规定能连续工作的最高压力。当工作压力大于额定压力时,液压泵就会发生过载。因此,在液压泵说明书中应明确标注泵的额定压力。

液压泵的最高压力是指在短时间内泵所允许超载使用的极限压力。当工作压力超过最高压力时,泵的密封性能及泵零件强度极易受到破坏,影响正常工作。

3. 工作功率

液压泵的理论功率是指不考虑输送过程中能量转换与损失时泵产生的功率,其值等于泵的理论流量和输出压力的乘积,即

$$P_1 = q_1 p \tag{3.13}$$

液压泵的输入功率是指泵轴在驱动装置带动下旋转时所获得的功率,即泵所输入的机械能,其值等于轴的转矩 T 和角速度 ω 的乘积,即

$$P_i = \omega T \tag{3.14}$$

式中: ω ——泵的转动角速度,rad/s;

　　　 T ——液压泵的理论转矩,N·m。

根据角速度 ω 与轴转速之间的关系,输入功率又可表示为

$$P_i = 2\pi n T \tag{3.15}$$

液压泵的输出功率是指通过泵的作用油液所获得的功率,其值等于泵实际输出的流量与出口处的压力乘积,即

$$P_o = q p \tag{3.16}$$

以图 3.5 中的液压泵-液压缸系统为例,若液压缸输出量为力 F 和速度 v,则液压泵的输出功率为

$$P_o = Fv \tag{3.17}$$

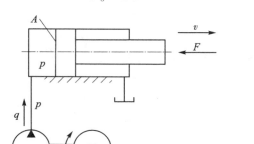

图 3.5　液压泵输出功率计算

4. 工作效率

在实际运行中,液压泵由于存在一定的能量损失,因此泵的输入功率 P_i 大于输出功率 P_o,其总效率 η 等于输出功率与输入功率之比,即

$$\eta = \frac{P_o}{P_i} \tag{3.18}$$

由于液压泵本身存在密封间隙,密封间隙两侧有一定的压力差,这将导致油液会从密封间隙高压侧向低压侧泄漏,液压泵输出的实际流量小于理论流量,两者之间的差值为泄漏流量 q_1,即

$$q_1 = q_t - q \tag{3.19}$$

一般来说,液压泵的泄漏量大小与其工作压力 p 有关。泄漏量 q_1 随工作压力 p 的增大而增大,实际流量随之减小。

液压泵的容积效率 η_v 是指泵实际流量与理论流量之比,即

$$\eta_v = \frac{q}{q_t} = \frac{q_t - q_1}{q_t} = 1 - \frac{q_1}{q_t} = 1 - \frac{q_1}{Vn} \tag{3.20}$$

液压泵各零件之间的间隙通常较小,泄漏油液的流态可近似认为是层流。因此,认为液压泵的泄漏量 q_1 与其工作压力 p 之间成正比,即

$$q_1 = k_1 p \tag{3.21}$$

式中:k_1 为液压泵的泄漏系数,$m^3/(s \cdot Pa)$。所以容积效率可表示为

$$\eta_v = 1 - \frac{k_1 p}{Vn} \tag{3.22}$$

在实际运转中,液压泵内部存在运动零件之间的摩擦和零件与液体之间的摩擦,部分实际输入转矩用来克服机械摩擦阻力,使得理论转矩 T_t 小于实际输入转矩 T_i。所以,液压泵的机械效率 η_m 为理论转矩与实际转矩之比,即

$$\eta_{\mathrm{m}} = \frac{T_{\mathrm{t}}}{T_{\mathrm{i}}} \tag{3.23}$$

将 $T_{\mathrm{t}} = pV/(2\pi)$ 代入式(3.23),得

$$\eta_{\mathrm{m}} = \frac{pV}{2\pi T_{\mathrm{i}}} \tag{3.24}$$

液压泵的总效率由容积效率和机械效率两部分组成,即

$$\eta = \eta_v \eta_{\mathrm{m}} \tag{3.25}$$

在转速、油温保持基本不变的条件下,液压泵性能参数与其工作压力之间关系的特性曲线如图 3.6 所示。

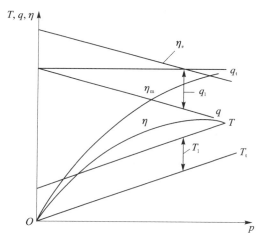

图 3.6　液压泵外特性曲线

在图 3.6 中,液压泵理论流量 q_{t} 恒定不变,其值不会因泵的压力变化而变化。液压泵的容积效率 η_v 随压力的升高而降低,其原因是当压力升高时,液压泵的泄漏量会增大,导致泵的实际输出流量 q 降低。随着压力 p 的增大,总效率 η 先快速增加后逐渐下降。

分析总效率和容积效率的曲线变化情况,发现当液压泵输出压力较低时,总损失主要为机械摩擦损失,其机械效率很低;当输出工作压力逐渐提高后,机械效率随之快速增加,之后机械效率几乎不变,因而总效率曲线和容积效率曲线呈现出平行下降的变化情况。

3.2　航空液压马达

液压马达是利用结构上密封容积的变化来工作的,能够将压力油的能量转化成机械能,输出转速和转矩。在飞机液压系统中,液压马达的工作原理与泵是互逆的。根据转速的大小,液压马达可分为高速液压马达和低速液压马达。

3.2.1 高速液压马达

高速液压马达是指额定转速高于 500 r/min 的液压马达,基本型式有轴向柱塞式、叶片式和齿轮式等,其突出特点是转速高、转动惯量小,便于调速和换向、启动、制动,但输出转矩不大。

以轴向柱塞式液压马达为例,其工作原理如图 3.7 所示。当压力油输入马达时,柱塞被从进油腔顶出,柱塞受到斜盘的作用反力 F_N,将 F_N 分解为水平方向分力 F 和竖直方向分力 F_T。其中,水平轴向分力 F 和作用在柱塞后端的液压推力相平衡;竖直分力 F_T 使缸体产生转矩 T_i,其大小等于 $F_T \cdot r$。当液压马达输入压力油后,其产生的轴向分力 F 可表示为

$$F = \pi d^2 p / 4 \tag{3.26}$$

分解垂直于轴向方向上的分力 F_T 为

$$F_T = F\tan \gamma = \frac{\pi}{4} d^2 p \tan \gamma \tag{3.27}$$

由图 3.7 可知,液压马达的输出转矩等于各柱塞(位于马达压力腔半周内)瞬时转矩的总和。由于柱塞的瞬时方位角是按正弦规律变化的,所以液压马达输出的转矩具有脉动性。每根柱塞所产生的瞬时转矩为

$$T_i = F_T r = F_T R\sin \varphi = \frac{\pi}{4} d^2 R p \tan \gamma \sin \varphi \tag{3.28}$$

式中:R——柱塞在缸体中的分布圆半径;

d——柱塞直径;

p——马达的工作压差;

γ——斜盘倾角;

φ——柱塞的瞬时方位角。

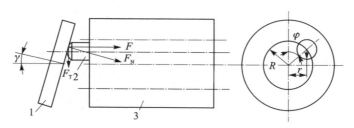

1—斜盘;2—柱塞;3—缸体

图 3.7 轴向柱塞式液压马达工作原理

若将液压马达的进、出油口进行互换,可实现马达的反向转动。若改变斜盘倾角,马达的排量将发生变化,从而可以调节其输出转速或转矩。当液压马达的运转速度较高时,极易造成以下问题。

（1）马达旋转组件稳定性变差。以柱塞式马达为例，在设计过程中通常不考虑旋转轴柱、滑靴、柱塞等旋转组件离心力和惯性力的影响。当液压马达的工作转速逐渐增加，各个运动部件的惯性力和离心力会以转速的二次方迅速增大，各零部件的离心力和惯性力产生不可忽略的影响，如滑靴可能会因离心力的增大而发生倾覆；缸体可能因柱塞的离心力作用发生缸体倾覆；马达轴因受到来自缸体倾斜导致的弯矩作用，使马达轴发生大挠度变形。

（2）马达排量控制较为困难。在飞机液压系统中，柱塞式马达通常采用恒压变量马达，但为了适应负载变化，一般通过改变斜盘角度来实现流量调控。柱塞滑靴组件的脉动力矩作用于斜盘上，可能会引起斜盘高频抖动，这样斜盘的位置精度将受到较大影响，故马达的排量控制较为困难。

（3）马达的压力脉动幅值和频率增大。当柱塞马达高速运转时，由于转速的大幅增加，缩短了柱塞通过配流盘压力过渡区的时间，这将导致柱塞腔在预压缩或预释压过程中压力升高，速率增大，增加了位于排油槽两端三角槽内的油液运动惯量，导致柱塞腔内正负压力超调随转速增大而增大，导致液压马达在高转速下出现很大的压力脉动幅值。

液压马达的压力脉动频率与转速成正比，转速越高，压力脉动频率就越大。在柱塞马达内，斜盘、先导阀和管路系统等都将受到压力脉动的激振力作用，激振力频率的变化可能会导致液压系统的共振，危害极大。在飞机液压系统中，对航空马达的压力脉动幅值通常有较为严格要求（一般要求不超过 $\pm 5\%$），近年来波音和空客飞机对高转速柱塞马达压力脉动要求不超过 $\pm 1\%$。

3.2.2　低速液压马达

低速液压马达是指额定转速低于 500 r/min 的马达，输出转矩大，常被称为大转矩液压马达。该类型液压马达不但能输出大转矩，而且具有很好的低速稳定性，可以直接驱动不同执行机构，如绞车轴、车轮等，避免安装额外的减速装置，传动结构较为简单。

低速液压马达通常采用径向柱塞式结构形式，可分单作用曲轴型和多作用内曲线型两种类型。多作用内曲线柱塞式液压马达（简称内曲线马达）具有径向受力平衡、尺寸较小、启动效率高、转矩脉动小和稳定性好等优点，工业应用较为广泛。

下面结合图 3.8 具体说明内曲线马达的工作原理。

在图 3.8 中，内曲线马达主要由定子 1、转子缸体 2、横梁 3、配流轴 4、滚轮 5 和柱塞 6 组成。在定子中，内表面由 6 段形状相同且均匀分布的曲面组成，每一段曲面分为对称的两半，进油区段和回油区段。在缸体上，沿圆周均布有 8 个装有柱塞的径向柱塞孔，每个柱塞孔通过其底部的配流孔与配流轴相通。与横梁接触的柱塞头部可使横梁在缸体的径向槽中滑动，带动连接在横梁端部的滚轮沿定子的内表面滚动。配流轴是固定不动的，其上沿圆周均匀分布有 12 个配流窗孔，其中 6 个窗孔与轴中

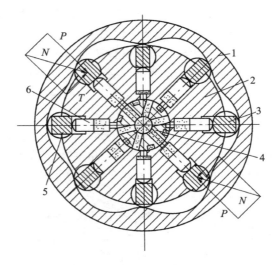

1—定子;2—转子缸体;3—横梁;4—配流轴;5—滚轮;6—柱塞

图3.8 内曲线马达工作原理图

心的进油孔相通,6 个窗孔与回油孔道相通。这 12 个配流窗孔位置分别和定子内表面的进、回油区段位置一一相对应。

进入马达的压力油通过配流轴上的进油窗孔流入柱塞油腔,配流轴可对进入柱塞油腔压力油进行分配。滚轮在油压的作用下被顶紧于定子内表面上,滚轮所受到的法向反力 N 可以分解为径向分力 P 和切向分力 T,其中径向分力 P 和作用在柱塞后端的液压力相平衡,切向分力 T 通过柱塞、横梁对缸体产生转矩。位于回油区段的柱塞受压后缩回,将低压油从回油窗孔排出。马达可设置双排、三排等多种柱塞结构,柱塞越多,其作用的次数也越多,排量越大,利于马达结构尺寸的缩小。

在飞机液压系统中,收放襟翼采用定量式的液压马达。通过改变流入马达的流量,可实现对马达转动速度的控制。

$$1 \text{ kgf/cm}^2 = 9.80665 \text{ N} 10.0001 \text{m}^2 = 0.09807 \text{ MPa}$$

用于收放襟翼的液压马达净质量一般不超过 4 kg,其工作压力最大可达 15.69 MPa,最大工作转速 3 000 r/min,回油压力不大于 50.60 MPa,输出扭矩不小于 18.63 N·m,流量不大于 35 L/min。

3.3 航空柱塞式泵

液压柱塞泵由柱塞在缸体内往复运动引起密封工作容腔容积变化实现吸油和压油。由于柱塞与缸体内孔的表面形状均为圆柱,加工简单,能实现较高的配合精度,所以密封性能好。另外,由于柱塞泵的主要零件处于受压状态,使得材料强度性能得到充分利用,所以柱塞泵通常做成高压泵。通过调节柱塞的工作行程,泵的排量就会发生变化,容易实现单向或双向变量。柱塞泵常用于的液压传动系统为流量需要调节和高压大流量系统,具有效率高、结构紧凑、压力高及流量调节方便等优点。

　　按柱塞排列方向的不同,柱塞泵可分为径向柱塞泵和轴向柱塞泵两类。

3.3.1　径向柱塞泵

　　径向式柱塞泵主要由若干个柱塞、油缸主体、壳体、配油轴和弹簧等部件组成。配油轴固定在壳体上,并与进出油口相通,其左腔连通进油口,右腔连通出油口。由于配油轴在壳体上采用偏心的布置方式,因此,当其转动时,柱塞能在油缸内实现径向的往返运动。

　　如图 3.9 所示,在径向柱塞泵的缸体转子上沿径向布置柱塞,其结构主要由定子1、转子 2、配流轴 3、衬套 4、柱塞 5、吸油腔 a 和压油腔 b 组成。定子与转子采用偏心布置,二者的中心之间存在一个偏心量 e。缸体转子的孔是沿径向均匀排列的,在孔中装有柱塞。配流轴固定不动,并在其上布置有上、下两个缺口,这两个缺口相互隔开,并经其所在部位的两个轴向孔分别实现与泵的吸、压油口连通。当转子旋转时,柱塞受到离心力的作用,使得其头部与定子的内表面的接触十分紧密,因为定子与转子是偏心布置的,所以柱塞一边随转子转动,一边在柱塞孔内作径向往复滑动。

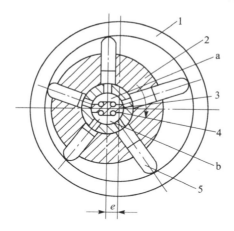

1—定子;2—转子;3—配流轴;4—衬套;5—柱塞;a—吸油腔;b—压油腔

图 3.9　径向柱塞泵工作原理

　　(1)吸油过程:当转子按图 3.9 所示作顺时针旋转时,位于上半周的柱塞会往外滑动,结果是柱塞底部的密封工作容腔容积逐渐增大,在压力差的作用下,油液由配流上部开口和配流轴轴向孔流入密封工作容腔,完成吸油。

　　(2)压油过程:当转子按图 3.9 所示作顺时针旋转时,位于下半周的柱塞会往里滑动,结果是柱塞底部的密封工作容腔容积逐渐减小,位于密封工作容腔中的油液由配流上部开口和配流轴向外流出,完成压油。

油缸主体旋转一周每个柱塞完成一次吸油和注油。径向式柱塞泵每旋转一周，其出油量与各柱塞运动一圈的总注油量相等。假设柱塞的数目和直径不变，径向式柱塞泵的转速和偏心距共同决定其流量。可以通过调节转速或者改变油缸主体的偏心距对泵的流量进行调节。若定子的偏心量由正值变为负值时，泵的压、吸油腔可实现互换。故径向柱塞泵可以有单向或双向变量泵。径向柱塞泵的柱塞数一般取奇数，这是因为径向柱塞泵的柱塞数为奇数时，其流量脉动率较小。

径向柱塞泵一般不适用于高转速和高压力的工作环境，这是由径向柱塞泵结构较复杂、径向尺寸大的结构特征决定的，由于配流轴所受液压力是不平衡的，故易于磨损。

当转子和定子的偏心距为 e 时，转子每旋转一周，柱塞在孔内的行程为 $2e$，若柱塞数为 z，柱塞的直径为 d，则泵的排量为

$$V = \frac{2}{4} e \pi d^2 z \tag{3.29}$$

设泵的转速为 n，容积效率为 η_v，则泵的实际流量为

$$q = \frac{1}{2} e \pi d^2 z n \eta_v \tag{3.30}$$

3.3.2　轴向柱塞泵

轴向柱塞泵的柱塞轴线与其旋转轴的轴线平行，柱塞缸体均匀布置在旋转轴的周围。根据结构特点，轴向柱塞泵有斜盘式和斜轴式两类。以图 3.10 为例，具体说明轴向柱塞泵的工作原理。

在图 3.10 中，轴向柱塞泵结构主要由斜盘 1、柱塞 2、缸体 3、配流盘 4、传动轴 5、吸油窗口 a 和压油窗口 b 组成。位于左侧的斜盘和位于右侧的配流盘均固定不动，柱塞安装于缸体内并均布在传动轴的四周，缸体、柱塞在传动轴带动下一起作圆周运动。柱塞头部在低压油或机械装置的作用下与斜盘紧靠在一起。缸体和配流盘二者紧密配合，防止油液发生泄漏。

当缸体在传动轴的作用下按图 3.10 所示方向转动时，缸体中的柱塞作往复运动，导致柱塞与缸体间的密封容积出现周期性的增大或减小。密封容积增大的缸体通过弧形吸油窗口 a（位于配流盘上）进行吸油，密封容积减小的缸体通过压油窗口完成压油，这就实现了吸油和压油的连续性。

在轴向柱塞泵中，可通过调节斜盘倾角 γ 大小来改变柱塞的行程，从而改变轴向柱塞变量泵的排量。若斜盘倾角的方向与图 3.10 所示相反时，原来的吸油口就变成压油口，压油口就变成吸油口，这就实现了双向变量轴向柱塞泵。

轴向柱塞泵的排量与斜盘倾角 γ、单个柱塞直径 d、柱塞个数 z 和柱塞孔的分布圆直径 D 有关，当传动轴带动缸体运动一周时，泵的排量为

$$V = \frac{\pi}{4} d^2 D (\tan \gamma) z \tag{3.31}$$

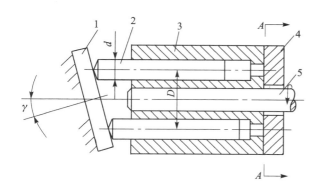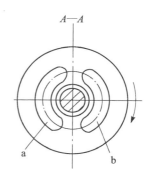

1—斜盘;2—柱塞;3—缸体;4—配流盘;5—传动轴;a—吸油窗口;b—压油窗口

图 3.10　轴向柱塞泵结构简图

由于泵在实际运行中会存在一定的泄漏,故实际输出流量为

$$q = \frac{\pi}{4} d^2 D (\tan \gamma) z n \eta_v \tag{3.32}$$

柱塞泵的输出流量并不是连续的,表现出一定的脉动性,一般柱塞泵采用奇数柱塞数才能获得较小的流量脉动。

1. 缸体端面间隙的自动补偿

由图 3.10 可见,缸体除受到弹簧或机械装置的推力外,其柱塞孔底部台阶面上还受到油液压力,相比之下,油液压力远大于弹簧力,当泵的工作压力增大时,油液压力也随之增大。缸体在油液压力和弹簧力的作用下始终与配流盘紧密贴在一起,这就实现了缸体端面间隙的自动补偿。

2. 滑履结构

点接触式轴向柱塞泵是一种特殊结构的斜盘式轴向柱塞泵,其特征是柱塞与接触斜盘接触一端形状为球形,在工作时柱塞球头与斜盘平面的接触方式为点接触式,这种接触方式存在接触应力大的问题,使得柱塞球头极易磨损,因此一般用于低压($p \leqslant 10$ MPa)环境。为了降低柱塞头部和斜盘平面之间的磨损,提高此种柱塞泵的使用压力,须对其结构进行改进。图 3.11 所示为柱塞头部滑履结构,其在柱塞球头中间开小孔,这样缸体中的油液就会通过小孔进入滑履油室,实现了柱塞球头与斜盘平面之间的液体润滑,二者的接触质量大大提高。采用这种结构的轴向柱塞泵的使用压力得到提升,一般可达 32 MPa 以上,流量也可以很大。

3. 变量机构

改变斜盘倾角 γ 大小的机构称为变量机构,使用这种机构的轴向柱塞泵可以实现泵排量的调节。变量机构的结构形式很多,因此轴向柱塞泵可以实现的变量方式也很多。

手动伺服变量机构结构如图 3.12 所示,该机构的组成部件有缸筒 1、活塞 2、伺

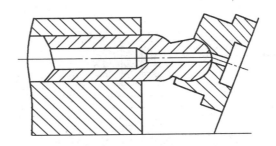

图 3.11　柱塞头部滑履结构

服阀阀芯 3 和斜盘 4。

　　伺服阀的阀体由活塞的内腔构成,缸筒下腔 a、上腔 b 和油箱之间的沟通分别通过三个孔道 c、d 和 e 得以实现。将泵上的斜盘与活塞下端相连,通过活塞的上下移动来改变其倾角。当伺服阀阀芯受到来自手柄的作用而向下移动时,上面的阀口被打开,a 腔中的压力油通过孔道 c 流入 b 腔,活塞因上腔有效作用面积大于下腔有效作用面积而向下移动,活塞移动时又将伺服阀上的阀口关闭,最终使活塞自身停止运动。反之,当伺服阀阀芯受到来自手柄的作用向上移动时,下面的阀口将被打开,b 腔通过孔道 d 和 e 与油箱接通,在 a 腔压力油的作用下活塞向上移动,并在该阀口关闭时自行停止运动。

3.3.3　斜轴式轴向柱塞泵

　　斜轴式轴向柱塞泵的传动轴与缸体之间存在一定的倾斜角,连杆带动柱塞在缸体中做往复运动。斜轴式轴向柱塞泵的抗冲击性能好,还有很好的自吸能力。相比于斜盘式泵,一方面,斜轴式泵的缸体承受较小的不平衡径向力,故具有较高的结构强度及更大的变量范围(倾角较大);另一方面,其外形尺寸较大,且结构也较复杂。目前,斜轴式轴向柱塞泵的应用范围广。

　　斜轴式轴向柱塞泵的工作原理如图 3.13 所示,其主要组成部件有配流盘 1、柱塞 2、缸体 3、连杆 4 和传动轴 5。传动轴与缸体之间有一倾角 γ,传动轴圆盘和柱塞通过铰接进行连接,如图 3.13 所示,当传动轴按逆时针方向旋转时,柱塞和缸体受到连杆的作用力一起转动,同时柱塞在缸体孔内作往复运动,结果是柱塞孔底部的密封

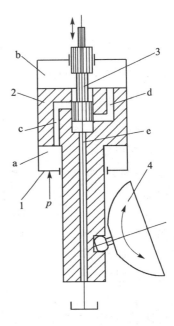

1—缸筒;2—活塞;
3—伺服阀阀芯;4—斜盘
图 3.12　手动伺服变量机构

腔容积随之变化,当密封腔容积变大时由配流盘上的窗口 a 完成吸油,而密封腔容积变小时由配流盘上的窗口 b 完成吸压油。

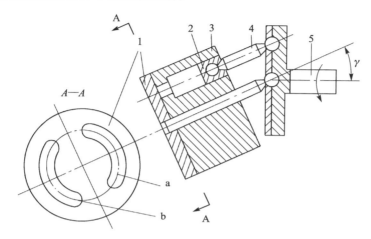

1—配流盘;2—柱塞;3—缸体;4—连杆;5—传动轴

图 3.13　斜轴式轴向柱塞泵工作原理

3.3.4　柱塞泵在飞机上的应用

　　某大型客机轴向柱塞泵是一台发动机驱动泵,其安装在发动机的附件安装架上,通过机械传动装置由发动机来完成驱动,故泵的转速和发动机的转速之间成正比关系。在出现故障的情况下(或在试验时),该泵将不再向系统供压,泵内部的调节装置使泵只产生少量的流量,以保证泵的润滑和冷却,此时泵在运转过程中不能解除其机械连接。

　　为了保证泵在较小的进口压力(绝对压力为 0.03 MPa)下不发生气穴现象,在泵的进口处加装有增压叶片。泵的无故障工作时间的期望值可达约 20 000 h。泵的流量调节可通过改变泵的斜盘倾角来实现。当减小斜盘的倾斜角时,可使泵流量减小;当增大斜盘的倾斜角时,可使泵的流量增大。

　　航空柱塞泵主要有以下特点。

　　(1)转速高,体积小

　　随着航空柱塞泵转速的提高,其体积及其重量需要相应的减小。目前,航空柱塞泵壳体材料多采用铝合金材料,这样可减轻飞机重量,使飞机的承载能力和效率得到提升。当转速很高(最高转速可达 22 500 r/min)时,柱塞泵的振动频率也较高,对柱塞泵的散热性能及结构强度要求更高。考虑到航空柱塞泵转速较高,泵轴处旋转密封一般多为机械密封。

　　(2)可靠性高

　　通常要求民用飞机故障率小于 1%。通常情况下,工业柱塞泵的使用无故障时间约为 6 000 h 左右,而在空客 A380 和波音 B787 飞机中,高转速柱塞泵平均无故障时间可达 25 000 h,航空泵平均无故障时间为工业泵的 4 倍以上。

（3）低脉动

飞机对其液压系统可靠性要求较高,这就要求液压系统中的高转速柱塞泵产生尽可能小的压力脉动以及机械振动。在高频的压力脉动的诱导下,液压管路可能发生流固耦合振动,从而导致管路系统失效或破坏,甚至发生灾难性事故。在军用飞机中,液压系统的压力脉动要求小于 ±10%；民用飞机对液压系统压力脉动要求小于 ±5%。空客 A380 和波音 B787 飞机使用的高转速柱塞泵的压力脉动约为 ±1%。

（4）良好的散热性能

在飞机液压系统中,使用的高转速柱塞泵通常采用直流电动机进行驱动,并用液压泵壳体回油冷却电机的方式进行冷却。由于温度过高会影响飞机液压元件的寿命及可靠性,所以飞机液压系统的温度控制十分严格,确保在管路最大背压下回油口的流量,通过强制壳体内部油液流动来降低泵内部油液温度。

3.4　航空齿轮泵

齿轮泵是一种常用的液压泵,其优点为体积小、结构简单、重量轻,而且工作可靠,便于制造与维护,对于液压油的污染不敏感。齿轮泵的流量是不可调节的,这是由于不能改变其齿谷容积和齿数。另外,齿轮泵的供油压力较低,压力脉动和流量脉动较大,产生的噪声大,在一定程度上限制了其使用。齿轮泵主要应用于现代飞机的燃油系统中。

齿轮泵根据其啮合形式的不同,可分为外啮合齿轮泵和内啮合齿轮泵。相比之下,外啮合齿轮泵易加工,应用范围也较广。

现代飞机液压系统所采用的齿轮泵可根据压力大小分为以下几类:工作压力小于 2.5 MPa 的称为低压齿轮泵；工作压力介于 2.5 MPa 至 8.0 MPa 之间的称为中压齿轮泵；工作压力介于 8.0 MPa 至 16.0 MPa 之间的称为中高压齿轮泵；工作压力介于 16.0 MPa 至 32.0 MPa 之间物的称为高压齿轮泵。

3.4.1　外啮合齿轮泵

1. 齿轮泵的工作原理

常用的外啮合齿轮泵由壳体、传动轴、主动齿轮和被动齿轮（二者齿数相同）、轴承、端盖和密封装置等组成。图 3.14 所示为外啮合齿轮泵的结构及工作原理。一对啮合的外齿轮安装于泵体内,用端盖对齿轮的两端进行密封,由泵体、齿轮齿槽和端盖围成密封工作腔,在轮齿的啮合作用下,将密封工作腔隔离成左腔和右腔。

如图 3.14 所示,主动齿轮主要由飞机的发动机或者其他的动力装置来驱动。当主动齿轮按逆时针方向旋转时,由于位于右腔的轮齿相继脱离啮合,导致右腔的容积

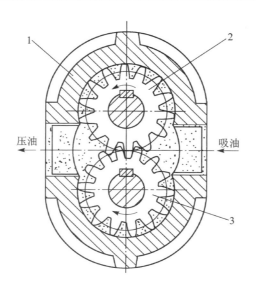

1—泵体；2—主动齿轮；3—从动齿轮

图 3.14　外啮合齿轮泵的结构和工作原理

不断增大，形成部分真空，油箱中的油液受到大气压力作用由吸油管流入右腔，实现了吸油，因此右腔是吸油腔。吸入吸油腔的油液被旋转的轮齿齿间槽从上下两侧带入左腔。由于位于左腔的轮齿不断进入啮合，导致左腔的容积不断减小，油液受到挤压，压力升高，往外进入压力管路中，实现了压油，因此左腔是压油腔。

上述就是齿轮泵的吸油和压油过程。吸油腔和排油腔被两个齿轮相互啮合的齿轮分开，起到配流的作用。由于啮合点位置随齿轮的旋转而改变，故齿轮泵对油液污染不敏感。

2. 齿轮泵的排量和流量

由上述外啮合齿轮泵的工作原理可知，主动齿轮旋转一圈时，两个啮合齿轮的齿槽容积之和等于齿轮泵排出的油液体积。若近似地认为齿槽容积等于轮齿体积，则当齿轮齿数为 z、齿宽为 b、模数为 m、有效齿高为 h（其值等于 $2m$）、节圆直径为 d（其值等于 mz）时，齿轮泵的排量近似值为

$$V = \pi dhb = 2\pi zm^2 b \qquad (3.33)$$

实际上，考虑到齿体积比齿槽容积轮稍小一些，若齿数越少则其差值会越大，因此式（3.33）的计算结果存在一定误差，须对其进行补偿，一般可用 6.66～7.0 来代替 2π 值（齿数少时，取大值），即齿轮泵的排量可表示为

$$V = (6.66 \sim 7.0)zm^2 b \qquad (3.34)$$

由此得齿轮泵的实际输出流量为

$$q = (6.66 \sim 7.0)zm^2 bn\eta_v \qquad (3.35)$$

3. 齿轮泵的流量脉动

在实际工作过程中,由于啮合点的位置不断发生变化,齿轮泵的工作油腔的容积变化率是不均匀的,这就导致齿轮泵的瞬时流量呈现脉动性。输出到液压系统中的流量是脉动的,将引起整个系统产生新的压力脉动,迫使系统产生噪声。在一定情况下,若压力脉动的频率和系统的固有频率接近或一致时,还将发生共振,振动幅度增大,噪声也迅速增大。

假设齿轮泵的输出平均流量用 q 表示,最大瞬时流量用 q_{max} 表示,最小瞬时流量用 q_{min} 表示,则流量脉动率 f 可表示为

$$f = \frac{q_{max} - q_{min}}{q} \tag{3.36}$$

流量脉动率是齿轮泵流量品质的一个重要评价指标。在容积式泵中,流量脉动最大的是齿轮泵,齿数越少,则其流量脉动率会越大。齿轮泵的流量脉动性是由其本身结构决定的,无法完全消除,只能采取一定措施尽可能降低其影响。外啮合齿轮泵的这个缺点决定其只用于对工作平稳性要求不高的液压系统。

在飞机液压系统中,低压齿轮泵主要用于飞机的润滑、冷却系统,中高压齿轮泵和中压齿轮泵主要应用在航空发动机燃油系统中,高压齿轮泵主要应用于飞机液压系统中。某飞机液压系统的高压齿轮泵由发动机带动,泵正常工作的转速为 2 500 r/min,其供油液的流量与工作压力有关。当工作压力在 11.77 MPa~14.71 MPa 时,其输出的油液的流量为 19.5~16 L/min。当工作压力为 0.98 MPa~14.71 MPa 时,泵的输出油液流量为 22~23 L/min,这是因为低压下泵内泄漏减少。

4. 齿轮泵结构产生的不良影响

齿轮泵的结构如图 3.15 所示。由于齿轮泵独特的结构,使其在工作过程中产生以下问题。

(1) 径向不平衡力。在齿轮泵中,齿轮外缘受到的径向不平衡力主要来液体不均匀的压力,其可能迫使泵轴发生弯曲,致使齿顶与泵体接触,产生摩擦;也会导致轴承的磨损加速,使轴承使用寿命降低。

不平衡力产生的原因为从低压腔到高压腔沿齿轮旋转方向的压力逐齿递增,若其工作压力越高,则径向不平衡力也会越大。当径向不平衡力很大时,须采取措施消除,以降低不平衡力引起的消极影响。常采取的措施有缩小压油口降低压油腔的压力油的作用范围,使其只能作用在一两个齿上;通过适当增大径向间隙,使齿顶与泵体不发生接触。

(2) 困油现象。要使齿轮泵保持较为平稳地工作,须满足齿轮啮合的重合度大于 1 的条件,此时须有两对轮齿处于啮合状态,这就导致在两对轮齿所形成的封闭容积内有一部分油液不能正常排出,困在两对轮齿所形成的封闭容积内,形成所谓困油,如图 3.15 所示。

如图 3.16 所示,齿轮泵的封闭容积会随着齿轮转动而不断变化。当齿轮由

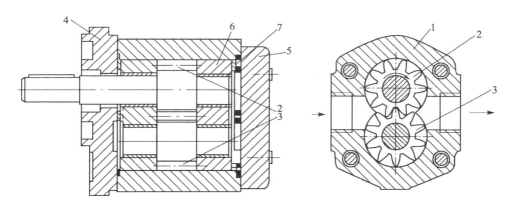

1—壳体；2—主动齿轮；3—从动齿轮；4—前端盖；5—后端盖；6—浮动轴套；7—压力盘

图 3.15 齿轮泵的结构

图 3.16(a)所示位置转动到图 3.16(b)位置时,封闭容积逐渐减小,然后又转到图 3.16(c)位置后,封闭容积又逐渐增大。

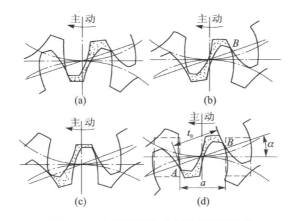

图 3.16 齿轮泵困油现象及其消除措施

封闭容积不断减小的过程中,困油液由于受到挤压而压力升高,部分高压油液会从缝隙中强行挤出,油液温度上升,使轴承等部件承受不平衡的附加负载。当封闭容积不断增大时,又会造成局部真空,油液的溶气性降低,油液中的气体会分离出来,形成气穴,这就是齿轮泵的困油现象。

困油现象会降低齿轮泵的工作平稳性,缩短使用寿命,这是齿轮泵产生强烈振动和气蚀的直接结果。为了消除困油,采取的方法是将两端盖板各铣一个卸荷槽,如图 3.16(d)所示(虚线位置)。两端卸荷槽之间的距离要合理,其必须保证任何时候吸油腔和压油腔不会连通,但是当封闭容积减小时,右边的卸荷槽会与压油腔相连通;而当封闭容积增大时,左边的卸荷槽将会与吸油腔相连通,这样就基本消除了困油现象。

（3）泄漏及提高压力的措施。齿轮泵油腔的压力油主要通过端面间隙泄漏到吸油腔中,还会通过齿轮啮合线处的间隙、泵体内孔和齿顶间的径向间隙泄漏到吸油腔中。当齿轮泵的压力愈高时,经间隙泄漏到吸油腔中的液压油就愈多,这就是齿轮泵适用于低压系统的原因。当泵运行一段时间后,间隙会随着磨损而变大,导致泄漏又会增加,这就需要考虑从结构上实现补偿端面间隙,减小泄漏。

为了自动补偿端面间隙,一般采用浮动轴套式（见图 3.15）或者弹性侧板式的结构装置。在齿轮泵上安装浮动轴套,且让轴套外侧的空腔和泵的压油腔连通,在来自压力腔压力油的作用下,使轴套或侧板与齿轮端面紧密贴近,泵输出的压力越高,贴合愈紧,从而实现了因端面磨损而减小的间隙自动补偿。

3.4.2　内啮合齿轮泵

内啮合齿轮泵可分为渐开线齿形和摆线齿形两种,图 3.17 所示是其结构示意图。与外啮合齿轮泵相比,它们的工作原理和主要特点相同。为了把吸油腔和压油腔隔开,需要在渐开线齿形内啮合齿轮泵上安装一块月牙隔板,安装位置位于小齿轮和内齿轮之间,如图 3.17（a）所示。对于摆线齿形内啮合齿轮泵,由于内齿轮与小齿轮只相差一齿,故无须再额外设置隔板,如图 3.17（b）所示。需要注意的是,内啮合齿轮泵中的主动轮是小齿轮而不是大齿轮。

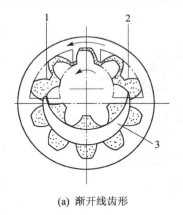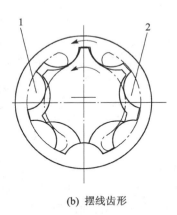

(a) 渐开线齿形　　　　　　　　　　　　　　(b) 摆线齿形

1—吸油腔;2—压油腔;3—隔板

图 3.17　内啮合齿轮泵

内啮合齿轮泵的优点为运转平稳、噪声低、质量小、尺寸小、结构紧凑。当其在高转速工作时,其容积效率较高。但当其在低速高压情况下工作时,由于存在较大的压力脉动,致使容积效率较低,故其只适用于中低压液压系统。一般情况下,这种泵用于闭式系统的补油。内啮合齿轮泵的缺点也十分明显,如价格较贵、齿形复杂、加工困难等。

3.5　航空叶片泵

相比于其他类型的液压泵,叶片泵的优点表现为体积小、结构紧凑、流量均匀、质量小、运转平稳、噪声低等,因此其在飞机液压系统中有着较多的应用。但是其缺点也较明显,如工作转速受到限制、对吸油条件较为苛刻、结构比较复杂、对油液污染比较敏感。根据工作原理的不同,叶片泵包括双作用式与单作用式两种,二者相比,双作用式能较好的平衡径向力,其受力情况比较好,故应用也较广。

3.5.1　双作用叶片泵

1. 双作用叶片泵的工作原理

双作用叶片泵的工作原理如图 3.18 所示。其主要组成部件有压油窗口 1、转子 2、定子 3、吸油窗口 4。两段小半径圆弧、四段过渡曲线和两段大半径圆弧连接成为定子 3 的内表面曲线,定子的两端装有配流盘。安装在叶片槽的叶片可以自由滑动,叶片槽固定于转子上,其径向成一定角度(一般为 13°)布置,若干条(一般为 12 或 16 条)在圆周方向均布。转子和定子的中心重合。在配流盘上,有两个吸油窗口和两个压油窗口,它们与定子四段过渡曲线的位置对应,吸油窗口与泵吸油口连通,压油窗口与泵压油口连通。若传动轴带动转子转动,在离心力的作用下叶片向定子的内表面贴近,这样叶片把配流盘、转子外表面和定子内表面形成的空间分割为若干密封空间。

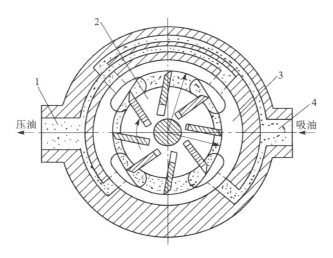

1—压油窗口;2—转子;3—定子;4—吸油窗口

图 3.18　双作用叶片泵的工作原理

(1)吸油过程:叶片由小半径曲线段向大半径曲线运动,叶片外伸,致使密封容积变大,从而形成部分真空,油液流入。

(2)压油过程:叶片由大半径曲线段向小半径曲线运动,致使密封容积变小,挤压密闭空腔中的油液,油液向外流出。泵每转一周,将完成两次上述过程,也就是完成两次吸、压油过程,因此,把这种泵称为双作用叶片泵。

由于两吸油区和两压油区在泵内的布置是对称的,使得转子受到的径向液压力是平衡的,故又将其称为双作用卸荷式叶片泵或平衡式叶片泵。这种泵是一种定量泵,其排量不可调。

2. 双作用叶片泵的结构特点

(1)合理的定子内表面曲线能保证转子与圆弧交接点处的加速度不发生突变,减小冲击和噪声。过渡曲线还可以使加速度和径向速度叶片在槽中滑动时变化均匀。为了达到较优的过渡曲线,通常采用等减速、等加速曲线或者高次曲线作为双作用叶片泵的定子过渡曲线。

(2)由于受到定子内表面推力的作用,位于压油区的叶片会不断向槽内缩回。如果叶片按径向安放在转子上,叶片沿槽滑动的方向与其所受的定子表面对叶片作用力的方向的角度(称为压力角)较大,造成叶片运动时受到的摩擦力较大,这样不但叶片滑动较为困难,而且叶片易被卡住或折断。为了解决这一问题,将叶片顺转向前倾一个角度安装,减小压力角,叶片在槽内的滑动变得更为容易,故双作用叶片泵转子的叶片槽通常制造成向前倾斜一个安放角,但对于叶片前倾安放的叶片泵,其转子是不允许反转的。

(3)叶片泵端面间隙所引起的泄漏是其容积效率下降的主要原因。为了减少端面泄漏,将配流盘的外侧和压油腔连通,在液压推力作用下将配流盘压向定子,使端面间隙得到补偿。叶片泵的工作压力越高,配流盘受到的推力就越大,贴紧定子程度就越好。另外,油液压力作用也会使配流盘发生变形,在一定程度上减小了转子端面间隙。

3.5.2 单作用叶片泵

1. 单作用叶片泵的工作原理

单作用叶片泵的工作原理如图 3.19 所示。与双作用叶片泵不同,单作用叶片泵的定子内表面采用一个圆形结构,转子与定子间存在一偏心量 e,在两端的配流盘上分别开有一个吸油窗口和一个压油窗口。当转轴带动转子旋转一圈时,位于转子槽内的叶片往复滑动一次,导致相邻叶片间组成的密封容腔容积增大和缩小各一次,容积增大时由吸油窗口进行吸油,容积减小时由压油窗口往外压油。转子每转一周,这种泵只能完成一次吸油和压油,所以被称为单作用叶片泵。

在单作用叶片泵中,作用于转子上的液压力是不平衡的,也被称为不平衡式叶片泵。由于轴和轴承上承受的不平衡负荷较大,限制了单作用叶片泵的工作压力。另外,单作用叶片泵属于变量泵,原因在于泵的排量可通过改变定子和转子间的偏心距

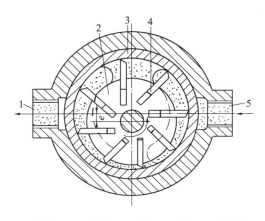

1—压油口；2—转子；3—定子；4—叶片；5—吸油口

图 3.19　单作用叶片泵的工作原理

e 值来调控。

2. 单作用叶片泵的结构特点

（1）在单作用叶片泵中，一般通过移动定子位置来改变偏心距 e，从而实现泵输出流量的调节。

（2）单作用叶片泵的额定压力一般不超过 7 MPa，主要原因在于叶片承受不平衡的径向液压力，工作压力越高，叶片承受不平衡的径向液压力就越大。

（3）单作用叶片泵存在困油现象。由于定子和转子两圆柱面偏心安置，当相邻两叶片同时在吸、压油窗口之间的密封区内工作时，封闭容腔会产生困油现象。可在配流盘压油窗口边缘处开三角形卸荷槽来消除困油现象，降低其可能引起的危害。

（4）单作用叶片泵叶片后倾。叶片在压油区工作时，叶片根部通压力油；片在吸油区工作时，叶片根部不通压力油，其还与吸油口连通。叶片倾一个角度安装（通常后倾角为 24°），有利于离心力的作用将其顺利甩出。

3.6　航空液压马达和液压泵的选用

3.6.1　液压马达的特性及选用

高速小转矩液压马达通常需要配置额外的减速机来驱动外负载，较多地应用于驱动较小负载的场合。应用较多的高速液压马达主要包括轴向柱塞式马达和齿轮式马达等。轴向柱塞式马达具有较高的容积效率，调整范围较大，转速稳定性较好，但其也存在一定缺点，如对油液的清洁度要求高、受到冲击后容易产生振动和价格较高等。齿轮式马达也适用于驱动较小负载的场合，它的结构较为简单，价格相对较低，但存在泄漏量大的缺点。

　　在实际应用中,液压马达的选用需要综合考虑安装尺寸、最大工作压力、转速和扭矩等因素。低速液压马达具有结构简单、维修方便、安装较简单、可靠性较高、输出扭矩较大、效率较高、寿命较长等优点;但具有重量较大、需要采用尺寸较大的制动器等缺点。当马达需要输出的扭矩较小,最大压力小于 14 MPa,需要达到的转速较高时,可选用齿轮马达。当马达需要输出的扭矩较小,转速较高,最大压力大于 14 MPa时,则选用轴向柱塞马达。若要求低速大转矩则主要采用径向液压马达。对于高转速液压马达的选用,除了考虑安装尺寸、最大工作压力、转速和扭矩等因素,还需要考虑噪声因素。高速液压马达普遍具有较高的噪声,产生噪声的原因主要有油液的压力脉动、流量和压力的突变、机械振动等。

3.6.2　液压泵的特性及选用

　　判断液压泵供油性能优良程度的主要指标包括液压泵实际流量的大小、油液流量和压力的脉动程度等。

1. 液压泵的实际流量

　　液压泵的理论流量是指在液压泵内部没有发生泄漏,且每个工作腔在吸油过程中能够完全被油液充满时的流量。实际上,液压泵在工作过程中各工作腔吸油时不可能被完全填充,其内部也不可避免地发生泄漏,这就造成液压泵的实际流量总是小于理论流量。由于工作腔未被完全填充而损失的流量,称为填充损失;由于液压泵的内部存在泄流而损失的流量,称为泄流损失。理论流量与这两种损失之差等于液压泵的实际流量。

　　(1)泄流损失。

　　液压泵的油液泄流量与增压室和吸油室压力差的大小、间隙大小和油液的黏度有关。在液压泵工作时,零件之间保持一定的间隙,以发生相对运动,但是在油液压力作用下,零件会发生变形、磨损以及温度变化时各零件膨胀收缩程度也不同(材料不同),还可能使间隙变大。

　　造成齿轮泵发生泄流损失的原因主要体现在有齿与齿衔接处因接触不够紧密而形成的间隙、齿轮侧面与承座之间的间隙(轴向间隙)以及齿轮尖端与壳体内壁的间隙(径向间隙)。在使用过程中,液压泵内部的零件磨损也可能使间隙变大,另外液压泵进出口压力差也会对其内部油液的泄流量造成一定的影响。

　　(2)填充损失。

　　在飞机液压系统中,造成液压泵填充损失的主要原因是吸油室压力过低、工作腔剩余容积的影响和液压泵转速过大等。吸油室压力过低可能是飞行高度增高时,油箱内油平面上受到的气压作用降低,也可能是由于油液在进油管路中存在流动损失导致压力损失。油液中混有空气,会产生工作腔剩余容积,也会影响泵的流量,因此在维护工作中,液压系统应防止空气进入其内部,液压泵的进油管路也应防止空气的进入。液压泵的转速大,则可以缩短吸油室和各工作腔连通的时间。当转速大到一定数值后,油液不能完全充满工作腔,转速越大,导致的填充损失也就越大。

2. 油液流量和压力脉动

大部分液压泵是由若干个工作腔依次供油完成工作的。在一定条件下,液压泵单位时间内输出的油量是基本不变,但瞬时流量是不断变化的。在注油初期和末期,工作腔瞬时挤出去的油液相对较少,但在注油中期工作腔瞬时流量是最多的。所以,当一个工作腔完成一次注油时,瞬时流量存在一次起伏。液压泵每转一圈,瞬时流量起伏的次数等于工作腔的个数,这种瞬时流量的周期性起伏叫做油液流量的脉动。油液流量的脉动会引起液压泵出口管路压力的脉动,而压力脉动将进一步导致导管、单向活门和压力表等零部件发生振动。因此,可在液压系统中设置节流器或采取其他措施来降低压力脉动。以齿轮泵为例,可通过增加齿数来降低流量脉动,但齿数增加会使得液压泵内工作腔的总容积减小,导致流量减小。所以齿轮泵的齿数也不能过多。飞机上使用的齿轮泵,每个齿轮的齿数常为 6～12 个。

根据液压传动系统的应用场合,选择合适的液压泵,具体的性能对比如表 3.1 所列。对于负载和功率小的液压系统,较多采用双作用叶片泵或齿轮泵;对于负载大、功率大的机械设备中的液压系统,多采用柱塞泵;对于精度较高的机械设备中的液压系统,多采用螺杆泵或双作用叶片泵;对于辅助设备中的液压系统,可采用较为经济实惠的齿轮泵。

表 3.1　各类液压泵的性能比较与应用

项　目	类　型			
	齿轮泵	轴向柱塞泵	径向柱塞泵	螺杆泵
工作压力/MPa	<20	20～35	10～20	<10
转速范围/(r·min⁻¹)	300～7 000	600～6 000	700～1 800	1 000～18 000
容积效率/%	70～95	90～98	85～95	75～95
总效率/%	60～85	85～95	75～92	70～85
功率重量比	中等	大	小	中等
流量脉动率	大	中等	中等	很小
自吸特性	好	较差	差	好
对油的污染敏感性	不敏感	敏感	敏感	不敏感
噪声	大	大	大	很小
寿命	较短	长	长	很长
单位功率造价	最低	高	高	较高

思 考 题

题 3.1　解释液压泵的工作压力、额定压力、输出功率和输入功率的概念。

题 3.2 从能量的观点来看,液压泵和液压马达有什么区别和联系?

题 3.3 齿轮泵压力的提高主要受哪些因素的影响? 可以采取哪些措施来提高齿轮泵的工作压力?

题 3.4 试说明单作用叶片泵和双作用叶片泵的工作原理及结构特点。

题 3.5 某液压泵的输出压力 p 为 8 MPa,转速 n 为 1 500 r/min,排量 V 为 60 mL/r,容积效率 η_v 为 0.9,总效率 η 为 0.8。试求液压泵的输出功率和驱动泵的电动机功率各是多少?

题 3.6 斜盘式轴向柱塞泵的斜盘倾角为 20°,柱塞直径为 25 mm,柱塞分布圆直径为 80 mm,柱塞个数为 7,该泵的容积效率为 95%,机械效率为 90%,转速为 960 r/min,求:(1)该泵的理论流量和实际流量分别是多少?(2)若泵的输出压力为 10 MPa 时,电动机所需的功率是多少?

题 3.7 某齿轮液压马达的排量 $V=10$ mL/r,供油压力 $p=10$ MPa,供油流量 $q=4\times10^{-4}$ m³/s,机械效率 $\eta_m=80\%$,容积效率 $\eta_v=90\%$,试求:马达的理论转速、理论转矩、实际转矩和实际输出功率各是多少。

题 3.8 定量叶片泵转速为 1 500 r/min,在输出压力为 6.3 MPa 时,输出流量为 53 L/min,这时实测液压泵轴消耗功率为 7 kW,当泵空载卸荷运转时,输出流量为 56 L/min,求该泵的容积效率和总效率分别是多少?

题 3.9 说明液压泵的工作原理,其可分为哪些类型? 试述飞机液压系统对液压泵的基本要求。

题 3.10 柱塞泵主要应用于哪些场合? 它的优点和缺点分别什么?

题 3.11 结合柱塞泵的结构,说明它输出压力为什么较高?

题 3.12 外啮合齿轮泵存在径向力不平衡和困油现象,试解释它们产生的原因。这两种现象对其工作将产生哪些影响? 可采取哪些解决措施? 可采取什么措施提高外啮合齿轮泵的压力?

题 3.13 试说明液压泵的总效率、机械效率和容积效率,它们有何意义。

题 3.14 轴向柱塞泵的变量控制分为哪些类型,分别可用于什么场合? 飞机上的轴向柱塞泵的变量控制是如何实现的?

题 3.15 有一液压马达工作背压 $p=10^8$ Pa,排量 $q_m=50$ mL/r,马达的泄露系数为 10 mL/Pa·s,马达工作总效率为 0.8,若马达的负载扭矩为 225 N·m 时,其输出功率为 9 kW,试求:

(1)马达的角速度 ω 和转速 n 分别是多少?

(2)马达入口所需提供的油液压力 p_M 为多大?

(3)马达的机械效率和容积效率分别是多少?

题 3.16 如题 3.16 图所示,液压泵为两个液压缸提供压力油使其举起重物,通过溢流阀调节进入液压缸的压力和流量。已知:液压泵的工作转速为 $n=1\ 000$ r/min,排量为 $q=10$ mL/r;当将压力调定为 4 MPa 时,容积效率为 0.65,假设容积效率和压力之间成正比关系;液压缸 1、2 的有效面积均为 100 cm^2;两个液压缸能举升的重物分别为 $W_1 = 4\ 500$ N、$W_2 = 10\ 000$ N,不计液压缸的机械容积效率,试求:

(1) 1、2 液压缸举物上升速度分别是多少?

(2) 上升和上升停止时的系统压力分别是多大?

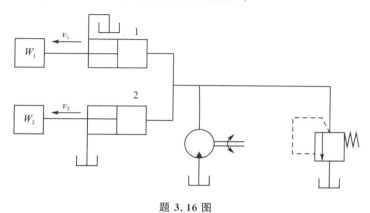

题 3.16 图

题 3.17　如题 3-17 图所示,液压泵工作在 4 种不同情况下。已知液压泵的额定流量为 q、额定压力为 P,不计管路损失,试求:这 4 种工况下泵的工作压力(压力表读数)分别是多少?

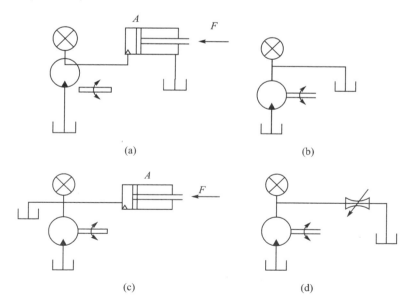

题 3.17 图

题 3.18　已知一齿轮泵的转速 $n = 1\ 450$ r/min,其输出流量 $q = 25$ L/min(在额定压力下),几何参数为:齿轮模数 $m = 3$ mm,齿数 $Z = 15$,齿宽 $B = 25$ mm,试求该

泵的容积效率是多少?

　　题 3.19　如题 3-19 图所示,若阻尼孔尺寸和外负载 F 均相同,增加泵的转速后,不计管道损失,两种油路中泵的出口压力是否保持不变? 并解释原因。

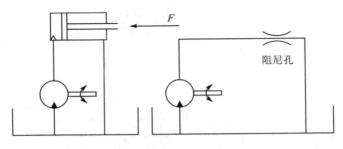

题 3.19 图

　　题 3.20　如题 3.20 图所示,两个液压缸串联运行,它们的结构相同。假设左侧液压缸 1 的无杆腔面积 $A_1 = 100\ \mathrm{cm}^2$,输入流量 $q_1 = 12\mathrm{L/min}$,输入压力 $p_1 = 9 \times 10^5$ Pa,右侧液压缸 2 的有杆腔面积 $A_2 = 80\ \mathrm{cm}^2$,损失和泄漏均忽略不计,试求:

　　(1) 液压缸 1 和 2 承受相同的负载时,该负载大小是多少? 液压缸 1 和 2 的运动速度为多少?

　　(2) 若液压缸 2 的输入压力为液压缸 1 的一半大小,液压缸 1 和 2 能承受的负载分别是多少?

　　(3) 若液压缸 1 的负载为零,液压缸 2 能承受多大的负载?

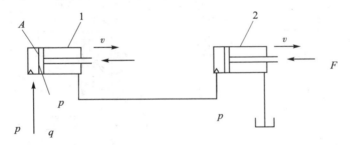

题 3.20 图

　　题 3.21　设有一单活塞杆液压缸,已知外负载 $F = 2 \times 10^4$ N,活塞和活塞杆处的摩擦阻力 $F_\mu = 12 \times 10^2$ N,液压缸的工作压力为 5 MPa,试计算液压缸的内径 D。若活塞最大工作进 给速度为 0.04 m/s,系统的泄漏损失为 10%,应选取多大流量的泵? 若泵的效率为 0.85,电动机驱动功率应多大?

第4章 航空液压控制阀

4.1 液压控制阀类型

作为一种液压元件,液压控制阀在液压传动系统中起调节或控制油液流量、油液压力和流动方向的作用,从而控制和调节液压执行元件的方向、速度、负载、动作顺序、启动和停止。

根据其不同特征,液压控制阀可分为以下几类。

1. 按功能分类

根据液压阀在液压系统的不同功能,可将其分为流量控制阀、压力控制阀和方向控制阀。流量控制阀用于对油液的大小进行调节或者控制,如调速阀和节流阀等;压力控制阀用于对液压系统压力进行控制,如顺序阀、减压阀和溢流阀等;方向控制阀用于对油液的流动方向进行控制,如换向阀和单向阀等。在实际液压系统中,通常需要将这三类液压阀组合使用,才能实现所要求的功能。

2. 按结构形式分类

按液压阀阀芯形式的不同,可分为球阀、锥阀、滑阀和转阀等。其中,锥阀的阀芯为圆锥形,其对油液的控制是利用阀芯相对阀座孔的位移,改变液流通路开口大小来实现的;滑阀的阀芯为圆柱形,通过阀芯在阀体孔内的相对滑动,改变液油通路开口的大小来控制油液的流量和压力等。

3. 按控制方式分类

按控制方式的不同,液压控制阀可分为伺服控制阀、开关定值控制阀和电液比例阀。

(1)伺服控制阀。该类阀通过机械、电气、气动等输入信号及反馈量,对系统的液流参量进行成比例地连续控制。

(2)开关定值控制阀。该类阀启动或关闭液流控制通路可通过机动、手动、电磁铁和控制压力油等方式进行,定值控制液流参量。

(3)电液比例阀。电液比例阀的性能介于伺服控制阀和开关定值控制阀之间,对系统的液流参量的控制也是连续的,根据输入信号及反馈量成比例地控制,相比于伺服控制阀,其结构简单,维护较为容易,价格低。

4. 按安装形式分类

根据安装形式的不同,液压控制阀可分为以下几种类型。

（1）螺纹式（管式）安装连接阀。该阀类将阀的油口和其他元件采用螺纹管接头相连，其通常用于简单液压系统。

（2）插装式安装连接阀。由于这类阀无单独的阀体，与其连接的插装块预留有孔，将阀芯、阀套等组成的单元体直接插装入预留孔中，两者通过孔配合连在一起，然后采用螺纹连接或者盖板加固。这样，插装式阀与插装块内通道相通形成回路，其通过的油液的流量、压力和方向可以由控制盖板来进行调节。这种安装连接方式是在液压传动系统集成化过程中逐渐发展起来的。插装阀在大流量条件下应用效果较好，其密封性能较好，产生的阻力较小。

（3）板式安装连接阀。这类阀门有专用的连接板，连接板上有油口，使多个阀的油口均位于同一安装面上，采用螺钉将阀与连接板固定，再将相应油口与其他元件采用管接头形式连接起来。它的特点是结构紧凑，维修和使用操纵方便。

（4）叠加式安装连接阀。这类阀门较多采用标准化的元件来进行连接，阀有上下两个连接结合面，在这两个面上有油口，采用螺钉将同规格阀的油口连接。每个阀不但能实现自身的功能，而且还当作油路通道，阀相互叠装构成回路。它的特点是结构紧凑，油液流动的沿程损失较小。

4.2　流量控制阀

根据液压系统所需要油液的流量，控制系统给出信号，流量控制阀调整阀口通流截面面积使其输出流量满足液压系统的要求，以实现执行元件的运动速度的调节。常用的流量控制阀有节流阀和调速阀等。

4.2.1　节流阀

1. 节流阀的流量特性分析

节流阀的基本结构如图 4.1 所示。节流阀的输出流量受节流口的结构形式的影响。节流阀的流量控制是通过调整节流口，改变阻尼作用大小来实现的。节流阀的流量与节流口的通流面积、压力差之间的关系为

$$q = CA_\mathrm{T}\Delta p^\varphi \tag{4.1}$$

式中：C——流量系数，其与油液的性质、油液的流态、节流口形状相关，其数值大小　　　由实验得出；

　　　A_T——节流口的通流面积；

　　　Δp——压力差；

　　　φ——节流阀指数，与节流口的形状有关，一般取值为 $0.5 \sim 1.0$，由实验得出。

使用节流阀时，理想情况是在调定节流阀阀口面积 A_T 后，节流阀的流量 q 能立刻稳定，但实际上这是无法做到的，主要原因有：

（1）温度变化对流量的影响。温度的高低变化会导致油液黏度的大小发生变

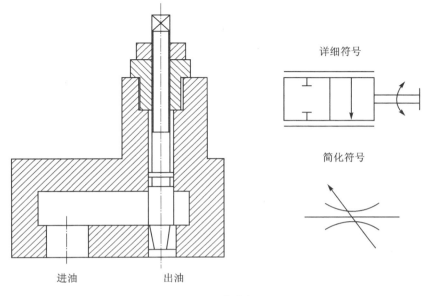

详细符号

简化符号

图 4.1 节流阀

化,流量系数 C 值随之发生变化;节流孔越长,温度对流量的影响越大,从而导致流量发生变化。

(2)负载变化对流量的影响。由于液压传动系统需要调节才能完成各项任务,因此系统负载是变化的,液压执行元件的工作压力也是变化的,导致流量随之发生变化。由式(4.1)可知,φ 值越大,压力差对流量的影响越显著,因此节流口制作为薄壁孔能有效降低对流量的影响。

2. 节流阀的节流口形式

流量控制阀的性能主要取决于流量控制阀的关键部位——节流口形式和其特性,图 4.2 所示为常用节流口形式。

(1)针阀式节流口。如图 4.2(a)所示,节流口为环形,阀的流量调节是通过针阀的轴向移动改变节流口过流面积来实现的。这种节流口结构简单,但性能相对较差,主要原因是节流口较长,容易造成堵塞,流量对温度较为敏感。

(2)偏心式节流口。如图 4.2(b)所示,节流口的阀芯上设计有偏心槽结构,阀的流量调节是通过阀芯转动改变节流口过流面积来实现的。与针阀式相比,这种阀制造较易,但也存在明显的缺点,阀芯承受不平衡径向力,不利于阀芯的旋转,在一定程度上限制了它的应用范围,故一般应用于对流量的稳定性要求不高、压力较低的场合。

(3)轴向三角槽式节流口。如图 4.2(c)所示,阀的流量调节是通过阀芯轴向移动改变节流口过流面积来实现的。这种阀的特点为节流口水力半径较大、有较好的流量稳定性。为了更好地平衡径向液压力,通常采用对称布置的三角形槽,这在一定程度上提高了它的可用压力。

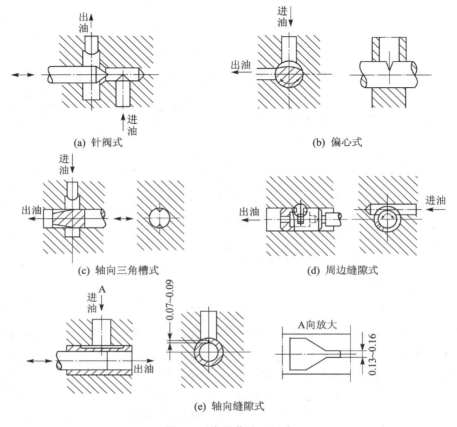

图 4.2　常用节流口形式

（4）周边缝隙式节流口。如图 4.2(d)所示，阀的流量调节是通过阀芯旋转改变缝隙节流口过流面积来实现的。为使其具有较好的小流量稳定性，周边缝隙式节流口通常采用薄刃口形式。其阀芯承受不平衡径向力，在一定程度上限制它的使用压力。

（5）轴向缝隙式节流口。如图 4.2(e)所示，阀的流量调节是通过阀芯轴向移动改变缝隙节流口过流面积来实现的。为使其流量不易受温度的影响，通常采用单薄刃和双薄刃两种节流口结构。它的特点为节流口水力半径较大、具有较好的小流量稳定性。

3. 节流阀的阻塞

阻塞是指在油液的油温和黏度、节流阀受到的压差未发生变化的情况下，减小节流阀开度到达一定值后，流量表现出不稳定或者发生断流的特殊现象。产生阻塞的主要原因是阻力在节流阀开度减小到一定值之后急剧增大，使得节流口局部产生高温，造成杂质与油液沉淀物结合并附着在节流口表面，堵住节流口。

在实际应用中,防止节流阀阻塞的措施有:

（1）提高油液过滤精度。过滤精度对油液进行过滤能使阻塞现象得到显著改善。此外,需定期对油液进行更换,以保证油液具有良好的质量。

（2）合理的节流阀两端压差。合理的压差可以有效避免节流口局部温度升高,降低发生阻塞的可能性。

（3）采用大水力半径的节流口。

（4）选用合理的材料制造节流口,选择品质良好的油液。

4.2.2　调速阀

调速阀是由定差减压阀与节流阀串联而成的组合阀。调速阀两端压差变化由定差减压阀的作用实现自动补偿,让节流阀前后的压差保持稳定,从而降低了负载变化对流量的影响。其流量的调节通过节流阀来完成。

调速阀的工作原理如图 4.3 所示。定差减压阀与节流阀串联,两者之间的连接为:将差压式减压阀的阀芯下腔和节流阀前端相通,将差压式减压阀阀芯上腔和节流阀出口相通。假设油液进入减压阀的压力为 p_1;经减压阀的减压作用后油液到达减压阀出口压力下降到一定值,假设为 p_3;再通过节流阀的节流口后,油液到达阀出口的压力进一步降至 p_2。液压缸负载 F 大小可决定 p_2 的值。$p_3 - p_2$ 压力差产生的液压力和减压阀的弹簧力以及液流作用于阀芯的液动力保持平衡,使得阀芯处于某一平衡位置。负载 F 发生变化,会导致调速阀两端压差 $p_1 - p_2$ 和 p_2 发生变化,但会引起阀芯移动以保证节流阀两端压差 $p_3 - p_2$ 不变。例如,减小负载 F,则减小

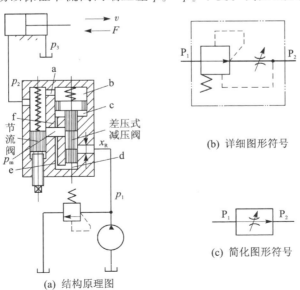

（a）结构原理图

（b）详细图形符号

（c）简化图形符号

图 4.3　调速阀工作原理和符号

了压力 p_2，导致阀芯在减压阀阀芯弹簧腔液压作用力的作用下向上移，使得减压阀口开度减小，使压力 p_3 有所减小，最终结果是节流阀两端压差 p_3-p_2 保持不变，反之亦然。这样就可使调速阀在开口一定的情况下的流量能基本不变，因而具有调速和稳速的功能。调速阀的图形符号如图 4.3(b) 和图 4.3(c) 所示。

4.3　压力控制阀

在液压传动系统中用于调节控制油液压力的大小或能利用压力变化来实现某种动作的阀，称为压力控制阀。

4.3.1　减压阀

1. 工作原理

减压阀的减压原理是利用液流流经缝隙产生压力降，其出口压力小于进口压力，用于降低系统某一支路的油液压力，使之得到一个比液压泵提供的压力低的稳定压力。

减压阀按其控制压力可分为定值输出减压阀、定比减压阀和定差减压阀。按照工作原理的差异，减压阀可分为直动式减压阀和先导式减压阀。先导式减压阀相比于直动式减压阀应用得更多。一种直动式减压阀的结构简图如图 4.4 所示。直动式减压阀是定值输出减压阀，利用对弹簧预压缩量的调节来对出口压力值的大小进行调节。阀芯上的液压力和弹簧力相平衡，其能使出口压力降低并保持恒定；阀出口压

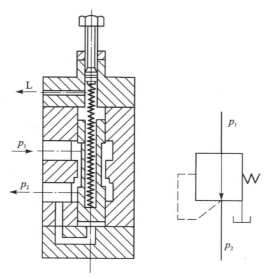

图 4.4　直动式减压阀工作原理

力增大,阀口开度将减小,阀口处阻力增大,压力逐渐下降到调定值;同理,阀出口压力减小,阀口开度将增大,阀口处阻力降低,压力逐渐上升到调定值。

先导式减压阀的结构如图 4.5 所示。它通过调节调压弹簧来对阀出口压力的大小进行调定。当阀出口压力发生变化时,阀芯因受力不平衡而产生移动,使得出口压力回到调定值。若阀的进口压力发生变化,阀芯也会发生相应的移动,最终使得阀出口压力稳定在调定值。如果阀出口压力增加,调压锥阀打开,由于阻尼孔的作用使得油液压力下降,主阀的上、下腔之间产生向上的压力差,此值大于主阀弹簧力时,主阀将被向上推动,减小减压口,减压口出口的油液压力下降,直至出口压力稳定在调定值上。如果出口压力减小,先导阀的调压锥阀将关闭,导致主阀上、下两端的液压力相等,弹簧力的作用力会将主阀芯往下端推动,直至减压口完全被打开。

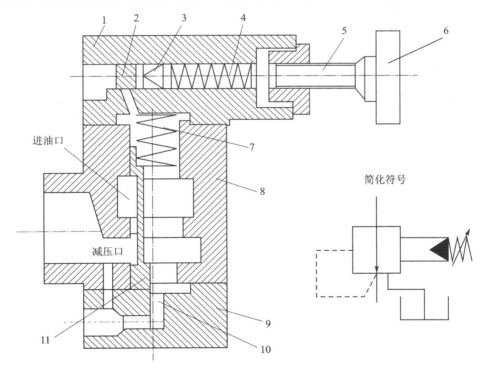

1—阀盖;2—锥阀座;3—调压锥阀;4—调压弹簧;5—调节螺钉;6—调节手轮;
7—主阀弹簧;8—阀体;9—端盖;10—阻尼孔;11—主阀;

图 4.5　先导式减压阀结构图

2. 减压阀的应用

减压阀主要用于需要稳定低压的某些支路中,如分度、夹紧、定位、控制油路等支路。为了防止系统压力降低(如另一液压缸空载快进)时油液倒流,且实现短时保压,通常在减压阀后设单向阀。

　　节流元件安装于减压阀出口时,可对减压分支油路的液压执行元件速度进行调节,这时由于减压阀起作用,有少量泄油会通过先导阀流回油箱。节流元件装在出口,还可避免泄油对节流元件调定的流量产生影响。若系统压力远大于减压阀出口压力,会导致功率损失增加、系统温升,此时需考虑采用高低压双泵分别供油。

4.3.2　溢流阀

　　在液压系统中溢流阀主要用于溢去多余油液,并在溢流时可保持阀前的压力基本恒定,有需要时还可以调节溢流(阀前)压力。根据结构原理不同,溢流阀可分为直动式溢流阀和先导式溢流阀两种。

1.先导式溢流阀

　　先导式溢流阀的结构如图 4.6 所示,主要包括阀体、主阀套、主阀弹簧、主阀芯、导阀阀体、调节螺钉、调节手轮、调压弹簧、导阀阀芯、导阀阀座、柱塞、导套和消振垫等。先导式溢流阀可以实现远程压力调节、卸荷和溢流等。从进油口进入系统的油液压力会对主阀芯和先导阀芯同时产生作用。阀口处于关闭状态为:主阀芯在弹簧的作用下位于右端位置,主阀左右两侧受到的液压力相等,使其处于平衡状态,这是由于油液压力不足以将先导阀打开,阀中液体不会流动。先导式溢流阀的卸荷过程为:主阀在很小压力作用下阀口就能达到最大开度,油液便通过阀口流回油箱,从而实现卸荷。先导阀一般通过调压弹簧对溢流压力进行调节,降低阀口达到最大开度所需压力的方法是:将阀体上的外控口 K 通过二个二通阀与油箱接通,主阀左端的压力会大幅降低,接近于零。先导式溢流阀的溢流作用是:在进油口和溢油口之间形成有阻尼的溢流通道,这需要打开阀口才能实现。由于阻尼孔的阻尼作用使得阀

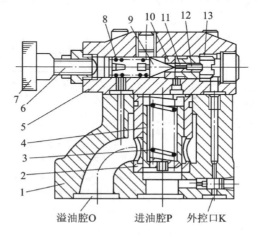

1—阀体;2—主阀套;3—主阀弹簧;4—主阀芯;5—导阀阀体;6—调节螺钉;7—调节手轮;
8—调压弹簧;9—导阀阀芯;10—导阀阀座;11—柱塞;12—导套;13—消振垫

图 4.6　先导式溢流阀结构图

芯两端压力不平衡,其右端的压力比左端的压力大,压差的作用使主阀芯向左移动,从而打开阀口,实现溢流。先导式溢流阀的远程压力调节方式为:可将先导式溢流阀的外控口 K 与远程调压阀相连接,实现系统的溢流压力远程调节,让远程调压阀的压力小于先导阀的压力,由于外控口 K 的卸荷作用,就实现了由远程调压阀来对溢流阀的溢流压力进行调节。

　　先导式溢流阀受到的作用力为它两端的压力和弹簧的压力。压力值的大小等于端面压强乘以阀口面积,弹簧力的大小等于弹簧刚度乘以压缩量,它们的共同作用使得主阀芯处于平衡状态。弹簧的预紧力和阀口面积共同决定阀的开启压力,用不同刚度的调压弹簧就能实现不同的调压范围,要获得不同的进口压力可通过对弹簧预紧力的调节来实现。

　　先导阀内的液流满足连续性原理,即流出先导阀的流量和流经阻尼孔的流量相等。这一部分流量通常称为泄油量。由于阻尼孔直径较小,泄油量在全溢流量(额定流量)中的占比极小,绝大部分油液均通过主阀口溢回油箱。在先导式溢流阀中,主阀的功能主要在于溢流,而溢流压力的控制和调节由先导阀来完成。先导阀无需很大的调压弹簧的刚度,也能完成较大范围的压力调整,这是由于先导阀只需要通过少量的泄油,且其阀口直径较小,锥阀芯上即使受到较高的压力,所承受的液压推力也不很大。油压作用于主阀芯两端,主阀弹簧的刚度通常很小。当溢流量变化导致弹簧压缩量变化时,不会引起进油口的压力产生较大变化,故先导式溢流阀的恒定压力性能比直动式溢流阀更优。

2. 直动式溢流阀

　　直动式溢流阀的结构如图 4.7 所示,主要由阻尼孔、阀体、阀芯、阀盖、调压螺钉、弹簧座和弹簧组成。通常将阀的 P 油口与系统连接,将 O 油口与油箱连接,阀芯的下端面受到来自阻尼孔的作用。直动式溢流阀存在非溢流状态和溢流调压状态。

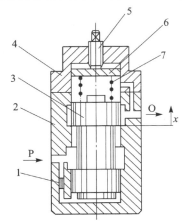

　　非溢流状态:阀芯关闭 P 油口与 O 油口间的通道,这是由于降低 P 油口的压力,导致阀芯下端面上的液压推力比上端的弹簧的作用力小,阀芯处下端位置。

　　溢流调压状态:流经溢流阀的流量变化时,阀芯位置将会变化,通常情况下阀芯移动距离较小,因此阀芯上的弹簧力不会发生大的变化,溢流阀入口处的压力就基本保持不变。如果阀芯下端受到的液压推力比阀芯上端的弹簧所产生的弹簧力大,致使阀芯向上移动将阀口打开,油液通过 P 油口与 O 油口之间形成

1—阻尼孔;2—阀体;3—阀芯;4—阀盖;
5—调压螺钉;6—弹簧座;7—弹簧

图 4.7　直动式溢流阀

小的过流通道由 O 油口流回油箱。阀芯受到油液压力和弹簧弹力的共同作用处于平衡状态,通过对弹簧的推力进行调节,可实现对节阀溢流时的 P 油口压力的调节。

　　由于这种溢流阀的阀芯靠直接作用于阀芯的压力油实现,故称为直动式溢流阀。直动式溢流阀具有灵敏度高、结构简单、价格低廉等优点。较高压力或较大流量时,对其控制需采用刚度较大的硬弹簧,手动调节难度大,而且压力变化对阀口开度十分敏感,较小的阀口开度(弹簧压缩量)变化,便引起较大的压力波动,这些因素在一定程度上限制直动式溢流阀的使用。系统压力较高时就需要采用先导式溢流阀。

　　3. 溢流阀的动态特性

　　溢流阀的动态特性指从一个稳定工况到另一个稳定工况过程中的特性,一般可通过实验测量得到。当输入信号为阶跃信号时,溢流阀对应的动态压力响应曲线如图 4.8 所示。

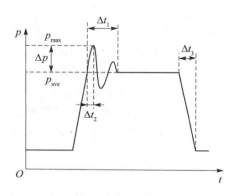

图 4.8　溢流阀的动态特性曲线

　　溢流阀的动态特性可以用升压时间、压力超调量以及升压过渡过程时间三个主要指标来衡量。通常要求压力超调量越小越好,一般为额定压力的 10%～30%。压力波动的振摆和振摆次数也会直接影响阀性能,振摆越小,振摆次数越少,阀的稳定性能越好。

　　4. 溢流阀的静态特性

　　作为液压传动系统中重要的控制调节元件,溢流阀的特性对系统的工作性能有很大影响。元件或系统在稳定工作状态下的性能称为静态特性。溢流阀的静态特性主要是指压力－流量特性和启闭特性。

　　(1) 启闭特性。

　　溢流阀开启和闭合全过程中阀的流量随压力变化的特性称为启闭特性。开启和闭合虽互为逆过程,但这两个过程得到流量随压力变化关系曲线并不重合。闭合压力为阀口完全关闭时的压力,用 p_k 表示,p_k 与 p_n 之比称为闭合比。开启压力 p_0 与调定压力 p_n 之比称为开启比。为保证溢流阀具有良好的静态特性,一般规定开启比不小于 90%,闭合比不小于 85%。

（2）压力-流量特性（溢流特性）。

压力-流量特性表示溢流阀进口压力随溢流量变化规律，即稳压性能。理想情况下，进油压力在达到调定的压力后，不会因溢流量的增大或减小而发生变化，其值始终保持恒定。在实际中，溢流量的变化引起阀口开度变化，使得弹簧压缩量也发生变化，这就会导致进口压力变化。先导式溢流阀的调压偏差小，其特性曲线较为平缓，开启比大，故其稳压性能相比于直动式阀更优。因此，先导式溢流阀适用于系统溢流稳压，灵敏度高的直动式溢流阀适用作安全阀。

（3）流量稳定性。

溢流阀的流量调节范围为最小稳定流量和最大流量，越大的流量调节范围，则它的应用范围更广。压力稳定性决定了最小稳定流量。

5. 溢流阀在液压系统中的应用

溢流阀一般可用于远程调压阀、安全阀、背压阀、溢流阀多级调压阀、卸荷阀等。

（1）溢流定压。溢流阀通常与液压泵并联应用实现溢流定压。在定量泵节流调速系统中，溢流的同时还稳定了液压泵的供油压力。

（2）过载保护。在变量泵后并联溢流阀，变量泵的工作压力随负载变化，一般将调定压力设为安全临界值。当系统发生过载，压力大于调定压力的安全临界值时，溢流阀立即打开，及时溢流减压，保证了系统安全，故溢流阀又称为安全阀。

（3）形成背压。在系统的回油路上安装溢流阀，其对回油产生阻力，即形成执行元件的背压。液压执行元件的运动稳定性在一定的背压的情况下得到提高。

（4）实现远程调压。将一远程调压阀安装在控制工作台上，并将液压站上的先导式溢流阀的外控口 K 与其进油口相连。为了保证调节能够有效进行，远程调压阀所能调节的最高压力不能超过溢流阀自身先导阀的调定压力。

（5）使液压泵卸荷。先导式溢流阀所起的作用为对液压泵进行溢流稳压。将二位二通阀的电磁铁通电后，这样溢流阀的外控口 K 与油箱连接，液压泵输出的油液便可在极低压力下通过溢流阀流回油箱，此时，液压泵运转相当于空载，所消耗功率很小，即处于卸载状态。

4.3.3　顺序阀

顺序阀是一种压力控制阀，其油路通断的自动控制是以压力作为信号来实现的，常用于控制同一系统多个执行元件的顺序动作。按其结构可分为先导式顺序阀和直动式顺序阀；按其控制方式分为外控顺序阀和内控顺序阀。通过改变控制方式、泄油方式和出口的接法，顺序阀还可具有多种功能，可用作溢流阀、卸荷阀和背压阀。

1. 直动式内控顺序阀

由于顺序阀的出口处不与油箱直接连接，而是通向二次油路，故它的泄油口 L 必须单独接回油箱。顺序阀底部安装了控制柱塞以便使调压弹簧的刚度减小，外泄油口 L 与油箱相通，外控口 K 则需用螺塞堵住。直动式内控顺序阀的结构如图 4.9

(a)所示。通过阀芯与阀体间的缝隙流入弹簧腔的泄漏油由外泄口 L 泄回油箱。这样油口连通情况的顺序阀称内控外泄顺序阀,其图形符号如图 4.9(b)所示。

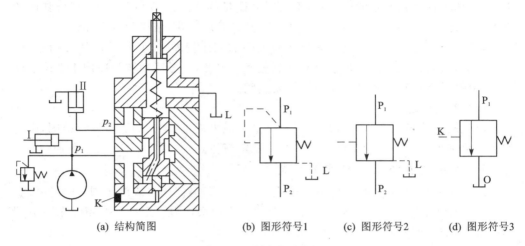

(a) 结构简图　　(b) 图形符号1　　(c) 图形符号2　　(d) 图形符号3

图 4.9　直动式顺序阀

阀的开启过程为:压力油由进油口 P_1 进入,通过阀体上的孔道和下盖上的孔流抵达控制活塞的底部,当压力油产生的推力能克服阀芯上的调压弹簧阻力时,其作用使阀芯上升,致使进、出油口 P_1 和 P_2 连通,这样压力油就能从阀口流过。顺序阀开启压力的调节可通过对弹簧的预压缩量来实现。在进油路压力未增加到阀的设定压力之前,内控式顺序阀的阀口一直处于关闭状态,增加到阀的设定压力之后,迫使压力油进入二次油路,实现对其他液压执行元件的驱动。

若将图 4.9(a)中顺序阀的盖旋转 90°或 180°安装,将进入的压力油流往控制活塞下腔的通路切断,将外控口 K 的螺塞去除,接入引自其他处的压力油(称控制油),就得到液控外泄顺序阀,这时只通过外控制压力来实现阀的开启,符号如图 4.9(c)所示。若将上端盖旋转 180°安装,阀体上沟通孔道的出油口 P_2 与弹簧腔相连,堵塞外泄口 L,这就得到外控内泄顺序阀,符号如图 4.9(d)所示。外控内泄顺序阀通常只适用于出口接油箱的场合,使液压泵卸荷,故又称为卸荷阀。

对直动式顺序阀设置控制活塞可达到将进口压力油的作用面积缩小的目的,这样便于采用较软的弹簧来提高阀的 $p-q$ 性能。顺序阀的主要性能与溢流阀相似。要使液压执行元件能实现准确地顺序动作,要求顺序阀的调压偏差较小,故需要刚度较小的调压弹簧,还要求阀在关闭状态下的内泄漏量也要小。直动式顺序阀通过阀的流量和工作压力都受到一定的限制,最高控制压力也不能过高。

先导式顺序阀如图 4.10 所示,与先导式溢流阀的结构大体相似,工作原理也基本相同,这里不再详述。先导式顺序阀同样也有几种不同的控制方式:外控内泄、外控外泄和内控外泄等。

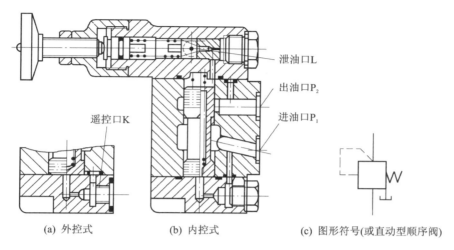

(a) 外控式　　　　　(b) 内控式　　　　　(c) 图形符号(或直动型顺序阀)

图 4.10　先导式顺序阀

2. 顺序阀的应用

顺序阀的工作原理、性能和外形与相应的溢流阀相似,要求也相似,但功能作用不同。为使执行元件的顺序动作准确无误,需尽量减小调压弹簧的刚度,减小顺序阀的调压偏差。顺序阀相当于一个压力控制开关,因此要求接通时压力损失小,关闭时密封性能好。

顺序阀在液压系统用来控制多个液压执行元件的顺序动作。它有两种控制方式,分别以进口压力油(内控式)压力为信号和以外来压力油(外控式)压力为信号。信号压力达到调定值后,阀口开启,自动接通其所在油路。与溢流阀类同,顺序阀的结构也有直动式和先导式之分。它和溢流阀的主要区别在于:顺序阀出口通二次压力油路(卸荷阀除外),这与溢流阀的出口通回油箱不同;顺序阀的泄漏油和先导阀的溢流油要单独接油箱,这与溢流阀的泄漏油和先导阀的溢流油与出口(溢流口)相通不同。

顺序阀的应用包括:

(1) 直动式内控顺序阀,可用作背压阀;

(2) 先导式顺序阀,可用作卸荷阀;

(3) 可用作液压马达系统中的平衡阀;

(4) 可用作实现多缸的顺序动作。

4.4　方向控制阀

在液压传动系统中,方向控制阀是指可通过控制其阀口的启闭来调节油液流动方向或通断的阀,可分为单向阀和换向阀两类。

4.4.1　换向阀

换向阀是可以改变油液流动方向的一种阀,阀芯能够在阀体内运动,从而实现油路的开启和关闭,使液压执行元件启动、停止或改变运动方向。

换向阀按阀芯运动形式可分为滑阀、转阀和梭阀,按阀芯运动的控制方式可分为手动阀、机动阀、气动阀、液动阀和电动阀等,按阀芯在阀体内的工作位置可分为二位阀和三位阀,按换向阀具有的通口数可分二通阀、三通阀、四通阀和五通阀。

1.　滑动式换向阀

阀芯在阀体内的运动形式为轴向移动的阀称为滑动式换向阀。它具有结构简单、操纵力小、压力均衡、控制功能强和加工相对容易等优点,应用较为广泛。但是,滑动式换向阀在阀芯和阀体之间有配合间隙,不可避免存在泄漏油液。

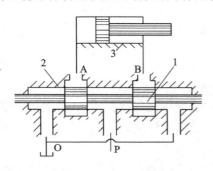

1—阀芯;2—阀体;3—液压缸
图 4.11　滑阀式换向阀的工作原理

滑动式换向阀主要由阀芯、阀体、液压缸组成,如图 4.11 所示。由图可知,换向阀具有多个通口,对执行元件的开启、停止或换向的控制是通过移动阀芯使得不同的通口打开或者断开来实现的。

在图 4.11 中,若没有压力油进入液压缸,阀芯不会移动,此时 A 油口和 B 油口被关闭,处于停止状态。若控制阀芯使其向左运动,阀体上 A 油口和 B 油口同时被打开,使 P 油口和 A 油口、O 油口和 B 油口处于连通状态;从 P 油口进入阀体内的压力油经 A 油口抵达液压缸左腔,并推动活塞右移;同时,位于右腔中的油液被挤压从 B 油口流出,并通过 O 油口流回油箱。同理,若控制阀芯使其向右运动,压力油将从 P 油口进入,经 B 油口抵达右腔,推动活塞向左运动,而左腔中的油液则从 A 油口流出,并通过 O 油口流回油箱。

2.　三位换向阀的中位机能

三位换向阀的阀芯处于中间位置时称为常态位置,三位换向滑阀的左、右位采用不同的连接方式连通各通口以实现油液流动方向的切换,达到控制执行元件运动方向的目的。它的中位机能有很多形式,不同形式的中位机能在系统控制中所起的作用不同,具有的特点也各不相同。常用阀的中位机能图形符号如图 4.12 所示。它们的特点如下。

O 型:各个油口处于全封闭,执行元件闭锁;

H 型:各个油口全连通,执行元件处于浮动状态,系统卸荷;

Y 型:进油口 P 封闭,其他各个连通,执行元件浮动,系统不卸荷;

K 型:B 油口封闭,其他油口连通,执行元件处于闭锁状态,系统卸荷;

M 型：进油口 P 和回油口 O 连通，其他两个油口封闭，执行元件处于闭锁状态，系统卸荷；

X 型：全部均油口处于半开启状态，系统保持一定压力；

P 型：回油口 O 被封闭，其他油口连通；

J 型：回油口 O 连通，进油口 P 封闭，其他两个油口一连通一封闭，执行元件停止运动，系统不卸荷；

C 型：进油口 P 与同侧油口连通，其他两油口封闭，执行元件处于停止位置，系统不卸荷。

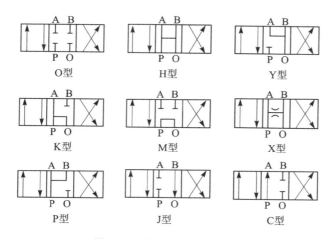

图 4.12　中位机能图形符号

在选用换向阀以及分析其中位机能时，通常应从换向位置精度要求、执行元件的启动和换向平稳性、系统卸荷和系统保压等方面加以考虑。

3. 换向阀操纵方式

（1）手动换向阀

阀芯移动换位方向的控制采用手动杠杆进行操纵的阀称为手动换向阀。手动换向阀可分为弹簧复位式手动换向阀和钢球定位式手动换向阀两种。图 4.13 是三位四通弹簧复位式手动换向阀的结构简图和图形符号。操纵手柄就可以实现对阀芯移动的控制，阀芯受到弹簧力作用能自动恢复到初始位置。

手动换向阀具有结构简单、操作容易、动作可靠高等优点。由于其需要人力进行操纵，在一定程度上限制了应用流量范围，流量大于一定值后，操纵所需要的力是人力无法完成的。手动换向阀不适用于远程操纵和自动操纵。

（2）机动换向阀

图 4.14 所示为二位二通机动换向阀的结构简图和图形符号。机动换向阀也称为行程换向阀。这种阀对液压执行元件的控制是通过挡块或凸轮移动阀芯进行的。

机动换向阀有二通阀、三通阀、四通阀等，通常是二位阀，且采用弹簧复位的方

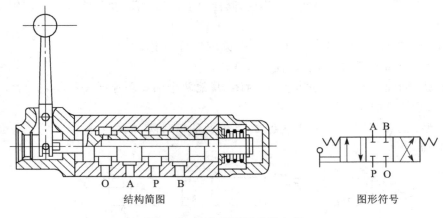

结构简图   图形符号

图 4.13　三位四通手动换向阀

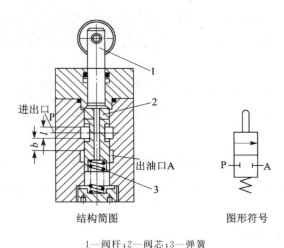

结构简图   图形符号

1—阀杆；2—阀芯；3—弹簧

图 4.14　二位二通机动换向阀

式。它具有结构简单、换向位置精度高、动作可靠性高等优点。阀芯移动速度的合理性直接影响换向时间的控制，可通过对挡块的迎角或凸轮外形的改变来取得较为理想的控制效果。

（3）电磁换向阀

采用电磁铁吸力控制阀芯换位方向的阀称为电磁换向阀。它较多采用二位阀和三位阀。二位电磁换向阀只有一个电磁铁，而三位电磁换向阀采用两个电磁铁。

图 4.15 所示为二位三通电磁阀的结构简图和图形符号，它采用单电磁铁弹簧进行复位。电磁换向阀的复位原理为：电磁铁不通电，电磁铁无磁力，阀芯仅受位于右侧弹簧的弹簧力的作用，弹簧力将阀芯向左推动至初始位置；电磁铁通电后产生磁力，且磁力大于弹簧力，阀芯被推动向右移动到右边位置，由图可知，进油口 P 和出

油口 B 连通,另一个出油口则被关闭,电磁阀处于工作状态。可采用直流和交流作为电磁铁电源。交流电磁阀的换向频率低,能产生很大的启动力,使用方便,但存在较大的换向冲击,噪声也大。直流电磁阀的换向频率高,换向产生的冲击较小。

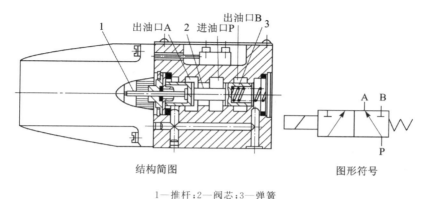

结构简图　　　　　　　　　图形符号

1—推杆;2—阀芯;3—弹簧
图 4.15　二位二通电磁阀换向阀

电磁换向阀是液压系统中经常用到的液压元件,由滑阀和电磁铁两部分组成。滑阀阀芯在阀体内移动是由电磁铁吸力推动的,液压回路的方向切换则是通过改变阀体的工作位置实现的。由于仅由电来操纵,所以便于实现远距离操纵和实现自动化。

松刹活门是飞机上常用的一种电磁换向阀,用于飞机自动刹车系统。这种电磁阀的主要部件有衬套、壳体、阀芯、弹簧、推杆、电磁铁等,壳体上每个管嘴都相应标有“回油”“刹车”“进油”等字样。电磁铁不通电时,弹簧的作用将阀芯压向衬套,阀芯右侧凸肩将回油路与刹车油路切断。同时凸肩左侧使进油路与刹车油路接通,压力油通过松刹活门流入机轮进行刹车。在电磁铁线圈通电时,铁芯向左运动,阀芯凸肩便将进油路与刹车油路切断,同时将刹车油路经阀芯中心孔接通回油路以松开刹车。

松刹活门串接于飞机正常刹车系统管路中。当飞机上使用正常刹车系统进行刹车时,松刹活门电磁铁是不通电的,从正常刹车活门来的油液可以流过松刹活门,再经过刹车减压器去机轮进行刹车操纵。当飞机上使用电动刹车系统刹车时,在“松刹”电信号作用下,松刹活门电磁铁通电工作,将刹车松开。

（4）电液换向阀

电液换向阀由电磁阀和液动阀组成,其中,电磁阀用于控制油换向,液动阀实现换向。图 4.16 为电液换向阀的结构简图。电液换向阀是内部控制方式,其结构为对称结构,两端安装两个电磁铁,两侧分别安装一个单向阀和一个节流阀。它通过将电磁阀的进油口与主阀的 P 油口连通,使来自于主阀的 P 油口的压力油（即控制油）流入先导电磁阀,实现对先导电磁阀的控制。它的常态为:两个电磁铁都不通电,没有电磁力,电磁阀阀芯只受弹簧力的作用,两端的弹簧力平衡,主阀芯处于中位。主阀的工作状态分为左位工作状态和右位工作状态。若左电磁铁通电,则主阀处于左位工作状态,控制油进入主阀的左端,主阀右端的油液则流回油箱。同理,若只有右电磁铁通电,主阀切换到右位工作状态,控制油进入主阀阀芯的右端,而主阀左端的油液则流回油箱。

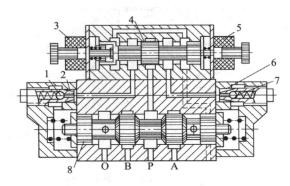

1、7—单向阀;2、6—节流阀;3、5—电磁铁;4—电磁阀阀芯;8—液动阀阀芯

图 4.16　三位四通电液换向阀

电液换向阀在飞机上可实现起落架收放操纵,而电磁换向阀只适用于小流量场合。这类产品实际可供选择的的通径一般有 6 mm 和 8 mm 两种,若对流量通径要求更大时,就需要把液动换向阀和电磁阀组合起来使用,叫做电液换向阀。它的主阀通径规格有 10 mm、16 mm、25 mm、32 mm 四种,其中的液动换向阀部分称为主阀,电磁阀部分称为先导阀。

在飞机起落架收放操纵系统中,常采用三位四通电液换向阀,它是具有钢球形先导阀和平板形滑阀的三位四通电液换向阀。其主阀是平板型滑阀,先导阀是钢球形的。当两个电磁阀都不通电时,受到液压作用,钢球压在阀座上,柱塞的外侧腔通压力油,阀芯处于中立位置。当电磁铁通电时,推杆向右移动,钢球被压到阀座上,于是柱塞与回油路相通;当电磁铁断电时,在油压作用下钢球回到原来的阀座上,使得压力油路与柱塞腔相通。当需要用手操纵电磁阀时,应取下电磁铁上的保护盖,并迅速按气动按钮,类似于将电磁铁的通电,同样可操纵电磁阀工作。

$$1 \text{ kgf/cm}^2 = 9.80665 \text{ N}/0.0001 \text{ m}^2 = 0.09807 \text{ MPa}$$

该换向阀的最小工作压力 5.88 MPa,工作压力到 21.58 MPa,油路允许最大压力不大于 29.42 MPa,流量为 40 L/min,工作电压 27(1±10%)V,质量不大于 2.7 kg。

(5) 多路换向阀

多路换向阀是一种集中布置的组合式手动换向阀,由两个以上的换向阀组合而成,多用于液压系统中对多个执行元件控制的场合。多路换向阀的组合方式有顺序单动式、串联式和并联式三种。顺序单动式多路换向阀能够实现各执行元件的控制按顺序进行,使得各执行元件之间的动作互不干扰。串联式多路换向阀能够控制各执行元件的依次动作,各执行元件可同时也可单独动作。并联式可根据负载大小控制执行元件动作的有先后顺序。

4.4.2　单向阀

单向阀分为普通单向阀和液控单向阀。

1. 普通单向阀

普通单向阀(简称单向阀)的油液只能沿正向流动而不能反向流动,故又称为止回阀。根据进出油液流动方向的不同,其又有两种结构,即可直通式单向阀和直角式单向阀。直通式单向阀如图 4.17 所示。从 P_1 口到 P_2 口为正向流动,压力油由进油口 P_1 流入,油液压力能够克服弹簧的阻力以及阀体与阀芯间的摩擦力,带有锥端的阀芯被顶开,油液进入阀体内腔,从出油口 P_2 流出。当压力油反向流入时,即压力油从 P_2 口进入,不能从 P_1 口流出。

单向阀在飞机液压系统中主要应用于系统的回油管路中,使其维持一定的回油压力,有利于执行机构平稳运行,还可用于定量泵卸荷活门的下游,以达到在泵卸荷时系统的压力基本不变的目的,用于泵出口处,其作用是止回,以防止泵因系统反向压力突然增高而发生损坏。

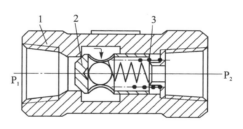

1—阀体;2—阀芯;3—弹簧

图 4.17　直通式单向阀

单向阀在飞机上用作松刹活门,将一个顶杆加装在单向阀阀芯前,弹簧的作用下使得顶杆的顶端与阀芯有一定间隙,其所起的作用与普通单向阀的作用基本一样,油液可沿正向方向流通,但沿反向方向则是截止的。若要反向亦可流通,就需要外部机构顶动顶杆移动采顶开阀芯,实现反向流通。这种阀在飞机上可用于实现收上起落架和关闭轮舱护板动作之间的协调,故又称为协调活门,它在系统中位于轮舱护板作动筒收上腔之前,并与之串接。在起落架收进轮舱后,起落架支柱碰撞协调活门的顶杆并顶开阀芯,高压油就由管嘴流向轮舱护板收放作动筒的收上腔,关闭轮舱护板,从而完成先收起落架后关轮舱护板的准确程序。协调活门上还有另一个管嘴与系统的回油路相通,作用是防止万一阀口密封不良而渗油时,可将渗油引导回油箱而不会使轮舱护板部分关闭。

2. 液控单向阀

液控单向阀油液沿正向方向可以自由流动,反向方向的流动则需要借助压力才能实现,即它的油液双向流动是需要满足一定条件的。图 4.18 所示为液控单向阀,它由液控装置和单向阀两部分组成。它的阀芯受控制活塞的控制,当位于控制活塞一侧的控制口 K 没有压力油进入时,它只能起到和普通单向阀相同的作用,即压力油能够沿正向方向正常流过,沿反向方向是截止的。当压力油进入控制口 K 后,压力油推动活塞右移,推力通过顶杆传递给阀芯,使得阀芯离开阀座,打通过了油口 P_1 和 P_2 之间的通道,这时的油液正反向均可自由流动。

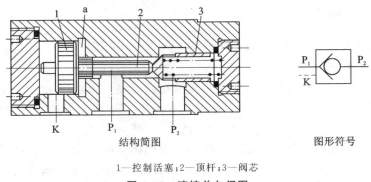

结构简图　　　　　　　　　　图形符号

1—控制活塞;2—顶杆;3—阀芯

图 4.18　液控单向阀图

　　液控单向阀中的锥阀阀口对反向密封性能要求较高,通常用于保压、锁紧和平衡等回路。

　　单向阀中允许油液沿一个方向自由流动,但会限制相反方向上的流动。这种液压油只能在一个方向自由流动,而限制油液在相反的方向流动的单向活门称为节流型单向活门。流经球形单向活门的油液只能沿一个方向流动。液压油从单向活门的进口流入,迫使活门离开活门座,活门弹簧被压缩,让油液流从打开的通道流过;油液一停止流动(或反向流动),活门在弹簧的作用力下回到活门座上,将活门关闭,油液通过活门的反向流动受到了限制。与球形单向活门类似,油液流经节流型单向活门时只能沿一个方向自由流动,当油液停止流动(或反向流动)时,活门受到弹簧的作用力回到活门座上,将球阀关闭,此时油液只能从节流孔中流过,即在反向流动时,流动受到限制。

　　液控单向阀可作为系统的液压锁定元件,也可用于系统的协调动作控制,如起落架收放系统和襟翼收放系统等。与普通单向阀相比,液控单向阀的不同之处是多了一条控制油路 K,工作特点是当控制油路不起作用时,就像普通单向阀一样工作,反方向流不通。

　　飞机液压系统中常用液控单向阀原理制成液压锁,功用是将油缸活塞杆锁定在伸出位置上。液控单向阀使油缸无杆腔的油液只能流进不能流出,从而将油液封闭在油缸内,完成锁定;若需要将活塞杆收回,则要反向打开单向阀,可通过进入油缸有杆腔的高压油同时进入液控单向阀的控制油路来完成,使油缸无杆腔可以排油,活塞杆便可缩回。例如,飞机起落架收放作动筒的液压锁在起落架放下后封闭作动筒放下腔内的油液,起落架在外力作用不会发生收起。

　　当向起落架放下管路供压时,油液通过管嘴进入壳体腔内,将活门推开,输向起落架收放作动筒的放下腔,完成起落架的放下动作。放下动作结束后,油液停止流动且压力消失,活门在弹簧的作用下紧贴活门座,封闭了作动筒放下腔内的油液,将起落架锁在放下位置。若封闭在放下腔中的油液受热膨胀,压力升高到一定值后热膨胀活门可被顶开,放掉一小部分油液,从而保证压力处于安全值范围内。

收起落架过程中,压力油在通向作动筒收上腔时,先通向液压锁的管嘴,然后作用于活塞顶杆,活门被顶杆顶开,放下腔油液便能通过活门发生倒流。起落架收起后,油液停止流动且压力消失,顶杆和活塞在弹簧的作用下回到原始位置,而活门便在其自身的弹簧作用下处于关闭状态。当液压系统需要应急放下起落架时,管嘴会流入高压压缩空气,应急放下活门被推动,高压气体输到作动筒放下腔,使起落架放下。

4.5　液压阀在飞机上的应用

4.5.1　顺序活门

顺序活门的功能是控制液压系统部件的工作顺序,可实现多个部件之间工作的优先顺序。顺序活门在起落架收放液压系统中的应用如图 4.22 所示。假设此系统只能实现起落架舱门的工作和起落架收放优先顺序的控制,当起落架在放下位置时,轮舱门则一直处于打开状态;将起落架放下锁好作为初始状态,此时,舱门作动筒在完全伸出的位置,起落架收放作动筒的活塞杆在完全缩入的位置。

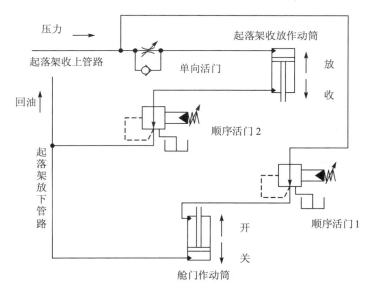

图 4.22　顺序活门在起落架收放系统中的应用

收起落架时,液压油进入起落架收上管路,起落架放下管路通回油。压力油首先流入起落架收放作动筒内,打开的顺序活门2使收放作动筒的下腔通回油,起落架收放作动筒的活塞杆伸出,收起起落架。此时顺序活门1仍处于关闭状态,舱门作动筒未受到液压油的作用,所以舱门不动。当起落架收上锁好后,顺序活门1的顶杆被收放作动筒的活塞杆触动,顺序活门1被打开,液压油流入舱门作动筒的上腔,舱门作动筒的下腔通回油,致使舱门作动筒活塞杆缩入,舱门被关闭。此后,顺序活门1被打开,顺序活门2被关闭。这时,起落架收放作动筒活塞杆在完全伸出的位置,而舱门作动筒在完全缩入的位置。顺序活门是依靠机械接触打开的,实现了先收起落架,后关舱门的顺序控制。

　　放起落架时,液压油进入起落架放下管路,收上管路通回油。液压油首先进入舱门作动筒的下腔,并使顺序活门1打开,舱门作动筒的上腔通回油,舱门作动筒的活塞杆伸出,打开舱门。此时,起落架收放作动筒还未受到液压的作用。舱门完全打开后,顺序活门2的顶杆被舱门作动筒的活塞杆触动,打开顺序活门2,从而使起落架收放作动筒的下腔进入压力油,作动筒上腔通回油,收放作动筒的活塞杆缩入,起落架开始放下。随后,舱门作动筒活塞杆完全伸出,起落架收放作动筒活塞杆完全缩入,顺序活门1被关闭,顺序活门2被打开。这就实现了先开舱门,后放起落架的顺序控制。

　　上述为顺序活门控制舱门及起落架收放顺序的工作情况,但该系统并不是完整的起落架收放系统。

4.5.2　液压延时器

　　液压延时器是控制工作顺序的部件。被延时的作动筒和延时器是并联关系,须在进油管路处接有节流器。某一液压延时器在起落架收放系统中的工作如图4.23所示,缸筒体和浮动活塞组成延时器。

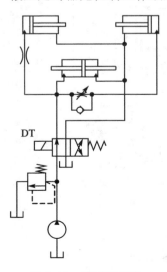

图4.23　液压延时器

　　若将起落架处于收上锁好作为初始状态,当起落架收放手柄放到"放下"位置时,起落架的放下管路进入压力油,收上管路通回油,但收上管路油液的流动被限流活门限制。当放下管路进入压力油时,液压延时器的下腔通压力油,而收上管路与其上腔相通。液压延时器的浮动活塞在压力差的作用下向上移动。此时放下管路通过浮动活塞向收上管路传压(相当于有一个液压泵向收上管路供压)。收上管路的压力在其限流活门的作用下升高,使起落架不能放下,延迟了起落架的放下动作。故收上锁作动筒首先通入来自起落架放下管路的压力油,打开收上锁。若液压延时器的活塞运动到达顶端极限位置,由于收上管路不再受到来自起落架放下管路的传压,收上管路的压力下降,起落架开始放下。

由此可以看出,放下起落架的动作在液压延时器的作用下被延时,实现先开锁,后放起落架,工作顺序的控制得以实现。

4.5.3 液压保险

若液压系统中某些传动部分的导管或附件损坏,可能导致系统的油液全部漏掉,整个系统将不能正常工作。液压保险是在传动部分的供油管路上设置的安全装置,可以防止供油管路发生漏油而不能正常工作。当传动部分的供油管路发生漏油,且漏油流量或消耗量超过规定值时,液压保险自动将管路堵死,防止系统内的油液大量漏失。常用的液压保险有两种,即定量器和定流量器(或称流量限制器)。

1. 定量器

定量器是控制油液消耗量极限的液压保险。在作动筒为作动机构的传动部分中,作动筒的容积是恒定的,传动部分正常工作一次,所需油的体积(油液消耗量)也是固定的。如果损坏了传动部分的导管或附件,则接通供油管路后,流向传动部分的油液就可能发生间断,并从损坏处漏出,这样油液消耗量就比规定值大。定量器的功用是当油液消耗量比规定值大时,自动封闭管路,防止系统内的油液大量漏失。

2. 定流量器(流量限制器)

定流量器通常安装在向作动机构供油的管路上。当通过活门的流量比规定值大时,节流孔前后所形成的压差克服弹簧力,使活门关闭,油路被切断。系统工作正常时,节流孔前后的压力差不能抵抗弹簧的初始张力,活塞不会发生移动,管路保持畅通。如果流量限制器之后的管路发生损坏,油液的流量比规定值大,节流孔前后的压力差就足以抵抗弹簧张力,把活塞推向右端,封闭出油口,阻止油液继续外漏。

某一飞机的液压保险如图 4.24 所示。该液压保险具有三种状态,分别为进油状态、回油状态和关闭状态。

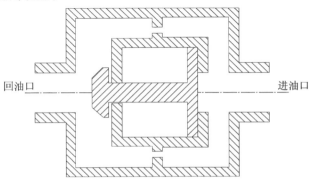

回油口　　　　　　　　　　　　　　　　　进油口

图 4.24　液压保险

（1）关闭状态

液压保险的关闭状态如图 4.25 所示。节流孔的作用使得进入浮动活门左端的压力油的压力降低,而进入浮动活门的右腔的压力油的压力并未降低,因此浮动活门的右端受到的压力大于左端受到的压力,浮动活门向左移动;随着浮动活门的移动,右腔的压力也逐渐降低,当浮动活门向左移动到套筒座时,进油口和出油口均被关闭,此时从出油口流出的油液即为液压保险控制的定量体积。

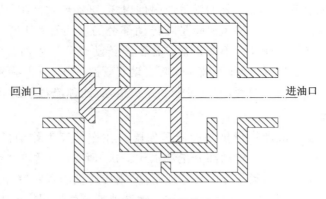

图 4.25　关闭状态

（2）进油状态

液压保险的进油状态如图 4.26 所示。压力油进入液压保险进油口时,在液压保险内的流动有两条路径,一是流入控制腔,二是到达出油口,并向外流出。压力油通过套筒节流孔后流入分流活门右端,在压力的作用下,迫使分流活门向左移动,打开进油口和出油口。

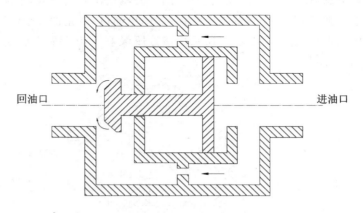

图 4.26　进油状态

（3）回油状态

液压保险的回油状态如图 4.27 所示。进入进油口的压力油的压力降低时,出油口的油液会按进油路径的反向流动,分流活门在弹簧力的作用下向右移动,使出油口的压力迅速降低,这在一定程度上抑制分流活门的右移,从而保证进、出口油路畅通。

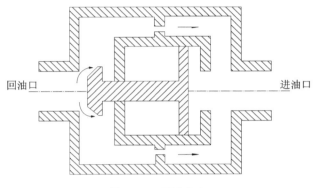

图 4.27　回油状态

在任何输出流量情况下,液压保险进、出口压差会随着流量的不同而不断变化,但节流孔却能保持其造成的压降始终恒定,所以液压保险输出的定量体积也保持不变。

思考题

题 4.1　节流阀的节流口形式有哪些? 试分析影响节流阀流量稳定的因素。

题 4.2　说明调速阀的工作原理,解释调速阀使液压执行元件的运动速度稳定的原因。

题 4.3　减压阀在液压传动系统中有什么功能? 在什么场合可选用减压阀?

题 4.4　直动式溢流阀和先导式溢流阀分别具有什么特点? 溢流阀的静态特性和动态特性分别是什么?

题 4.5　如题 4.5 图所示两个液压系统中,各溢流阀的调整压力分别为 $p_A = 4$ MPa,$p_B = 3$ MPa,$p_C = 2$ MPa,如系统的外负载趋于无限大,求液压泵的工作压力各为多少?

题 4.6　说明顺序阀的结构原理。

题 4.7　请解释电磁换向阀和电液换向阀的工作原理,试举例说明它们在飞机液压系统的应用。

题 4.8　请结合顺序活门的工作原理说明飞机起落架的收放过程。

题 4.9　如题 4.9 图所示,设液压缸的无杆腔面积 $A = 50\ \mathrm{cm^2}$,各液压阀的压力如图所示,负载 $F_1 = 10\ \mathrm{kN}$。不计管路压力损失和液压缸摩擦力的情况下,A、B 两点压力各为多少?

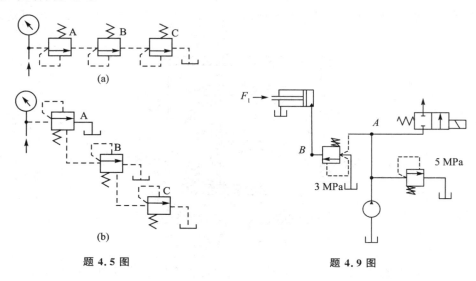

题 4.5 图　　　　　　　　　　题 4.9 图

题 4.10　调速阀是如何控制液压执行元件的运动以稳定它们的运动速度的?

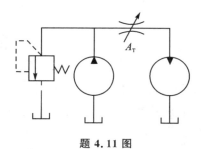

题 4.11 图

题 4.11　如题 4.11 图所示的容积调速回路,液压泵的排量 $V_P = 105\ \mathrm{mL/r}$,转速 $n_p = 1\ 000\ \mathrm{r/min}$,容积效率 $\eta_{Vp} = 0.95$,溢流阀的调定压力 $p_y = 7\ \mathrm{MPa}$,液压马达的排量 $V_M = 160\ \mathrm{mL/r}$,容积效率 $\eta_{VM} = 0.95$,机械效率 $\eta_{mM} = 0.8$,负载转矩 $T = 16\ \mathrm{N \cdot m}$,节流阀最大开度 $A_T = 0.2\ \mathrm{cm^2}$(可视为薄壁孔口),其流量系数 $C_q = 0.62$,油液密度 $\rho = 900\ \mathrm{kg/m^3}$。不计其他损失,求:(1) 通过节流阀的流量是多少?(2) 液压电动机的最大转速是多少?(3) 输出功率是多少?(4) 回路的效率是多少?

题 4.12　若一个溢流阀和一个减压阀的铭牌均脱落,在不拆开的情况下,如何根据它们的特点判断出哪个溢流阀,哪个减压阀?

题 4.13　解释三位滑阀的中位机能,说明它的作用?

题 4.14　说明阻尼孔在先导式溢流阀中所起的作用。若阻尼孔发生堵塞,将导致什么现象?若断开弹簧腔和回油腔,又会导致什么现象?

题 4.15　顺序阀是用作液控开关还是稳压阀?在工作时,顺序阀阀口的开度是微开还是全开?

题 4.16　如题 4.16 图所示,若回路中阀 1 和 2 的调定压力分别为 4 MPa 和 2 MPa,试求：

(1) 根据回路判断阀 1 和 2 分别是什么阀？

(2) 当液压缸的负载为零,A 点的压力值和 B 点的压力值分别是多少？

(3) 当液压缸运动至终点碰到挡块时,A 点的压力值和 B 点的压力值又分别是多少？

题 4.17　如题 4.17 图所示,两个不同调定压力的减压阀并联和串联情况下,若增加负载压力,试分析：两个减压阀串联情况下,其出口压力由哪个阀决定？解释原因,并说明另一个阀所处的状态？两个减压阀并联情况下,其出口压力由哪个阀决定？解释原因,并说明另一个阀所处的状态？

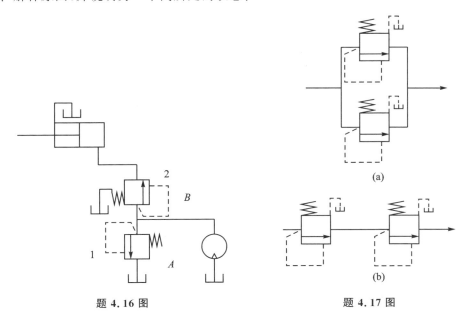

题 4.16 图　　　　　　　　　题 4.17 图

题 4.18　如题 4.18 图所示,在回路中,减压阀的调定压力为 1.5 MPa,溢流阀的调定压力为 5 MPa,试分析活塞在运动期间 A 点的压力值。判断减压阀的阀芯所处的状态,阀口是否有流量流过？并解释原因。

题 4.19　如题 4.19 图所示,在回路中的液压泵和液压缸之间添加一个电磁换向阀,使液压缸能实现要求的动作。

(1) 实现活塞左右换向移动;

(2) 实现活塞左右换向移动,且在移动过程中活塞能在任意位置停止;

(3) 实现活塞左右换向移动,并能使液压缸实现差动连接,从而使活塞实现快速运动。

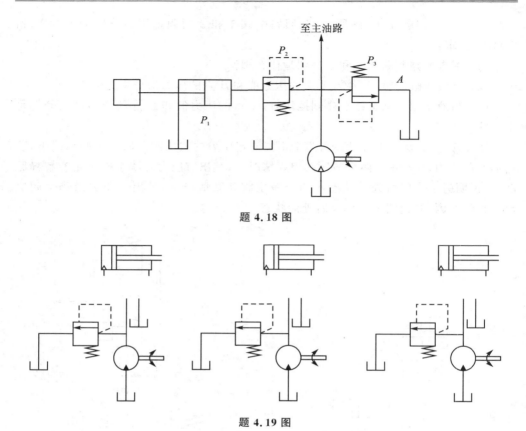

题 **4.18** 图

题 **4.19** 图

题 4.20　如题 4.20 图所示,在三种回路中,将溢流阀的调定压力调定为相同值,调定压力分别为 $p_{a1} = p_{b1} = p_{c1} = 6$ MPa,$p_{a2} = p_{b2} = p_{c2} = 5$ MPa,$p_{a3} = p_{b3} = p_{c3} = 3$ MPa,试求三种回路中液压泵的供油压力分别是多少?

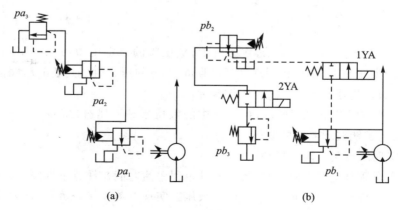

(a)　　　　　　　　　　(b)

题 **4.20** 图

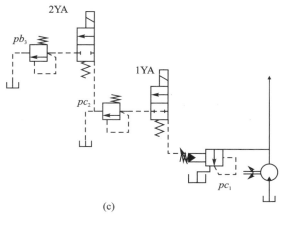

(c)

题 4.20 图(续)

第 5 章   液压作动器

液压作动器属于液压系统的执行装置,作用是将液压能直接转换成机械能对外界做功。目前飞机液压系统常见的执行装置有液压电动机(将液压能转换成旋转机械能)和液压缸(将液压能转换成往复直线运动的动能)。液压电动机在前文中已经介绍,本章主要介绍液压缸及其辅助装置。

5.1   液压缸的结构原理及类型

液压缸又称为作动筒,是将液压能转换成往复直线运动动能(机械能)的装置,是液压传动系统中较为常见的一种执行装置。由于液压缸(作动筒)工作可靠、结构简单,在飞机液压系统中得到了广泛的应用,如起落架、襟翼、减速板的收放,舵面的操纵,发动机尾喷口的缩放等。

5.1.1   液压缸的结构及工作原理

一般来说,液压缸由缸体组件(筒体、端盖等)、活塞组件(活塞、活塞杆等)、缓冲装置、排气装置和密封装置等组成,如图 5.1 所示。其工作原理是在筒体固定时,活塞在左腔输入工作液的压力作用下(当工作液压力升高到足以克服外界负载时),开始向右运动。当连续不断地供给工作液,则活塞会以一定的速度连续运动。因此在液压缸各部分结构设计时,应充分考虑工作压力、运动速度、加工工艺及维护等因素。

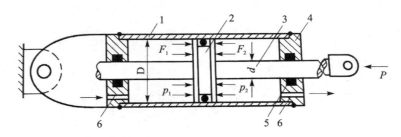

1—筒体;2—活塞;3—活塞杆;4—端盖;5—密封圈;6—进出管道

图 5.1   液压缸的基本结构及工作原理

1. 缸体组件

缸体组件与活塞组件构成了密封的容腔来承受油压,因而要求缸体组件的强度高、表面精度高以及密封性可靠。筒体是液压缸的主体,要承受较大的压力,故应具有足够的刚度和强度。为了使活塞和支承装置等能顺利滑动并减小磨损,以及保证可靠的密封性,筒体的内孔对表面粗糙度有一定的要求($Ra = 0.1 \sim 0.4\ \mu m$),故常采用铰孔、镗削、珩磨或滚压等精密加工工艺。端盖装在筒体两端与筒体形成封闭的油腔,同样需要承受很大的压力。因此,在设计时要充分考虑它们及其连接部件的强度、结构形式和连接方式。常见的缸体组件的连接方式如图 5.2 所示。

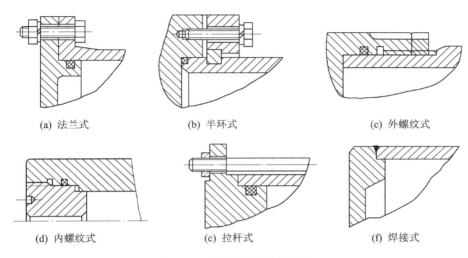

(a) 法兰式　　　　(b) 半环式　　　　(c) 外螺纹式

(d) 内螺纹式　　　　(c) 拉杆式　　　　(f) 焊接式

图 5.2　缸体组件的连接方式

（1）法兰式

法兰式是一种常用的连接方式,具有结构简单、加工方便和连接可靠等优点。由于是以安装螺栓或旋入螺钉进行连接的,要求筒体端部有足够的壁厚。因此,筒体端部一般用铸造、焊接等方式制成,确保较粗的外径。

（2）半环式

半环式是一种应用十分普遍的连接方式,可细分为内半环连接和外半环连接两种方式。半环式连接具有结构紧凑、连接可靠、工艺性好等优点,但这种连接方式会削弱筒体强度,故常用于无缝钢管缸筒与端盖的连接。

（3）螺纹式

螺纹式连接可细分为内螺纹连接和外螺纹连接两种方式,具有结构紧凑、体积小和质量小等优点,但筒体端部结构较为复杂,一般用于要求外形尺寸和质量较小的场合。

（4）拉杆式

拉杆式连接具有通用性强、结构简单、工艺性好等优点,但端盖的质量和体积较大,且拉杆在受力后会拉伸变长,从而影响密封效果,故只适用于长度不大的中低压缸。

（5）焊接式

焊接式连接具有强度高、制造简单等优点,但焊接时易引起筒体变形。

2. 活塞组件

活塞组件主要由活塞、活塞杆以及连接件等组成。由于活塞在工作液压力的作用下在筒体内做往复直线运动,故活塞必须具有一定的强度。另外,对于某些仅靠间隙来保证密封的活塞,还要求具有较好的耐磨性。活塞杆是活塞与其他工作部件连接的传力部件,必须满足强度和刚度要求。在一些特定情况下,活塞杆外圆表面需镀铬以提高其耐磨和防锈能力。

根据不同的工作压力、工作条件和安装方式,活塞组件有多种连接方式,常见的有螺纹式结构、半环式结构、整体式结构、焊接式结构和锥销式结构等。螺纹式结构简单、装拆方便,但一般需要配备螺母防松装置;半环式结构的强度高,但结构复杂、装拆不便;整体式和焊接式结构的轴向尺寸紧凑、结构简单,但损坏后需整体更换;锥销式结构的加工和装配较为简单,但承载能力较小且需要考虑防止脱落的措施。一般来说,在轻载状态下可采用锥销式连接;一般状态下使用螺纹式连接;压力和振动较大的状态下多使用半环式连接;活塞与活塞杆比值(D/d)较小、尺寸不大或行程较短的液压缸,活塞与活塞杆的连接可使用焊接式或整体式。

组成液压缸的缓冲装置和排气装置等将在后续的液压缸辅助装置中介绍。

5.1.2　液压缸的性能参数计算

液压缸工作的本质在于利用工作液压力来克服负载(包括摩擦力),利用工作液的流量来维持运动速度。因此,输入液压缸的工作液流量和压力是输入参数,属于液压功率。液压缸输出的力和速度(或位移)是输出参数,属于机械功率。因此,流量、压力、输出速度、输出力、输出功率、总效率、作动时间和输出行程是液压缸的主要性能参数。

1. 输出速度

液压缸的输出速度指活塞相对于筒体的运动速度。由流量连续性定理可知,进入液压缸的工作液流量等于其工作液流通的有效截面积与速度的乘积。在液压缸中,工作液流通的有效截面积就是内腔工作液流通的截面积,内腔工作液的平均速度就是输出速度,即

$$v = \frac{Q}{A} \tag{5.1}$$

式中：v——输出速度;

　　　Q——进入液压缸的工作液流量;

　　　A——活塞的有效面积。

实际情况下,液压缸的内部泄露不能被忽略,因此需要引入泄露影响系数(容积效率),其表达式为

$$\eta_v = \frac{Q - Q_1}{Q} = 1 - \frac{Q_1}{Q} \tag{5.2}$$

式中：η_v——泄露影响系数；

$\quad Q_1$——液压缸内部的工作液泄漏量。

在恒压状态下，η_v 是常量。当压力发生变化时，η_v 与压力的变化成反比。

因此，实际的液压缸输出速度应为

$$v = \frac{Q - Q_1}{A} = \eta_v \frac{Q}{A} \tag{5.3}$$

2. 输出力

液压缸的输出力指克服系统内部各种阻力后输出的机械力，可根据液压缸的工作原理建立如下平衡方程：

$$p_1 A_1 = p_2 A_2 + F \tag{5.4}$$

式中：F——理论上的输出力大小；

$\quad p_1$——供油压力；

$\quad p_2$——回油压力；

$\quad A_1$——供油压力作用的有效面积；

$\quad A_2$——回油压力作用的有效面积。

在实际中，活塞运动的摩擦阻力不能忽略，因此实际的输出力表达式应为

$$F_{sb} = \eta_m(p_1 A_1 - P_2 A_2) \tag{5.5}$$

式中：F_{sb}——实际的输出力大小；

$\quad \eta_m$——机械效率。

由以上计算分析不难发现，液压缸的输出力与活塞的有效面积和供油压力关系密切。输出力一定的条件下，提高供油压力可以减小液压缸的体积；液压缸的体积一定的条件下，提高供油压力可以使输出力增大。这就是现代飞机液压系统要向高压方向发展的原因之一。

3. 输出功率与总效率

液压缸的输出功率反映的是液压缸对外做功的速度，其大小可用输出力与输出速度的乘积来表示，即

$$P_{sc} = Fv \tag{5.6}$$

式中：P_{sc}——输出功率。

在实际中，虽然输入到液压缸的液压能绝大部分都转换成了机械能，但还有小部分由于机械摩擦和油液泄漏而损耗，这部分损耗往往在计算中不能忽略。由于机械摩擦和油液泄露损耗的百分比分别用 η_m 和 η_v 来表示，则有

$$P_{sc} = P_{sr} \eta_m \eta_v = p_1 Q \eta_m \eta_v \tag{5.7}$$

式中：P_{sr}——输入功率；

$\quad \eta_m$——液压缸的机械效率。

液压缸的总效率则为

$$\eta = \eta_m \eta_v \qquad (5.8)$$

4. 作动时间和输出行程

对于飞机液压系统有在规定时间内完成规定动作的严格要求，故把液压缸完成规定动作的时间称为作动时间，把液压缸完成规定动作时活塞的运动距离称为输出行程。作动时间和输出行程与输出速度有关，即

$$L = vt \qquad (5.9)$$

式中：L——输出行程；

$\quad\ t$——作动时间。

又由于

$$L = l - l_1 - \Delta l \qquad (5.10)$$

$$v = \frac{\eta_v Q}{A} \qquad (5.11)$$

式中：l——液压缸的内腔长度；

$\quad\ l_1$——活塞的厚度；

$\quad\ \Delta l$——防止活塞与顶盖碰撞而预留的余量（一般为 5～20 mm）。

通过联立式(5.9)、式(5.10)和式(5.11)，可以计算得出作动时间为

$$t = \frac{L}{v} = \frac{LA}{Q\eta_v} \qquad (5.12)$$

另外，式(5.12)还可以用来计算液压缸在规定时间内完成规定行程所需的最小供油量，即

$$Q_{min} = \frac{LA}{t\eta_v} \qquad (5.13)$$

5.1.3　液压缸的类型与特点

液压缸根据其结构形式可分为活塞式液压缸、柱塞式液压缸和摆动式液压缸三大类。其中活塞式液压缸又可分为双杆活塞式液压缸和单杆活塞式液压缸。

1. 单杆活塞式液压缸

双作用式单杆活塞液压缸是一种较为常见的液压缸，单杆指活塞只有一侧有活塞杆，而双作用是指在两个方向都能产生力和运动，如图 5.3 所示。当向液压缸两腔分别供油且流量和压力都不变时，由于两腔的有效面积不相等，导致活塞在两个方向上的推力和运动速度不等。

当无杆腔进油且有杆腔回油时（图 5.3(a)），活塞的推力 F_1 和运动速度 v_1 分别为

$$F_1 = (p_1 A_1 - p_2 A_2)\eta_m = \left[\frac{\pi}{4}D^2 p_1 - \frac{\pi}{4}(D^2 - d^2)p_2\right]\eta_m \qquad (5.14)$$

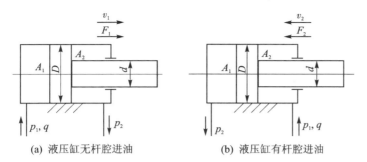

(a) 液压缸无杆腔进油   (b) 液压缸有杆腔进油

图 5.3 单杆活塞式液压缸

$$v_1 = \frac{Q}{A_1}\eta_v = \frac{4Q}{\pi D^2}\eta_v \tag{5.15}$$

当有杆腔进油且无杆腔回油时(图 5.3(b)),活塞的推力 F_2 和运动速度 v_2 分别为

$$F_2 = (p_1 A_2 - p_2 A_1)\eta_m = \left[\frac{\pi}{4}(D^2 - d^2)p_1 - \frac{\pi}{4}D^2 p_2\right]\eta_m \tag{5.16}$$

$$v_2 = \frac{Q}{A_2}\eta_v = \frac{4Q}{\pi(D^2 - d^2)}\eta_v \tag{5.17}$$

式中:Q——进入液压缸的工作液流量;

    D 和 d——活塞的直径和活塞杆的直径;

    p_1 和 p_2——供油压力和回油压力;

    A_1 和 A_2——无杆腔和有杆腔活塞的有效作用面积;

    η_m 和 η_v——液压缸的机械效率和容积效率。

通过比较式(5.14)~式(5.17),可以发现由于 $A_1 > A_2$,故 $v_1 < v_2$、$F_1 > F_2$,由此可以计算液压缸往复运动时的速度比为

$$\varphi = \frac{v_2}{v_1} = \frac{D^2}{D^2 - d^2} \tag{5.18}$$

式(5.18)表明,活塞杆的直径越小,其速度比越接近 1,即在两个方向上的速度差越小。

当单杆活塞缸两腔同时供给工作液时,无杆腔的有效作用面积大于有杆腔,活塞向右运动并将有杆腔的油液挤出并流进无杆腔,这样加快了活塞杆向有杆腔一侧的运动速度,这种连接方式称为差动连接,作差动连接的单杆液压缸又被称为差动液压缸,如图 5.4 所示。

差动连接时,假设有杆腔排出的工作液流量 Q' 进入无杆腔,则有

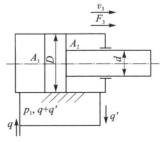

图 5.4 差动液压缸

$$Q' = v_3 A_2 \tag{5.19}$$

$$v_3 A_1 = Q + v_3 A_2 \tag{5.20}$$

考虑液压缸的容积效率时，活塞杆的伸出速度为

$$v_3 = \frac{Q + Q'}{A_1 - A_2}\eta_v = \frac{Q + \frac{\pi}{4}(D^2 - d^2)v_3}{\frac{\pi D^2}{4}}\eta_v \tag{5.21}$$

整理得

$$v_3 = \frac{4Q}{\pi d^2}\eta_v \tag{5.22}$$

　　欲使差动连接液压缸的往复运动速度相等，即 $v_3 = v_2$，则由式（5.17）和式（5.22）得 $D = \sqrt{2}\,d$，即 $d = 0.707D$。

　　若差动连接忽略两腔工作液流动和其他压力损失，即压力 $p_1 \approx p_2$。同时又考虑机械效率，则活塞的推力为

$$F_3 = [p_1 A_1 - p_2 A_2]\eta_m = \left[\frac{\pi}{4}D^2 p_1 - \frac{\pi}{4}(D^2 - d^2)p_1\right]\eta_m = \frac{\pi}{4}d^2 p_1 \eta_m$$
$$\tag{5.23}$$

　　另外，由式（5.22）和式（5.23）可知，差动连接与非差动连接相比其推力减小、速度增加，是一种在不增加液压泵容量和功率的情况下，实现系统快速运动的有效方法。

2. 双杆活塞式液压缸

　　双杆活塞式液压缸是活塞两端都带有活塞杆的液压缸，可分为缸体固定和活塞固定两种形式，如图 5.5 所示。当活塞两侧的供油压力和流量不变且活塞杆直径相同时，活塞（或缸体）在两个方向上的运动速和推力都相等，可写为

$$v = \frac{Q}{A}\eta_v = \frac{4Q}{\pi(D^2 - d^2)}\eta_v \tag{5.24}$$

$$F = A(p_1 - p_2)\eta_m = \frac{\pi}{4}(D^2 - d^2)(p_1 - p_2)\eta_m \tag{5.25}$$

式中：Q——进入液压缸的工作液流量；

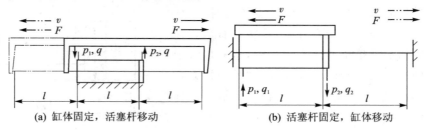

　　　(a) 缸体固定，活塞杆移动　　　　　　　　　(b) 活塞杆固定，缸体移动

图 5.5　双杆活塞式液压缸

D 和 d——活塞的直径和活塞杆的直径；

p_1 和 p_2——供油压力和回油压力；

A——活塞的有效作用面积；

η_{m} 和 η_v——液压缸的机械效率和容积效率。

3. 柱塞式液压缸

柱塞式液压缸主要由筒体、柱塞、导套、压盖和密封圈等部件组成。由于柱塞和筒体内壁不接触，因此筒体的内孔不需要精加工，其基本结构如图 5.6(a) 所示。但单一的柱塞缸是一种单作用缸，回程由外力或自重推动。为了获得双向运动，柱塞缸需要成对使用，如图 5.6(b) 所示。由于柱塞端面是受压面，其面积决定了柱塞缸的实际输出速度和推力。为了保证柱塞受压时的稳定性以及能输出较大的推力，一般柱塞的直径和质量较大，因此柱塞缸水平安装时易产生单边磨损，较适于垂直安装。如果需要水平安装，常常会额外安装柱塞支承套和托架以防止柱塞自重下垂。另外，某些特定场合会采用空心柱塞以减轻质量。

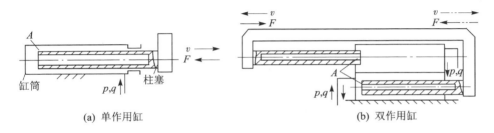

(a) 单作用缸　　　　　　　　　　(b) 双作用缸

图 5.6　柱塞式液压缸

当一定流量和压力的工作液输入柱塞式液压缸时，柱塞输出的速度和实际推力的计算公式为

$$v = \frac{Q}{A}\eta_v = \frac{4Q}{\pi d^2}\eta_v \tag{5.26}$$

$$F = pA\eta_{\mathrm{m}} = \frac{\pi d^2}{4}p\eta_{\mathrm{m}} \tag{5.27}$$

式中：v 和 F——柱塞输出的速度和实际推力；

Q——输入工作液的流量；

p——工作液的压力；

A——柱塞的有效面积；

d——柱塞的直径；

η_v 和 η_{m}——容积效率和机械效率。

4. 摆动式液压缸

摆动式液压缸是以输出转矩的方式来驱动作间歇回转运动的部件工作,主要由定子块、缸体、摆动轴、叶片、支承盘和盖板等零件组成,可分为单叶片摆动式液压缸和双叶片摆动式液压缸两种,如图 5.7 所示。摆动式液压缸具有结构紧凑和输出转矩大的优点,但密封较为困难,故一般用作低中压系统中作转位、往复摆动、间歇运动的部件。

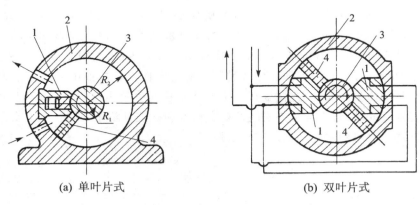

(a) 单叶片式   (b) 双叶片式

1—定子块;2—缸体;3—摆动轴;4—叶片

图 5.7 摆动式液压缸

单叶片摆动式液压缸的摆动角度一般不大于 $280°$。当考虑容积效率与机械效率时,单叶片式摆动液压缸的摆动轴输出的角速度和转矩的计算为

$$\omega = \frac{8Q}{b(D^2 - d^2)}\eta_v \tag{5.28}$$

$$T = \frac{b}{8}(D^2 - d^2)(p_1 - p_2)\eta_m \tag{5.29}$$

式中:ω 和 T——摆动轴输出的角速度和转矩;

Q——摆动缸输入的工作液流量;

b——叶片宽度;

d 和 D——摆动轴直径和缸筒直径;

p_1 和 p_2——供油压力和回油压力;

η_m 和 η_v——摆动缸机械效率和容积效率。

与单叶片式摆动液压缸相比,双叶片式摆动液压缸的摆动角度小(不大于 $150°$),但输出转矩大(增大 1 倍),且径向压力平衡度高。

5.2　液压缸辅助装置

5.2.1　缓冲装置

　　一般情况下液压缸可以不考虑缓冲装置,但当液压缸的运动部件质量较大和活塞的运动速度较高时,则必须要设缓冲装置,以防止活塞在行程终端发生机械碰撞而损坏液压缸,如飞机起落架的收放液压缸。缓冲装置的工作原理就是当活塞运动接近行程终端时,为了避免高速运动的活塞与缸盖直接相撞,需要在排油腔内产生足够的缓冲压力来降低其运动速度。常用的缓冲装置如图 5.8 所示。

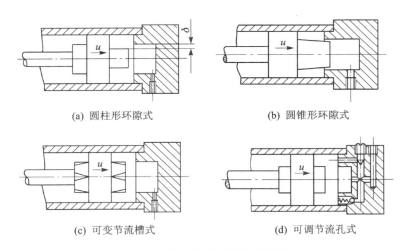

(a) 圆柱形环隙式　　　　　　　　(b) 圆锥形环隙式

(c) 可变节流槽式　　　　　　　　(d) 可调节流孔式

图 5.8　液压缸常用的缓冲装置

　　圆柱形环隙式缓冲装置的缸盖和缓冲柱塞间形成缓冲缝隙(见图 5.8(a)),当缓冲柱塞运动至缸盖上的内孔时,被封闭的工作液从环形间隙中排出,从而产生缓冲压力来实现减速缓冲。圆柱形环隙式缓冲装置的结构较为简单,制造成本低,但由于其流通截面面积恒定,导致在缓冲过程中的机械能吸收不均匀(开始时缓冲制动力较大,但降低也快),缓冲效果较差。

　　圆锥形环隙式缓冲装置的缓冲柱塞为圆锥形(见图 5.8(b)),其环形间隙将随着位移而改变(截面积随位移的增大而减小),使得其机械能的吸收较为均匀,能产生较好的缓冲效果。

　　可变节流槽式缓冲装置的缓冲柱塞上开有渐深的三角节流沟槽(见图 5.8(c)),其流通截面面积将随着缓冲行程的增大而逐渐减小,具有缓冲压力变化平缓的特点。

　　可调节流孔式缓冲装置是在活塞行程的末端设置节流孔(见图 5.8(d)),缓冲腔中的工作液由节流孔排出。在缓冲过程中,缓冲腔内缓冲压力可通过调节节流孔面积来控制。另外,当活塞反向运动时,高压油则从单向阀进入液压缸内,故活塞不会出现因推力不足而启动缓慢的现象。

5.2.2　排气装置

液压传动系统在安装或长时间停放过程中往往会混入空气,导致液压系统产生噪声、爬行和发热等不正常现象,例如当飞机的刹车系统中混入空气后,会导致刹车松软的现像。因此,飞机液压系统排除积留在液压缸内的空气是至关重要的。一般来说,对于单向式液压缸(如刹车液压缸)需设置放气活门,在维修后需进行排气。对于双向式液压缸,通常不设置放气活门,而是在维修后进行多次往复运动便可将混入的空气随着工作液排回油箱。

5.2.3　锁定装置

飞机上的有些特定的液压作动机构,如起落架和机舱门都要求能在极限位置可靠地锁定,并且要求液压缸能够作为一刚性的杆件来承受其传来的外载荷。因此,飞机液压缸内通常都会设置锁定装置。一般液压缸内的锁定装置为机械锁,较为常见的是钢珠锁、卡环锁、筒夹锁和摩擦锁。另外,在一些特别重要的部位,为了提高锁定装置的可靠性(防止在工作过程中机械锁突然失效),除了设置机械锁外,还会在液压缸外部设置液压锁。

1. 钢珠锁

钢珠锁是应用最为广泛的一种机械锁定装置,最大的特点就是结构简单、工作可靠。它主要由锥形活塞、钢珠、锁槽、弹簧和限动圈等部件组成,如图 5.9 所示。

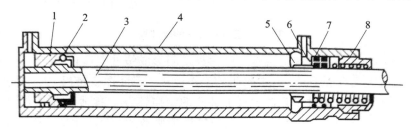

1—活塞;2—钢珠;3—活塞杆;4—外筒;5—锁槽;6—限动圈;7—锥形活塞;8—弹簧

图 5.9　钢珠锁结构示意图

活塞在工作液的压力作用下向右运动,活塞上的钢珠也随之向右移动。当钢珠与锥形活塞接触后,便会将作用力传递给锥形活塞,推动其向右移动而压缩弹簧。活塞带着钢珠运动到锁槽位置时,钢珠被锥形活塞顶端的斜面挤入锁槽将活塞锁住。由于上锁后活塞所承受的作用力是通过钢珠传递到外筒的,钢珠将承受挤压作用。需要打开钢珠锁时,高压工作液从反向进入,推动锥形活塞向右运动,使锥形活塞离开钢珠,钢珠便获得了径向自由度。此时,活塞在高压工作液的作用下便可带动钢珠滑出锁槽向左运动,即完成钢珠锁的开锁过程。

2. 卡环锁

卡环锁是一种开口的弹簧圈,主要由弹簧卡环、游动活塞和锁槽等部件组成,如图 5.10 所示。它最主要的特点是承力大、受力平稳,多用于承受外力较大的液压缸,弹簧钢(50CrV(A))是其采用较多的材料。

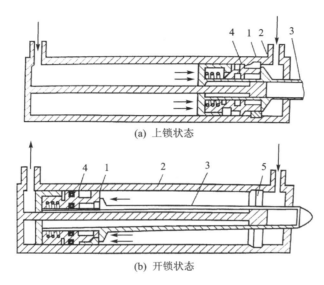

(a) 上锁状态

(b) 开锁状态

1—弹簧卡环;2—外筒;3—活塞杆;4—游动活塞;5—锁槽

图 5.10　卡环锁结构示意图

活塞杆在工作液的压力作用下伸出,到达顶点位置时,卡环便与壳体上的锁槽重合。此时,卡环胀开并卡入槽内,活塞被锁住。定位方法是游动活塞凸部插入卡环内径,制止卡环收缩(活塞杆在受外载荷作用时不会移动)。当活塞杆收回时,游动活塞便在工作液的压力作用下向左运动并将卡环松开。此时,卡环在其弹力以及活塞杆的作用下便会从锁槽斜面滑出,即开锁。

3. 筒夹锁

筒夹锁主要由弹簧筒夹、游动活塞以及带有上锁凸台(E)和斜面(A、C)的活塞杆等部件组成。弹簧筒夹为一个筒端有凸起(D)的整体钢筒,如图 5.11 所示。这种锁定装置能够承受的侧向载荷较大,且活动间隙较钢珠锁小,但较钢珠锁笨重。

当活塞杆在工作液的压力作用下运动与上锁凸台(E)接触后,弹簧筒夹便先沿斜面(A)张开,随后滑上凸台(E)并推动游动活塞向左运动,至筒端凸起(D)落入斜面(C)后,筒夹合拢。此时,游动活塞在弹簧的作用下返回初始位置并压紧在套筒上,即被锁定。当高压工作液由活塞右腔进入时,游动活塞便在压力的作用下向左运动。此时,活塞杆便被从筒夹中拉出,即开锁。

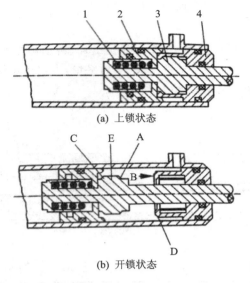

(a) 上锁状态

(b) 开锁状态

1—弹簧筒夹；2—游动活塞；3—活塞杆；4—套筒

图 5.11　筒夹锁结构示意图

4. 摩擦锁

摩擦锁主要由带有斜面槽的活塞杆、弹簧圈、钢珠等部件组成，如图 5.12 所示。其中斜面槽为 8～12 条，且每个槽内均放置一个钢珠，用弹簧圈挡住。这种锁定装置的结构简单，在任意位置均可实现自锁，但只适用于外载荷较小的情况下。

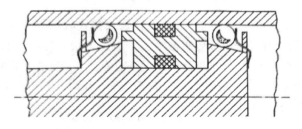

图 5.12　摩擦锁结构示意图

当活塞杆停留处没有工作液压力作用时，如果活塞杆受外力作用有向左运动的趋势，则左面钢珠将与筒内壁相卡；如果活塞杆受外力作用有向右运动的趋势，则右面钢珠与筒内壁相卡，即锁定。当工作液由活塞左面进入时，活塞便会在压力作用下向左运动。此时，右面的钢珠沿着锁槽下滑，左面的钢珠自重作用下沿着锁槽下滑，即开锁。

思考题

题 5.1　简述液压缸的结构组成及工作原理。

题 5.2　液压缸的主要性能参数有哪些？请分别说明它们的意义。

题 5.3　简述液压缸的基本类别及各自的特点。

题 5.4　已知单杆液压缸缸筒内径 $D=100$ mm，活塞杆直径 $d=50$ mm，供油压力 $p_1=2$ MPa，流量为 $Q=10$ L/min，回油压力 $p_2=0.5$ MPa，求活塞往复运动时各自的运动速度和推力。

题 5.5　已知单杆液压缸缸筒内径 $D=50$ mm，活塞杆直径 $d=35$ mm，工作液流量 $Q=10$ L/min，求液压缸差动连接时的运动速度。

题 5.6　有一柱塞式液压缸，柱塞固定，缸筒运动，从空心柱塞中通入工作液。若工作液的压力为 p，流量为 Q，缸筒直径为 D，柱塞外径为 d，空心柱塞内孔直径为 d_0，求此柱塞式液压缸产生的运动速度和推力。

题 5.7　在如题 5.7 图所示的并联液压缸回路中，$A_1=A_2$，$F_1>F_2$，当液压缸 2 的活塞运动时，试求速度 v_1、v_2 和液压泵的出口压力 p 分别是多少？

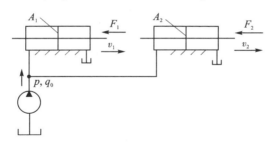

题 5.7 图

题 5.8　简述缓冲装置的主要类型及其特点。

题 5.9　简述常用锁定装置的特点和工作原理。

题 5.10　试说明什么是液压执行装置，它分为哪些类型？

题 5.11　在飞机液压系统中，常采用哪些液压作动筒的缓冲装置？它们具有哪些特点，适合用于哪些场合？

题 5.12　说明液压作动筒的基本构成。

题 5.13　液压缸有摆动式、柱塞式和活塞式，说明它们各自的特点。

题 5.14　液压作动筒的性能优良性，主要由哪些参数体现？说明各个参数的意义。

题 5.15　用于飞机液压系统中的液压马达需要满足哪些要求？

题 5.16　在某液压系统中采用单杆活塞缸作为执行元件，活塞缸的进油腔面积

$A_1 = 20 \text{ mm}^2$，进油管路中的压力损失 $\Delta P_1 = 5 \times 105 \text{ Pa}$，回油腔面积 $A_2 = 12 \text{ mm}^2$，回油管中的压力损失 $\Delta P_2 = 5 \times 10^5 \text{ Pa}$，油缸所承受的的负载 $F = 3\,000 \text{ N}$，试求：

（1）油缸的负载压力 P_L 为多少？

（2）泵的工作压力 P 为多少？

题 5.17　如题 5.17 图所示，在回路中采用两个尺寸完全相同液压缸，但它们所承受的负载大小不同，$F_1 > F_2$。若压力损失忽略不计，试分析两缸的动作顺序以及速度快慢。

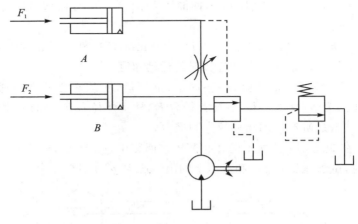

题 5.17 图

题 5.18　题 5.18 图所示为进口节流调速回路。该回路中的液压缸可实现快速进给、慢速加工、快速退回工作循环，在每个过程中液压缸的负载存在较大变化，若发现液压缸在工作中存在慢速加工时速度变化太大的问题，需要对回路进行改进，采取什么措施可实现液压缸在工作中保持恒定速度进给？并对改进原因进行说明。

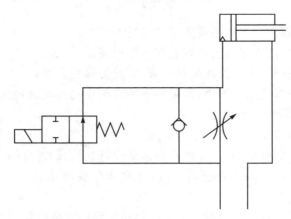

题 5.18 图

题 5.19　如题 5.19 图所示,试列出实现"快进→一工进→二工进→快退→停止"工作循环时的电磁铁动作顺序表。

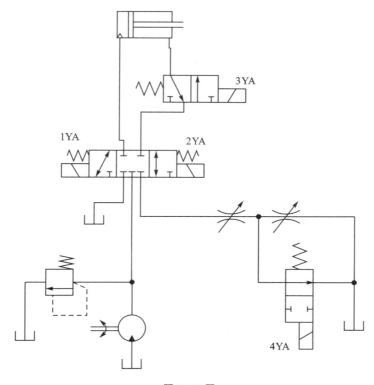

题 5.19 图

题 5.20　题 5.20 图所示为减压回路。在该回路中,液压缸 1 可进行纵向加工,液压缸 2 可进行横向加工。现场观察发现如下问题:液压缸 2 退回过程中,液压缸 1一直处于停止状态,直到液压缸 2 完成退回,液压缸 1 才能继续工作。请对故障原因进行分,并提出解决措施。

题 5.21　如题 5.21 图所示,回路采用双手操作,该回路中的气缸是否可以往复运动? 解释其原因。若不能正常工作,提出改进措施。

题 5.22　题 5.22 图,图(a)、(b)、(c)所示为液压缸的三种连接形式,液压缸活塞直径均为 D,活塞杆直径为 d。已知流入液压缸的油液量为 q,油液压力为 p,试判断各种情况下的液压缸的活塞运动方向,推导出其产生的推力以及活塞杆运动速度。

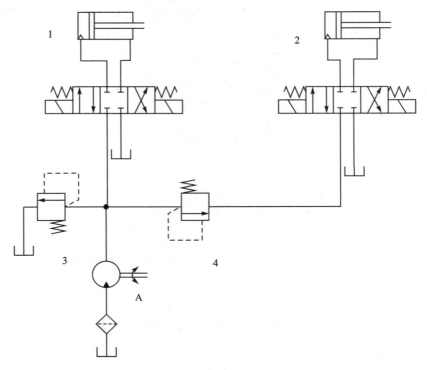

题 5.20 图

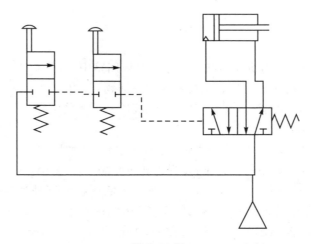

题 5.21 图

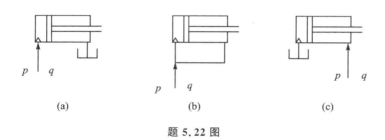

(a)　　　　　　　　　　(b)　　　　　　　　　　(c)

题 5.22 图

第6章 液压系统辅助元件

液压系统是飞机传动系统的重要组成部分。液压传动系统辅助元件是组成液压系统必不可少的部分,主要包括液压油箱、滤油器、蓄能器、液压导管和密封装置等,其对液压系统的性能、效率、可靠性和寿命等的影响极大,必须充分重视。

6.1 飞机液压油箱

6.1.1 液压油箱的功用和分类

飞机液压油箱主要用于储存液压油,确保油泵正常工作时有足够流量的液压油循环使用。同时,它还起到油液中的气体分离和系统散热的作用。因此飞机液压油箱设计的好坏将直接影响飞机液压系统的性能。随着航空技术的快速发展,飞机的设计理念不断进步,逐步提出了飞机系统的故障诊断和健康管理理念,对飞机液压系统的可靠性要求越来越高。为满足飞机的性能指标,液压油箱的结构和功能也在不断升级,由最初单一的储液功能向储液、油液排气、油温测量和系统监控等多功能集成系统发展。

飞机的液压油箱一般可分为增压油箱和非增压油箱。早期的飞机由于飞行高度较低,大多采用非增压液压油箱(油箱与大气相通)。非增压油箱主要是依靠重力和环境压力驱动液压油从油箱进入液压泵,因此油箱安装位置需要高于液压泵,而且在高空工作时液压泵的吸油口容易产生气穴。随着飞机性能要求的不断提升,为了保证液压泵入口压力及防止液压系统内部产生气穴现象,现代飞机液压系统通常采用增压油箱。一般增压油箱有引气增压和自增压两种类型,亦可称为非隔离式油箱和隔离式油箱。

6.1.2 增压油箱的结构和工作原理

1. 引气增压油箱

引气增压油箱一般是通过引气增压系统将飞机上的气源引入到液压油箱进行增压,气源可以直接采用发动机压气机引出的高压空气,也可以由专门设置的增压气瓶提供。引气增压油箱内部结构如图 6.1 所示。

引气增压油箱一般为薄壁结构,结构简单、质量轻、对形状没有非常严格的要求,且对安装空间的要求不高。为了提高飞机液压系统的可靠性,现代飞机液压系统一般设置主泵的发动机驱动泵(EDP)和备用泵的电机驱动泵(EMDP)两个液压泵来供

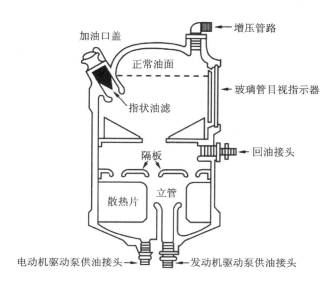

图 6.1　引气增压油箱结构示意图

油。飞机液压系统工作过程中发动机驱动泵管路发生较为严重的泄露时,油箱内部立管可以使油箱仍然能够保持一定量的油液供电机驱动泵使用。

虽然引气增压油箱具有不少有点,但在增压过程中,增压空气直接与油液接触,一方面会使油液中溶入大量空气,油液刚度的明显降低,系统更加容易产生气穴和噪声;另一方面,如果增压空气不加处理,可能会含有水汽、尘埃等污染物,水汽混入油液中容易导致零部件表面锈蚀,尘埃等固体污染物混入油液会大幅提高油液的污染度。因此,一般会在增压系统中设置气滤和沉淀器等附件以保证增压空气的干燥度和洁净度。另外,立管也会导致油箱安装方位受到限制(立管必须竖直安装)。

2. 自增压油箱

自增压油箱的增压压力来自液压系统本身,因此油液不与外界空气接触,杜绝了外界空气、水以及固体颗粒污染物直接进入系统,能有效地防止油液被污染,使油液能保持较高的清洁度和品质。另外,自增压油箱对安装方位没有特定的限制。

自增压油箱一般是活塞式结构,结构和工作原理如图 6.2 所示。自增压油箱的工作原理是系统的高压油返回作用在油箱的增压活塞上,活塞获得液体施加的压力后自行运动,从而为油箱中的液压油增压,增压过程自动进行,增压大小由活塞的面积比确定。现代飞机液压系统采用自增压油箱是一种趋势。

与引气增压油箱相比,自增压油箱的结构壁厚和自重较大,采用活塞式结构使得油箱体积增大,占用的安装空间较大。同时,飞机停车后液压系统的压力丧失,因而需要增加一个专用的增压蓄压器来保持系统启动时的预增压。即使增加了增压蓄压器,由于液压系统会受到静态泄露的影响,油箱的预增压时间在飞机停车后仍然会受到一定的限制。另外,油箱加油时需要采用压力加油的方式,且加油后必须要排气以

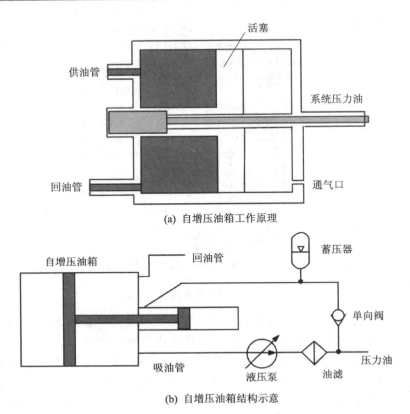

(a) 自增压油箱工作原理

(b) 自增压油箱结构示意

图 6.2　自增压油箱结构和原理图

确保不会有气体混入油箱而造成油量指示错误。

6.2　滤油器

液压传动系统的故障大多数是油液污染造成的。油液中混入的固体颗粒污染物会造成系统内零部件的磨损、腐蚀、卡滞、堵塞等,导致系统工作可靠性大大降低。因此,按照液压系统的相关要求安装滤油器,可以有效截留油液中混入的固体颗粒污染物,提高油液的清洁度和品质,从而提高液压传动系统工作的可靠性。

6.2.1　滤油器的类型及性能

滤油器的结构大同小异,主要由滤芯和壳体组成,滤芯上微小的间隙或者小孔起到了油液过滤的作用。按照滤芯的精度可以将滤油器分为粗滤油器和精滤油器,按滤芯的材料和结构形式则可分为网式滤油器、线隙式滤油器、纸芯式滤油器、烧结式滤油器及磁性滤油器等,按滤油器在液压系统中的位置差异,还可以分为吸滤器、压滤器和回流过滤器。

1．网式滤油器

网式滤油器是在筒形骨架上包裹一层或多层铜丝网,如图 6.3 所示。当油液流经时,铜丝网形成的小孔起到了滤除杂质的作用,其过滤精度主要由网孔大小和层数决定。网式滤油器结构简单、通油能力大且清洗方便,但过滤精度较低,仅能对油液进行粗滤,通常用作吸油管路的吸滤器。

2．线隙式滤油器

线隙式滤油器是用金属丝密绕在芯架上来组成滤芯,主要依靠金属丝间形成的间隙来滤除油液中的杂质,如图 6.4 所示。线隙式滤油器具有结构简单、通油能力大和过滤效果好等优点,但清洗较为困难,一般用作吸滤器或回流过滤器。

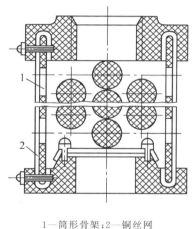

1—筒形骨架;2—铜丝网

图 6.3　网式滤油器

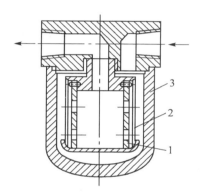

1—芯架;2—滤芯;3—壳体

图 6.4　线隙式滤油器

3．纸芯式滤油器

纸芯式滤油器又称为纸质滤油器,其结构与线隙式滤油器相似,但滤芯是用酚醛树脂处理过的微孔滤纸,一般由三层组成,微孔主要起滤除杂质的作用,其结构如图 6.5 所示。纸芯式滤油器结构紧凑、通油能力大、过滤精度高,并可在高压环境下使用,但无法清洗且需经常更换滤芯,一般配备壳体后用作压滤器。

4．烧结式滤油器

图 6.6 所示为烧结式滤油器的滤芯,其主要由金属粉末压制烧结而成,原理是利用粉末颗粒之间形成的微小间隙来实现杂质的滤除。不同粒度的粉末烧结而成的滤芯厚度不同,因而具有不同的过滤精度。烧结式滤油器的滤芯强度高、过滤精度高、抗冲击性和抗腐蚀性好,适用于高温环境,但较易堵塞,难清洗,使用中可能会造成烧结颗粒的脱落,导致油液的污染。

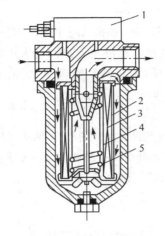

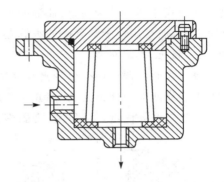

1—堵塞状态发讯装置;2—滤芯外层;
3—滤芯中层;4—滤芯里层;5—支承弹簧

图6.5   纸芯式滤油器

图6.6   烧结式滤油器

5. 磁性滤油器

磁性滤油器的滤芯为永久磁铁,其工作原理就是利用磁铁对铁质颗粒的吸附作用来实现油液的过滤,但对铁质颗粒之外的其他杂质不起作用,一般用作回流过滤器或复式滤油器的一部分。

6.2.2   滤油器的要求及选用

滤油器的主要参数指标为过滤精度、压力损失、额定压力和流量。需要根据系统的类型与压力选择滤油器,一般需要考虑滤孔尺寸、通油能力和耐压能力等,基本要求如下。

① 满足过滤精度要求。过滤精度是指滤油器的滤芯能够滤除油液中混入的最下固体颗粒杂质的大小,以其直径 d 的公称尺寸(μm)表示,颗粒越小,过滤精度越高。一般滤油器的过滤精度可分为粗($d \geqslant 100$ μm)、普通($d \geqslant 10$ μm)、精($d \geqslant 5$ μm)和特精($d \geqslant 2$ μm)四个等级级。不同系统选择滤油器时可参考表6.1。

表6.1   滤油器的选择要求

系统类别	润滑系统	传动系统		伺服系统	特殊要求系统
工作压力 p/MPa	0~2.5	< 7	> 7	≤ 35	≤ 21	≤ 35
精度 d/μm	≤ 100	≤ 25~50	≤ 25	≤ 5	≤ 5	≤ 1

② 有足够的通油能力。通油能力即一定压降下允许通过滤油器的最大流量。滤油器的通油能力有一定的限制,需要时可查阅有关样本和手册。一般来说,在能保证规定的过滤精度要求下,通油能力要尽量高。

③ 能在要求的工作范围内保持稳定的工作性能。

④ 具有良好的强度、抗振性和耐腐蚀性。

⑤ 便于拆装、清洗及更换滤芯,最好能设置污染指示器。

6.3　蓄压器

6.3.1　蓄压器的功用

蓄压器实质上是一种储存能量的附件。大多数飞机的供压部分中都设置了蓄压器。蓄压器在一定压力范围内的储油量对液压泵卸荷的稳定性、部件的传动速度等都有很大影响。另外,自增压液压油箱的增压压力来源于蓄压器,目前在役的主流飞机液压油箱的自增压压力来自蓄压器的油液端,还有一种来自蓄压器的氮气端(SSJ - 100 飞机)。

不同类型的供压系统中蓄压器的作用不尽相同,归纳起来主要有如下几点。

① 减缓系统压力脉动、液压泵流量脉动和部件动作引起的压力脉动。当液压泵流量瞬时增加时,一部分油液充入蓄压器,压缩冷气。蓄压器内冷气容易压缩,体积较大,相对压缩量较小,所以这部分油液进入蓄压器所引起的压力变化很小;当液压泵流量瞬时变小时,蓄压器可输出一部分油液,这时压力变化也很小。

② 短时增大供压部分的输出功率。传动系统工作时,蓄压器可在短时间内和液压泵一起向传动部分输送高压油,加快了部件的传动速度。

③ 作为系统的辅助动力源。液压泵不工作时,蓄压器可作为辅助压力源,驱动某些部件动作(如为停留刹车提供压力)。

④ 提供压力油以补偿系统的内漏和外漏。在装有卸荷装置的供压部分中,油泵卸荷后,蓄压器可向系统补充油液的泄漏,延长油泵的卸荷时间,保证油泵卸荷的稳定性。

6.3.2　蓄压器的结构及性能

蓄压器根据蓄压方式的差异可分为重力式、弹簧式、活塞式、气囊式和薄膜式五种类型,如图 6.7 所示。所有的蓄压器都有一个外筒,内部有一可运动的隔板(或隔膜)将其分为两个腔室。其中一个腔室为油液室,它与液压泵的供压管路相连;另一腔室为冷气室,其内部充有冷气(或氮气)。液压泵向蓄压器供油时,油液挤入油液室,推动隔板,压缩冷气。随着冷气压力逐渐升高,油液压力也相应升高。当压力达到系统的最大工作压力时,液压泵便停止向蓄压器供油。这时,已充入蓄压器的油液由于冷气作用仍可保持一定的压力。在上述过程中,液压泵提供的液压能储存在蓄压器内。传动部分工作时,冷气膨胀,将油液压力送至传动部分,推动部件做功。与此同时,冷气压力逐渐降低,油液压力也随之降低。目前主流的飞机液压系统主要采用气囊式、薄膜式和活塞式三种类型的蓄压器。

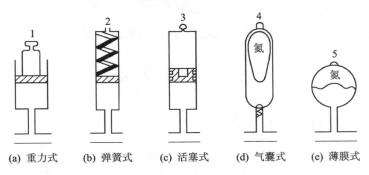

(a) 重力式　(b) 弹簧式　(c) 活塞式　(d) 气囊式　(e) 薄膜式

图 6.7　蓄压器的类型

1. 气囊式蓄压器

气囊式蓄压器由一个整体的空心球体和顶部的一个压力油口组成。在球体底部有一个开口,用以装入气囊,并用一个大螺塞将气囊固定住,同时也起密封作用。在螺塞上装有一个高压空气活门,在气囊顶部的两面装有金属圆盘,用以防止气囊在压力作用下被挤出压力口。当油液压力升高时,油液向下压气囊,气囊在气室内变形,如图 6.8 所示。

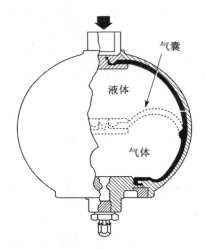

图 6.8　气囊式蓄压器结构

气囊式蓄压器具有惯性小、质量轻、动态响应灵敏和安装维护便利的特点,比较适合用于吸收系统的压力脉动。

2. 薄膜式蓄压器

薄膜式蓄压器由两个空心的半球形金属体组成,两部分在中心线处连接在一起。一个半球上有一个接头与液压系统连接,另一个半球上安装有一个用于灌充压缩空气的空气活门。两个半球之间安装一个人造橡皮薄膜。蓄压器的油液出口处盖有一个网屏(一些蓄压器在薄膜中间装有一个金属圈盘以代替网屏),用以防止薄膜在气压力作用下进入系统压力口而损坏薄膜(这种情况可能发生在向蓄压器内灌充气体而薄膜另一边没有油液压力与之平衡的情况下)。薄膜式蓄压器的优点与气囊式蓄压器类似。

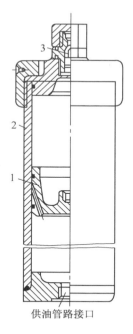

3. 活塞式液压蓄能器

活塞式蓄压器主要由缸筒体和活塞装置组成,活塞的上部分为压缩空气(压缩空气由气阀充入),下部分为压力油(与液压泵的供油管路相连),如图 6.9 所示。当液压泵向上工作时,压力油推动活塞运动,活塞上部的空气被压缩。随着活塞上部压缩空气的压力不断提高,活塞下部压力油的压力也随之升高,就将液压能有效地储存在蓄压器内。传动系统工作时,压缩空气膨胀做功,将压力油输送至传动系统推动系统工作。活塞式蓄压器具有结构简单、安装维护方便、使用寿命长、工作可靠等优点。但活塞惯性大且存在摩擦,系统的动态响应灵敏度不高,密封困难,不适用于吸收系统产生的压力脉动。

1—活塞;2—缸筒;3—气阀

图 6.9　活塞式蓄压器结构

6.3.3　蓄压器的检查与维护

1. 蓄压器储油量检查分析

工作储油量是指可用来做功的那部分储油量。蓄压器储油量通常应满足如下两点要求。

① 在液压泵的卸荷压力范围内,蓄压器应能输出足够的油液,保证液压泵正常的卸荷时间和被传动部件具有一定的运动速度;

② 液压泵不工作时,蓄压器的总储油量应能满足某些部件工作一定次数的需要。在系统的工作压力及蓄压器的总容积等都相等的情况下,其储油量的多少主要取决于冷气初始压力(冷气室容积为最大时的冷气压力)的大小。

以活塞式蓄压器为例来说明冷气初始压力对储油量的影响(设液压泵卸荷的压力范围为 7.85～15.69 MPa,蓄压器冷气初始压力为 3.92 MPa),如图 6.10 所示。假定在工作过程中冷气的温度不变(等温过程),即冷气的压力和体积成反比。这样就可以推出冷气初始压力过小和初始压力过大情况下的总储油量、工作储油量和卸荷压力范围内的储油量(简称卸荷储油量)。在充压过程中,蓄压器内冷气压力从3.92 MPa 增大到 7.85 MPa 时,冷气体积便缩小为原来的 1/2。同理,如果压力再增加到 15.69 MPa 时,冷气体积再缩小 1/2,即为原来的 1/4。当冷气压力小于 3.92 MPa 时,蓄压器内剩余的储油量很难推动部件做功。表 6.2 给出了蓄压器储油量(占蓄压器容量的百分数)分析结果。

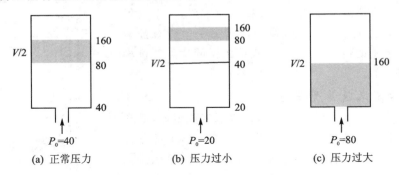

图 6.10　蓄压器储油量分析

表 6.2　蓄压器储油量分析结果

冷气初始压力/MPa	总储油量/%	工作储油量/%	卸荷储油量/%
3.92	75	75	25
1.96	87.5	37.5	12.5
7.85	50	50	50

2. 蓄压器预充气压力的检查

由于检查充气时使用的压力表不同,蓄压器预充气压力的检查有如下两种方法。

(1) 系统压力表装在主供压管道上。

液压泵不工作(发动机停车)时,缓慢操作用液压系统,将蓄压器内的油液逐渐放出。这时,系统压力表所指示的压力逐渐下降,降低到某个数值 P_0 后,指针突然掉到零,则这个压力值(P_0)就是蓄压器活塞运动到限动位置时的冷气压力,也就是蓄压器的预充气压力。当系统压力表指示为零时,可从蓄压器压力表上直接读出。因为只有在没有液压压力时,蓄压器压力表才表示蓄压器预充气压力。

(2) 系统压力表装在蓄压器充气端。

通过蓄压器充气端的压力表可检查其预充气压力。方法是:缓慢操作用压系统,当系统压力表指示不再下降时的压力即为蓄压器预充气压力。

3. 液压系统频繁卸荷的原因检查分析

液压系统频繁卸荷的主要原因是蓄压器充气压力不足和系统的内漏、外漏严重。

通过上面分析可知,当蓄压器预充气压力较小时,其工作储油量及卸荷压力范围内的储油量较少,容易引起液压系统的频繁卸荷。而系统的内外泄漏严重,会使卸荷时间过短,同样会导致系统频繁卸荷。

发生频繁卸荷后,要对液压系统的有关部分进行检查。一般检查的顺序如下。

① 检查系统的外漏,可观察液压管路及接头部件有无泄漏的痕迹。

② 检查蓄压器预充气压力。

③ 检查系统的内漏。

6.4　液压管件

液压管件主要包括液压管道和液压管接头,是连接液压系统各部件的纽带,起到液压系统功率传递的作用,是飞机液压系统的重要组成部分,也是飞机液压系统安全性和可靠性的重要保障。

6.4.1　液压管道

飞机液压系统工作过程中,液压油从油箱出发,经过多个控制元件的变换后到达执行部件做功,最后流回油箱,整个系统回路均由液压管道连接。因此,飞机液压系统管道是液压油的流通通道,负责将预定功率的液压能传送至各执行部件,以驱动执行部件工作。

飞机液压系统中常用的管道有硬管和软管两大类,按照耐压等级可分为高压管道和低压管道。高压管道要求耐压能力强(工作压力 15 MPa 以上)。飞机上常用的高压管道为 15 MPa、21 MPa、28 MPa 和 35 MPa 四种等级。低压管道适用于吸油和回油管路等低压场合(工作压力 10 MPa 以下)。由于对飞机液压系统管道有质量轻、耐高压、耐高温、耐腐蚀等要求,因此飞机液压系统中大部分的连接都选用硬管。在有相对运动的部件(如舵机、助力器等)的进出油口一般选用软管(能有效吸收系统中的冲击和振动)。飞机液压系统常用的管道种类和适用范围如表 6.3 所列。

表 6.3　飞机常用液压管道的类别及适用范围

类　别		适用范围
硬　管	不锈钢管	高压、回油、吸油管路
	钛合金管	高压管路
	铝合金管	回油吸油管路
软　管	氟塑料管	高压、回油、吸油管路
	橡胶管	吸油管路

另外,对飞机液压管道的安装也有一定的要求。如果管道安装不合理,不仅会带来安装和维护的困难,还会造成系统的振动和噪声等。一般来说,对飞机液压系统的高压、低压和回油管道都有严格的要求。液压管路安装时应注意以下三点。

① 管道应尽可能短,布局整齐,转弯少。为避免管道弯曲,减少压力损失,管道安装时弯曲半径应足够大,安装时应按表 6.4 中的推荐数值选取。

表 6.4　硬管安装时允许的弯曲半径

管道外径 D/mm	10	14	18	22	28	34	42	50	63
弯曲半径 R/mm	50	70	75	80	90	100	130	150	190

　　② 尽量避免管道之间的交叉，为防止管道之间的接触振动及便于接头安装，平行管间距应大于 100 mm。

　　③ 为适应油温变化、受拉和振动的要求，软管直线安装时一般要有 30% 左右的裕度。另外，弯曲半径应大于软管外径的 9 倍以上，弯曲处到接头的距离应至少为外径尺寸的 6 倍。

6.4.2　液压管接头

　　液压管接头是液压管道与管道、液压管道与液压元件（如泵、阀等）之间可拆卸的连接件。飞机液压系统上常用的管接头有扩口式、卡套式、焊接式、压扣式和快速接头等，按照管接头的通路数还可分为直通、直角通、三通、四通等类型，可根据具体需要选用。下面对以用直通管接头为例进行介绍。

1. 硬管接头

　　扩口式管接头是扩成喇叭口（航空上相对应的喇叭口标准为 37°）的管道，通过拧紧接头螺母把管套连同管道压紧密封，如图 6.11(a)所示。它较适用于紫铜管、薄钢管、尼龙管和塑料管等低压管道的连接。在连接扩口式接头时，为保证接头的密封性，要求扩口部分的轴线与管接头的轴线重合。在拧紧接头螺母时的拧紧力矩要适

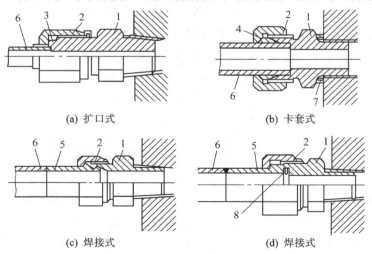

(a) 扩口式　　　　　　　　　　(b) 卡套式

(c) 焊接式　　　　　　　　　　(d) 焊接式

1—接头体；2—接头螺母；3—管套；4—卡套；
5—接管；6—管道；7—组合密封垫圈；8—O 形密封圈

图 6.11　硬管接头的连接方式

当(不可过紧),以免压坏喇叭口而影响密封性。

卡套式管接头是通过拧紧接头螺母,使卡套发生弹性变形而将连接管道夹紧密封,如图 6.11(b)所示。它的拆装较为方便,对轴向尺寸的要求不高,可用于高压系统,但对管道尺寸精度要求较高(一般为冷拔无缝钢管)。

焊接式管接头的接管与接头体之间常用的密封方式有球面与锥面接触密封(图 6.11(c))和平面加 O 形圈密封(图 6.11(d))两种。前者有自位性,对安装要求不高,但密封性略差,较适用于低压管路连接(工作压力小于 8 MPa 的液压系统),而后者可用于高压系统管路连接。

2. 软管接头

飞机液压系统中的高压软管主要采用不可拆卸的压扣式胶管接头,它主要由接头螺母、接头套、接头芯和胶管组成,如图 6.12 所示。装配时须首先剥离外胶层,然后套上接头套,插入接头芯,最后在专门设备上扣压而成。不同管径可用于工作压力 6~40 MPa 的液压系统。需要强调的是,软管接头的规格以软管的内径为基准(硬管是以外径为基准)。

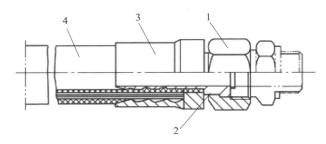

1—接头螺母;2—接头芯;3—接头套;4—胶管

图 6.12　扣压式胶管接头

3. 快速接头

快速接头的全称为快速装拆管接头,如图 6.13 所示(油路接通情况)。油路需要断开时,只需用力把外套向左推,再拉出接头体,钢球即从接头体的槽中退出;同时,

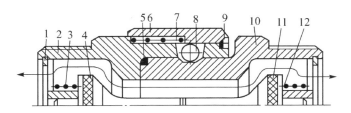

1—卡环;2—插座;3、7、12—弹簧;4、11—单向阀;

5—密封圈;6—外套;8—钢球;9—卡环;10—接头体

图 6.13　快速接头

单向阀的锥形阀芯会分别在弹簧的作用下将两个阀口关闭,此时油路断开。它的拆装无需工具,较适用于经常拆装的场合。

6.5　密封装置

密封就是阻挡液压油从两个配合零件表面的间隙中流出,是在液压系统的使用和维护中最常见也是最难解决的问题。密封性能差不但会降低液压系统的工作效率,更会严重危及飞机的安全。因此,飞机液压系统中必须要合理地设计和选用密封装置。

6.5.1　密封装置的性能要求

密封装置的密封性能对飞机液压系统的工作效率和安全有非常大的影响。液压系统的密封性能不好,可能会造成不允许的液压油泄露,导致液压系统的工作压力达不到要求,影响液压系统的正常工作,还有可能会导致外界空气混入系统,影响液压泵和液压电动机等的工作稳定性。反之,如果液压系统过度密封,会导致液压元件运动时的摩擦阻力增加,加剧密封装置的磨损,造成液压系统工作效率降低以及密封装置适用寿命缩短。因此,飞机液压系统对于密封装置一般有如下几个要求。

① 在规定的工作压力和温度范围内,应具有良好的密封性能,并能随着压力的提高自动提高其密封性能。

② 为保证相对运动零件的运动均匀性,密封装置和运动件之间的摩擦力要小,摩擦系数要稳定。

③ 密封装置要具有一定的抗腐蚀和耐磨能力,不易老化,工作寿命长。

④ 密封装置应结构简单、易于加工和标准化,具有较好的使用和维护性。

6.5.2　常用的密封装置与密封材料

液压系统的密封装置种类很多,按照被密封部分的运动情况(有无相对运动)可分为固定密封装置(静密封)和运动密封装置(动密封)。其中动密封又可分为滑动密封和转动密封。按照密封材料的差异可分为塑性密封和弹性密封。其中塑性密封一般采用皮革材料,弹性密封一般采用橡胶材料,二者都是依靠材料紧贴密封表面来保证密封性能。

密封装置的寿命往往直接决定了飞机液压系统附件的寿命。近些年来飞机液压系统逐渐向高温、高压方向发展,对密封装置提出了更高的要求(耐高温、耐高压、耐腐蚀、摩擦力小),密封装置采用了许多新材料代替普通的皮革和橡胶。目前飞机液压系统常见的密封装置材料及其特点如表 6.5 所列。

表 6.5　飞机液压系统常见的密封装置材料

材料名称	工作温度范围/℃	材料特点
丁腈橡胶	$-40\sim+120$	耐油性、弹性和耐热性较好,有一定的强度但摩擦系数较大
聚氨酯橡胶	$-50\sim+80$	具有较高的强度和弹性,耐磨性好,耐油性比丁腈橡胶好,但耐温性不及丁腈橡胶
聚氯乙烯	$+60\sim+90$	塑料密封材料,强度和耐油性较好,摩擦系数小,但弹性较差
聚四氟乙烯	$-190\sim+260$	塑料密封材料,耐磨性和耐腐蚀性较好,摩擦系数小,耐温性好,但弹性较差

在上述的密封方式中,由于弹性密封具有既能使接触压力大于液压压力,又能补偿零部件表面的微小不平,在飞机液压系统的密封中应用较为广泛。根据用途和液压的压力的不同,常见的弹性密封装置有 O 型密封圈、Y 型密封圈和 V 型密封圈等。

O 型密封圈是一种使用最为广泛的密封装置,如图 6.14 所示。它主要依靠预压缩来消除零部件之间的间隙来实现密封。同时,其密封性能会随着压力的提高而自动增大,而且在磨损后可以自动补偿。另外,O 型密封圈具有结构简单、密封性能好等优点,既可以用于内径或外径的密封,又可以用于端面的密封,在高压和低压环境下均可以使用,只是在高压环境下通常要装有刚性挡圈,以保

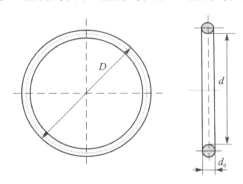

图 6.14　O 型密封圈示意图

持密封件的形状和防止密封件在两个运动表面之间被挤出。

Y 型密封圈主要是利用唇口受压变形的原理,使唇边紧贴密封表面来实现密封,且压力越高唇边贴合越紧,并具有磨损后的自动补偿能力,如图 6.15 所示。在低油压时,它是靠预压缩进行密封;在高油压时,由于两唇口受压张开紧贴密封面,从而主动补偿磨损量,且油压越高唇边与密封表面贴合越紧,但在双向受力时要成对使用。Y 型密封圈的摩擦力较小,且运动平稳,启动阻力和停车时间的长短与油压关系不大,比较适合用于高压和高速环境下的动密封。

V 型密封圈也是一种唇形密封圈,是另一种比较适用于动密封的密封装置,由支撑环、密封环和压环三部分组成,如图 6.16 所示。在安装时要注意,密封唇口面应面对高压侧。其中,支撑环是支撑 V 型密封圈的重要组成部分,可以使密封圈安放稳定。压环的作用是给密封圈提供一个预压缩量,使其与密封表面紧密贴合,并对密封圈的预压缩量进行调节。当工作压力大于 10 MPa 时,还可以根据压力大小适当增减密封环的数量以满足密封要求。V 型密封圈的接触面较长,密封性能好,适用

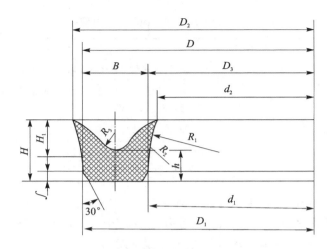

图 6.15 Y 型密封圈示意图

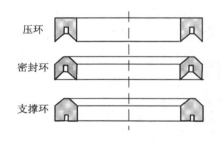

图 6.16 V 型密封圈示意图

于工作压力小于 50 MPa,温度在－40～＋80 ℃范围内。但 V 型密封圈仅仅对一个方向的密封有效,对往复式运动件密封时,必须采用对称布置的两组 V 型密封圈。

随着液压技术的广泛应用及发展,对飞机液压系统的要求日益提高,单独使用一种密封装置已经无法很好地满足密封要求,一般需要组合式密封装置。此外,除了上述的密封装置外,飞机液压系统的密封装置还有 U 型密封圈、防尘圈、油封等,这里不再一一介绍。

思考题

题 6.1 简述液压油箱的主要功能以及现役飞机常用的液压油箱种类和优缺点。

题 6.2 简述飞机液压系统中常见滤油器的主要类型和选用要求。

题 6.3 简述蓄压器的主要功能及类别。

题 6.4 简述飞机液压系统管道和管接头的主要类别和对管道的安装要求。

题 6.5 简述对飞机液压系统密封装置的性能要求,以及常见的密封装置和材料。

题 6.6 在液压系统中,什么液压附件能将机械能转变为压力能?

题 6.7 液压油箱增压所起到的作用是什么?

题 6.8 控制活门都有哪些类型,它们的功用分别是什么?

题 6.9　说明液压助力器的基本工作原理。

题 6.10　液压系统主要包含哪些附件?

题 6.11　在飞机液压系统中,蓄压器起到哪些作用?

题 6.12　有一蓄能器,给其预充压力为 9 MPa,使其工作压力为 10～20 MPa,假设其需要 5L 的供油量才能正常工作,试计算该蓄能器的尺寸大小。

题 6.13　在某液压系统中,需要液压泵提供的油液量为 24 L/min,泵出口压力为 7 MPa,要求每隔 30 s 对执行元件进行一次供油,供油时间为 0.1 s,油液量达到 0.8 L。假设在此过程中存在 1 MPa 压力差,试求需要多大容积的蓄能器才能满足上述要求。

题 6.14　设有一蓄压器的容积为 5 L,给其预充气压 2.5 MPa,若将其工作压力从 7 MPa 减小到 4 MPa,此过程为等温过程,试求蓄压器能需要释放出多少升油液才能满足要求?

题 6.15　如题 6.15 图所示,说明该回路中各个元件的名称,以及它们所起到的作用,并写在横线上。

(1) 1 _____;(2) 2 _____;

(3) 3 _____;(4) 4 _____;

(5) 5 _____;

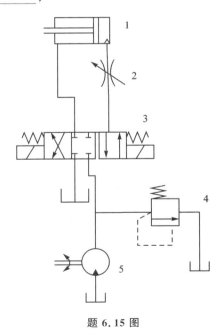

题 6.15 图

题 6.16　如题 6.16 图所示,说明该液压系统中各液压元件的名称以及各自所起的作用,并写在横线上。

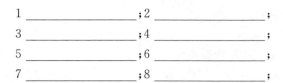

1 ＿＿＿＿＿＿＿＿＿＿ ; 2 ＿＿＿＿＿＿＿＿＿＿ ;
3 ＿＿＿＿＿＿＿＿＿＿ ; 4 ＿＿＿＿＿＿＿＿＿＿ ;
5 ＿＿＿＿＿＿＿＿＿＿ ; 6 ＿＿＿＿＿＿＿＿＿＿ ;
7 ＿＿＿＿＿＿＿＿＿＿ ; 8 ＿＿＿＿＿＿＿＿＿＿ ;

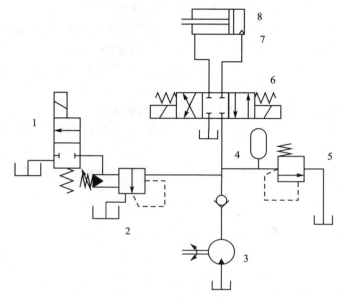

题 6.16 图

第7章 民航飞机的液压系统

液压系统是民航飞机的关键组成部分,可看作飞机的筋脉,是民航飞机主副飞行操纵系统、起落架收放系统及刹车系统等最有效的动力源,其运行的可靠性和高效性直接关系到整个飞机的操纵性和安全性。液压系统在所有民航飞机上都起到了至关重要的作用,重要性不言而喻。

7.1 民航飞机液压系统概述

7.1.1 民航飞机液压系统的发展历程

液压系统最早运用在飞机上是在 20 世纪 30 年代,当时主要是用于驱动起落架的收放。随着航空技术的发展,飞机液压系统执行动力任务逐渐增加,其功率需求也不断提升,飞机液压系统的压强等级不断提高,飞机液压技术因而得到了快速的发展。液压助力飞行操纵系统将飞机液压系统带进影响飞行安全的关键系统领域,是飞机液压系统应用的里程碑之一。飞行员可以借助液压助力飞行操纵系统在高速和高机动性的情况下控制舵面运动,这就不允许出现因单个故障而危机飞行安全的情况。因此,飞机液压系统采取了多套相互独立的余度设计(具有几个独立的液压源系统),这在现代的民航飞机上已被普遍采用,如波音 B737、B747 和空客 A320 等。

所谓独立的液压源系统是指每个液压源都有独立的液压元件单独工作。不同机型上的液压源系统的名称有所差异。例如波音 737 上称为 A、B 和备用液压源系统;波音 B777 上称为左液压源系统和右液压源系统及中央液压源系统;空客 A320 上称为绿液压源系统、黄液压源系统、蓝液压源系统,如表 7.1 所列。我国的 ARJ 支线客机上称为 1 号液压源系统、2 号液压源系统和 3 号液压源系统,其中 1 号和 2 号为主液压源系统,3 号为备用液压源系统。

表 7.1　常见民航飞机液压源系统

机　型	液压源系统名称		
	A 液压源系统	B 液压源系统	备用液压源系统
波音 B737	EDP(1) ACMP(1)	ACMP(1)	EDP(1) ACMP(1)

机　型	液压源系统名称			
	系统 1	系统 2	系统 3	系统 4
波音 B747	EDP(1) ADP(1)	EDP(1) ACMP(1)	EDP(1) ACMP(1)	EDP(1) ADP(1) ACMP(1)
波音 B757	左液压源系统		右液压源系统	中央液压源系统
	EDP(1) ACMP(1)		EDP(1) ACMP(1)	RAT(1) ACMP(2)
波音 B767	左液压源系统		右液压源系统	中央液压源系统
	EDP(1) ACMP(1)		EDP(1) ACMP(1)	RAT(1) ACMP(2) ADP(1)
波音 B777	左液压源系统		右液压源系统	中央液压源系统
	EDP(1) ACMP(1)		EDP(1) ACMP(1)	RAT(1) ACMP(2) ADP(2)
波音 B787	左液压源系统		右液压源系统	中央液压源系统
	EDP(1) ACMP(1)		RAT(1) ACMP(2)	EDP(1) ACMP(1)
空客 A310	绿液压源系统		蓝液压源系统	黄液压源系统
	EDP(2) ACMP(2)		EDP(1)	RAT(1) ACMP(1) EDP(1)
空客 A320	绿液压源系统		蓝液压源系统	黄液压源系统
	EDP(1)		ACMP(1) RAT(1)	EDP(1) ACMP(1)
空客 A340	绿液压源系统		蓝液压源系统	黄液压源系统
	EDP(2) ACMP(1) RAT(1)		ACMP(1) EDP(1)	EDP(1) ACMP(1)
空客 A380	绿液压源系统		黄液压源系统	
	EDP(4) ACMP(2)		EDP(4) ACMP(2)	

续表 7.1

机　型	液压源系统名称
说明	EDP：发动机驱动泵 RAT：充压空气涡轮泵 ADP：空气驱动泵 ACMP：交流电动泵

虽然液压系统已在民航飞机上得到了广泛应用，但其发展在一开始就面临众多技术的竞争和挑战。在众多技术的竞争中，其与电气系统的竞争最为激烈。随着 20 世纪 80 年代全电/多电飞机概念的兴起，基于功率电传的电传动系统成为了研究热点，其对液压传动系统的冲击非常明显。当时通过对两者的比较发现，液压传动系统在快速性、工作刚度、自润滑性等方面具有一定的优势，因此目前仍然是飞机传动系统的首选，如表 7.2 所列。但是，随着新材料技术（稀土永磁材料）的发展，电机（电传动的核心部件）的功重比得到了较大的提升，在中小功率尤其是 3 kW 以下的市场，已经能与液压传动匹敌。在大功率市场，已经提出了与液压传动相结合的分布式传动系统发展设想。

表 7.2　液压传动与电传动比较

传动类型	优　点	缺　点	适用性
液压传动	增益高、频带宽、速度响应快、在有负荷的情况下能输出较高的速度；启动、制动、换向快；惯性小、传动间隙小、输出的功重比大	设计、工艺复杂、成本高；对工作液污染度的控制要求较高、存在密封失效的风险	现代高速、高机动性飞机
电传动	结构原理简单、成本低；电缆的敷设和连接较容易	速度响应慢；启动、制动、换向慢；惯性大、传动间隙大、体积大、输出的功重比大	应急系统的执行机构或气动调整片的操纵；若采用新技术、新材料提高性能后有更广泛的应用前景

7.1.2　民航飞机液压系统的发展趋势

从民航飞机液压系统的发展历程及目前国际上具有代表性的最新民航飞机液压系统来看，民航飞机液压系统具有分布式、轻量化和智能化的发展趋势。

1. 分布式

当前民航飞机液压系统通常采用集中式油源，飞机各处所需的液压能由发动机驱动泵提供，基于三套或四套容错设计的集中式液压源系统已成为民航飞机液压系统的典型配置。但是，随着民航飞机尤其是大型客机的发展，较长的液压管道占液压系统总重量的比例增大,集中式液压系统的缺点越发明显。

电动液压源系统由于自带控制单元且能布置在用户附近,不仅能有效地降低飞机的总质量,而且分布式的布局还能有效提高飞机的可靠性和维护性。目前,空客A380已经率先采用了三套分布式电动液压源系统作为该机前轮转弯和刹车系统的备用液压源。

如果进一步将分布式液压源与终端作动器集成,则称为电静液作动器(EHA)。电静液作动器是飞控系统的重要组成部分,也是体现飞机技术先进性的标志之一。目前,在已服役的空客A350和A380飞机上,已经成功应用多电技术替代了一套集中式液压源系统,并且在1/3以上的主飞控系统中采用了包括电静液作动器和电备份液压伺服作动器(EBHA)的电作动系统,使飞机获得了如下三个方面的收益。

① 由于减少了一套液压系统,飞机的总质量降低,如空客A380飞机在采用该技术后减重约1 t。

② 更换液压油、液压管道的检查和更换等定期维护工作减少,降低了外场维护需求以及维护工作量,还有效增强了飞机的自检能力和可靠性。

③ 由于采用具有一定柔性的电缆替代刚性液压管道,飞机机载设备的总体设计和布局有了更大的灵活性,且故障隔离、容错运行性能和功率管理等方面得到明显的提升。

综上所述,随着相关技术成熟度的不断提高,在民航飞机领域基于发动机驱动泵的集中式液压系统将逐步被电驱动化的分布式液压系统替代。

2. 轻量化

相关研究发现,飞机液压系统质量降低1 kg,飞机总质量可降低4 kg,飞机承载能力可提高15 kg,故轻量化是飞机液压系统的永恒追求。目前,在民航领域围绕飞机液压系统轻量化的研究和应用主要集中在提高液压系统压力和增材制造技术这两个方面。

(1) 提高液压系统压力

根据相似准则可知,液压系统的流量正比于流速与液压元件体积2/3次方的乘积。如果要保持液压系统的输出功率不变(流量与压力的乘积不变),那么提高系统压力就可以有效减小流量需求,实现减小液压元件体积和降低质量的目的。

从国外近30年的研究成果来看,提高液压系统工作压力是减小系统体积和降低系统质量最为有效的途径,如表7.3所列。例如:假设20.7 MPa是民航飞机液压系统的基础压力,在综合考虑多种设计因素后,27.6 MPa就作为能使系统质量最小的工作压力;如果液压系统采用合金钢,那么最佳工作压力为34.5 MPa;如果液压系统采用钛合金,那么55.2 MPa即为最佳工作压力。

表 7.3　系统工作压力与质量和体积的关系

压力提高情况/MPa	质量降低情况/%	体积减小情况/%
20.7→27.6	2.46	13.8
20.7→34.5	12.2	28.3
20.7→55.2	30	40

高压力等级的液压系统已经成为体现民航飞机竞争力和技术水平的重要因素之一,同时也是民航飞机液压系统发展的必然趋势。目前国际上主流的大型民航飞机如波音 B787、空客 A380 和 A350XWB 等的液压系统均已采用 34.5 MPa 压力等级。

(2)增材制造技术

民航飞机液压系统主要部件液压油箱、液压泵、蓄压器等,都可以采用增材制造技术作为减重手段,从而实现液压系统的轻量化。增材制造技术是指通过高能激光逐层熔化沉积生长,直接实现构件无模型成形的数字化制造技术。如果通过对液压系统流道和工艺的优化,将增材制造技术运用于民航飞机液压系统的复杂部件,可起到明显的减重作用。例如,空客 A380 的液压作动筒通过使用增材制造技术减重约35%,体积减小约 15%,同时零件数量也减小约 15%。

3. 智能化

早期的飞机液压系统一般采用机械传动控制,随着计算机技术和传感器技术的发展,飞机液压系统开始采用复杂的逻辑控制方法来控制备用泵的启停。这种控制方法可以根据大流量和故障工况适时启动备用泵,能有效地降低飞行员的操纵负荷,提高飞行安全。同时,还可以对液压系统的工作状态参数和健康状态进行监控。如系统的流量、压力、温度等状态及失效情况,可以直观地在驾驶舱控制面板上显示,不仅有助于飞行员及时了解液压系统工作状态并做出反应,而且还能作为故障重构和自动控制的输入条件。目前,民航飞机液压系统的智能化发展主要体现在系统的变压力控制以及故障预测与健康管理(PHM)上。

(1)系统的变压力控制

飞机液压系统压力和输出功率的提高,虽然给液压系统以及飞机性能带来了一系列的提升,但系统的部件磨损和发热量也随之增加。因此,在提高液压系统压力的同时,必须要有效缓解系统发热量高和部件磨损加剧的问题。变压力控制技术正是一种可以根据系统需求使用液压动力的先进技术,不仅具有减小系统发热量、降低系统质量和节能等优点,而且可以根据自身传感器信息和控制算法来实现变压力,具备智能化的特征。

根据国外对大型和小型民航飞机在飞行过程中液压系统流量和压力的测量统计结果,发现民航飞机的液压系统在高压和大流量状态下的工作时间很短,仅占飞行时间的 10%,其余飞行状态下低压就能保证飞机的飞行控制需要。变压力液压系统一般有双级变压和无级变压两种类型,从目前的研究结果来看,由于主液压泵要为多个子系统供压,且各系统的压力需求存在差异,采用双级变压系统更加实用且可靠性更高。通常双级变压系统的变压是靠基于改变弹簧压缩量的双级变压力变量泵来实现的,变量泵的结构原理如图7.1所示。当电磁通断阀断电时,在弹簧力的作用下调压弹簧的安装座处于右位。此时,调压弹簧的预压缩力较小,系统处于低压工作状态;相反,当电磁通断阀通电时,调压弹簧的预压缩力增大,系统处于高压工作状态。

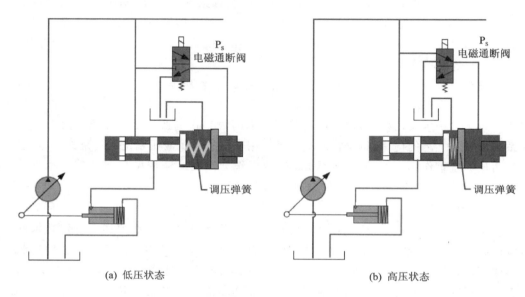

(a) 低压状态　　　　　　　　　　　　　　　(b) 高压状态

图 7.1　基于改变弹簧压缩量的双级变压力变量泵机构原理图

　　变压力控制在民航飞机上的一个典型应用是刹车系统。在民航飞机的刹车系统中,由于防滑刹车瞬时的流量需求很大,一般需要补充瞬时流量以防止压力突变而影响其他系统的正常工作,故常采用蓄压器作为液压能的调节装置。当采用分布式液压源系统为刹车供压时,基于恒功率的压力流量智能调节方式具有明显的优势。如空客 A380 刹车系统的备用分布式液压源系统采用这种方式后,比恒压变量油源降低了约一半的提取电功率。

　　恒功率控制方式是通过合理设置恒功率点来满足防滑刹车的瞬时高流量需求,故它是在不提高电机功率的基础上来提高流量输出。另外,采用恒功率控制方式的泵能够在相同的电机峰值扭矩下减小电机功率的需求。因此,所需电机的质量和体积减小,有助于功重比的提高。

　　(2) 故障预测与健康管理

　　随着民航飞机机电系统监测技术和能力的提高,以及故障预测和健康管理技术的不断推广,民航飞机液压系统状态检测和故障预测能力大幅度提升,如图 7.2 所示。液压系统的状态检测和故障预测一方面可以在系统发生故障前发出警告，从而将故障的风险降到最低；另一方面，还可以进行系统的寿命预测，从而提高民航飞机的经济型和利用率。

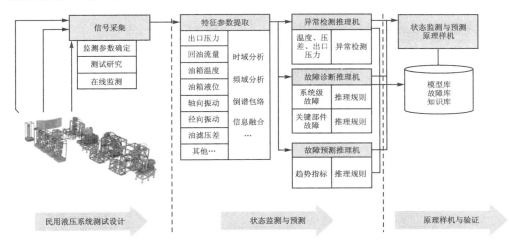

图 7.2　民航飞机液压系统健康管理与故障预测方案

7.2　空客 A320 飞机液压系统

空客 A320 系列飞机是欧洲空中客车公司研制生产的单通道双发中短程客机，包括 A318、A319、A320 和 A321 在内组成了单通道飞机系列。它是第一款使用数字电传操纵飞行控制系统的商用飞机，也是第一款放宽静稳定度设计的民航客机。

空客 A320 飞机有三个独立的 3 000 Pa 压力等级的液压系统，分别为绿液压系统、黄液压系统和蓝液压系统，如图 7.3 所示。三个液压系统都有独立的液压油箱，系统之间的液压油不能相互传输。

空客 A320 的液压系统正常工作时，蓝液压系统由交流电动泵增压，绿液压系统和黄液压系统由发动机驱动泵增压，且在黄液压系统中还设置了一个交流电动泵和手摇泵用于提供辅助动力和操纵货舱门。另外，为了保证绿液压系统和黄液压系统之间无液压油传输但能相互增压，绿液压系统和黄液压系统之间设置了一个双向式的动力传输组件（PTU）。

蓝液压系统中，充压空气涡轮泵在应急情况下可提供液压动力。

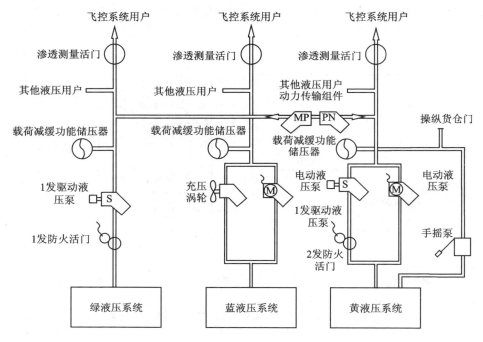

图 7.3　空客 A320 液压系统

7.2.1　液压系统用户

空客 A320 飞机上三个独立的液压系统分别给各自的子系统供压,且同一子系统是由各系统分别供压,这样就可以实现即使一个系统工作时也可对飞机的安全控制。为了保持系统在低压情况下能正常工作,每个系统中都设置一个优先活门,用来切断给大负荷子系统的压力。液压系统子系统如图 7.4 所示。在蓝液压系统中设置了恒速电动/发电机,它会在紧急情况下给飞机提供电源。在绿液压系统和黄液压系统中均设置了具有载荷减缓功能储压器,载荷减缓功能通过同时移动副翼和 4、5 号扰流板来实现,而不是通过滚转指令完成。

7.2.2　绿液压系统

绿液压系统的正常工作压力为 3 000 psi,主要负责给起落架、刹车、左发动机反推、动力转化组件和部分飞控等系统提供液压动力,如图 7.5 所示。绿液压系统的大部分附件都装在主起落架舱内,并与另外两个系统完全隔离。系统的主要附件有以下几种。

1. 液压油箱

液压油箱采用空气增压的方式,由两层模压的轻合金焊接而成,顶部的总管与空气增压系统连接,下部的传输管确保液压油与上部的回油进行交换。为防止液压泵

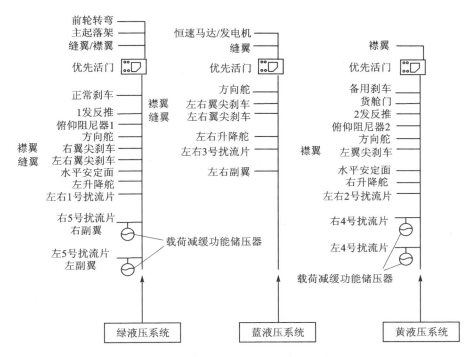

图 7.4　空客 A320 液压系统子系统

中气穴的产生,油箱被增压到 50psi 且无空气提供时被密封并保持压力(低压传感器的临界值为 22psi)。油箱上还安装了直读式油量表、用于发动机机组警告系统(ECAM)显示及警告的油量指示器和低油面传感器。油箱的正常加油量为 14L,最大仪表指示油量为 18L,低平面警告为 3.0L±0.4L。

2. 防火活门

绿液压系统的防火活门为球形活门,安装在左大翼发动机吊架内侧,由"1 发防火"按钮控制,活门壳体上窗口可以观察活门的开/关。当活门关闭时,发动机驱动泵的供油路即被切断。

3. 发动机驱动泵

发动机驱动泵安装在附件齿轮箱底部,并在进油管上设置了快速脱开的自封接头以便于泵的拆装,泵零流量时的出口压力为 3 000 psi。泵的增压/释压状态选择由电磁活门控制,且泵内还设置了关断活门,以便在泵处于释压状态时与液压系统隔离。

4. 地面接头

地面接头包括两个用于液力车给系统增压的接头、一个选择活门、两个用于液压油箱加油的接头以及一个手摇泵。其中手摇泵为两行程油泵,其与黄液压系统的手摇泵可互换,每个行程在低压时的供油量为 40 mL。

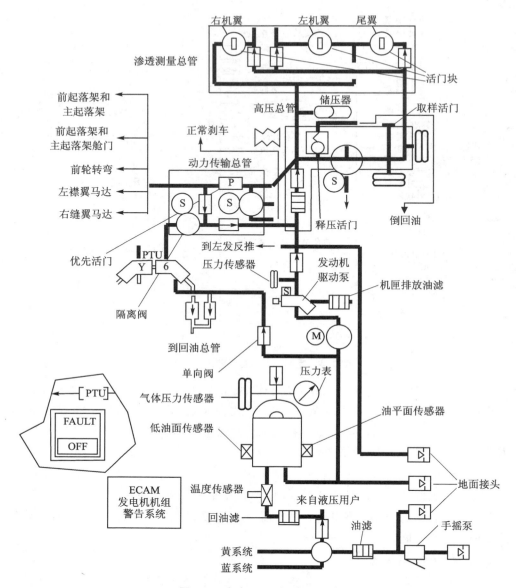

图 7.5　空客 A320 绿液压系统

5. 动力传输组件(PTU)

动力传输组件在绿液压系统与黄液压系统之间的压差大于 500 psi 时自动工作。应该注意的是,当第一台发动机启动及操纵货舱门时,动力传输组件的工作是被抑制的。

6. 压力电门

压力电门主要用于监控发动机驱动泵的出口压力,并用于 ECAM 显示。为了阻止系统由 PTU 增压时液压油进入油泵,在泵的下游设置了一单向活门。

7. 高压总管

高压总管用于部件之间的连接,由高压油滤、压力传感器、储压器、释压活门、渗透测量活门、取样活门等组成。它主要负责连接泵和地面液力源的系统压力进口、两个到渗透测量总管的出口、连接 PTU 总管的一个进口和一个出口、连接一个接头到储压器/货舱门选择器/刹车总管。

8. 渗透测量总管

渗透测量总管通过三个出口分别与左大翼、右大翼以及尾翼的飞控附件相连。它通过滑阀的操纵即可给相关的部分供压,并用于渗透测量。

9. 动力传输总管

动力传输总管上安装了选择活门、电磁活门和优先活门。选择活门用于正常刹车,可切断到正常刹车的供压;电磁活门安装在 PTU 的供油路上,用于停止 PTU 的工作;优先活门用于当系统压力减小时能确保所有可用压力输送到主要飞控部分。

10. 回油总管

回油总管用于连接各系统部件的回油管路。总管上安装了低压回油滤和温度传输器。低压回油滤上还设置了阻塞指示器(透过率为 3 μm),当油滤阻塞时可以经过旁通装置流通;温度传感器由一个温度开关和两个温度传感器组成,温度开关和温度传感器发送数据给 ECAM 用于警告,温度开关在 95 ℃±2.2 ℃时工作,两个温度传感器测量油液温度范围为−55～12 ℃。

7.2.3　蓝液压系统

蓝液压系统正常工作压力为 3 000 psi,主要给恒速电动机和部分飞机操纵系统提供液压,如图 7.6 所示。蓝液压系统大部分附件安装在主起落架舱前方机腹整流罩左侧的蓝液压系统附件舱内,油箱和低压过滤器安装在主起落架舱尾部的机腹整流罩左侧。在正常情况下,液压油经泵加压后,通过高压总管进入渗透测量总管,为蓝系统各子系统供压。如果在飞行过程中电动泵不工作,充压空气涡轮泵将会被自动放出,替代电动泵以确保蓝液压系统正常工作。

蓝液压系统的大部分附件与绿液压系统相同。下面主要介绍与绿液压系统有所差异的附件,如电动泵、电动泵保护装置和充压空气涡轮泵。

1. 电动泵

蓝液压系统电动泵安装在蓝液压系统附件舱内,可与黄液压系统的电动泵互换。

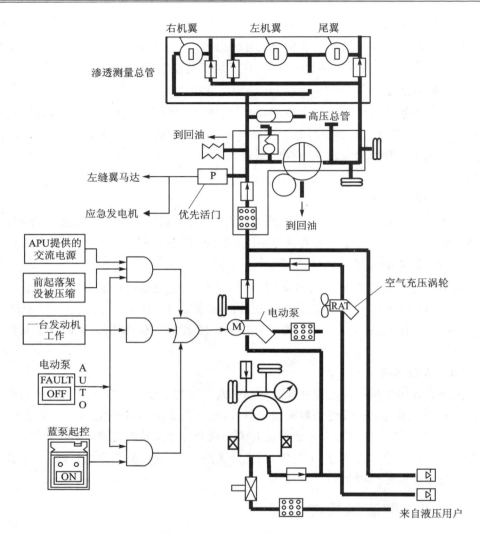

图 7.6　空客 A320 蓝液压系统

泵在零流量时的出口压力为 300 psi,温度开关将在泵的壳体温度超过 165 ℃时给 ECAM 发送信号。如果"电动泵"按钮在"AUTO"位置时,下列任一情况蓝液压系统电动泵都将工作:① 当 APU 提供的交流电源可用时,"蓝泵超控"按钮在"ON"位置、一台发动机工作、前起落架没有被压缩;② 当在接地时,一个延时继电器保持泵在前起落架压缩后将再工作 2 min。

2. 电动泵保护装置

变流器和相位不平衡探测器将在电动泵电动机或供电线路上有故障时提供保护,变流器在探测到差值时就会给相位不平衡探测器发信号停止泵的电动机工作。

另外,在相位不平衡探测器上有用于模拟变流器工作的测试按钮,一个指示灯亮表示两个组件工作正常。

3. 充压空气涡轮泵

充压空气涡轮泵安装在机腹整流罩的左侧,是一个有两个可变距叶片(长 69.85 厘米)的恒速组件,其伸出和定位依靠液压缸,且只有飞机在地面时才能收回。存在下列任一情况,充压空气涡轮泵都将被放出:① 飞行中失去电源,充压空气涡轮泵将自动放出;② 按压两个加盖的按钮中的任何一个进行人工放出。

7.2.4　黄液压系统

黄液压系统正常工作压力为 3 000 psi,主要为货舱门、备用刹车系统右发动机反推装置、部分飞控设备和动力转换组件等提供液压,如图 7.7 所示。正常情况下,黄

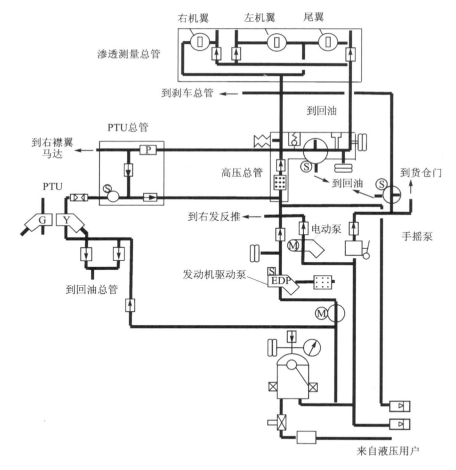

图 7.7　空客 A320 黄液压系统

液压系统的发动机驱动泵从油箱吸入压液油,液压油经发动机驱动泵加压后进入高压总管后,再经渗透测量总管供压给各飞控部件。黄液压系统的大部分附件都安装在主起落架前部机腹整流罩右侧的黄系统液压舱内,下面主要介绍一下黄液压系统中的手摇泵和电动泵。

1. 手摇泵

手摇泵是一双行程泵,它的每个行程在低压时供油 40 mL,在额定高压 3 000 psi 时供油 10 mL。它可与绿液压系统中的加油手摇泵互换,且两泵用同一加力杆。当手摇泵安装在黄液压系统地面勤务面板上时,只能用于人工操纵货舱门;当在地面无电源可用时,货舱门可用此手摇泵打开。

2. 电动泵

当货舱门选择器被使用且"电动泵"按钮放"ON"位置时,黄电动泵工作。在操纵货舱门时,为防止飞控部分的运动,PTU 将被抑制且黄液压系统渗透测量活门将被关闭。另外,如果发动机驱动泵或 PTU 对系统增压时,泵下游的一个单向活门会阻止液压油流入泵。

7.3　波音 B737 飞机液压系统

波音 B737 飞机由 A 系统、B 系统和备用系统组成,其液压动力分配如图 7.8 所示。为了确保飞机的飞行安全,液压系统必须具有较高的工作可靠性,故这三个独立的系统均可向飞机系统提供 3 000 psi 的正常液压动力。其中,A 系统和 B 系统均由发动机驱动泵(A 系统由左发动机驱动泵驱动,B 系统由右发动机驱动泵驱动)和交流电动机驱动泵(115 V)提供压力。在飞行过程中,A 系统和 B 系统一直处于工作状态,当 B 系统的发动机驱动泵失效时,A 系统的工作液驱动动力转换装置(PTU)工作(PTU 控制活门打开),从 B 系统的油箱中抽取工作液进行增压供前缘襟翼和自动缝翼使用。

另外,从图 7.8 给出的波音 B737 飞机液压动力分配图还可以得知,A 系统主要向起落架收放、前轮转弯、左发反推装置、副翼、方向舵、动力转换装置、备用刹车等提供液压动力;B 系统主要向正常刹车、右发反推装置、副翼、方向舵、升降舵等提供液压动力;备用系统主要向两侧反推装置、备用方向舵、前缘襟翼等提供备用液压动力。波音 B737 飞机液压系统操纵的工作系统如表 7.4 所列。

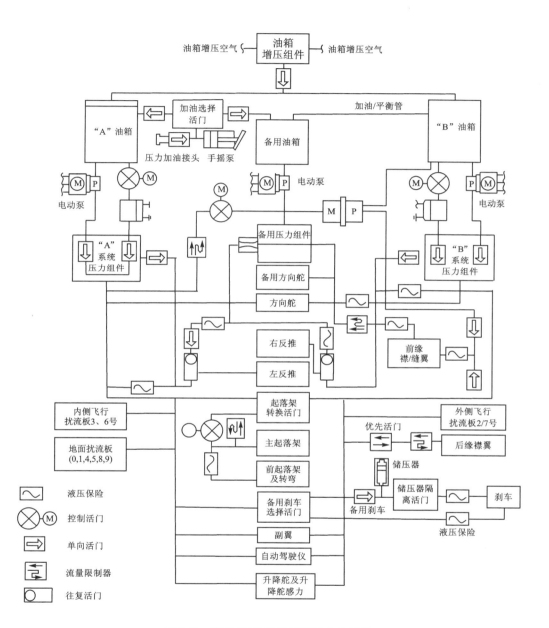

图 7.8　波音 B737 飞机液压动力分配图

表 7.4　波音 B737 飞机液压系统操纵的工作系统

液压系统名称	操纵的工作系统
A 系统	(1) 起落架收放 (2) 前轮转弯 (3) 左发反推装置 (4) 副翼——动力控制装置和自动驾驶仪作动筒 (5) 升降舵——动力控制装置和自动驾驶仪作动筒 (6) 升降舵感觉器 (7) 方向舵 (8) 3 号和 6 号飞行扰流板 (9) 地面扰流板 (10) 备用刹车 (11) 动力转换装置(PTU)
B 系统	(1) 正常刹车 (2) 右发反推装置 (3) 副翼——动力控制装置和自动驾驶仪作动筒 (4) 升降舵——动力控制装置和自动驾驶仪作动筒 (5) 升降舵感觉器 (6) 方向舵 (7) 2 号和 7 号飞行扰流板 (8) 后缘襟翼 (9) 前缘装置 (10) 起落架备用收
备用系统	(1) 两侧反推装置 (2) 备用方向舵系统 (3) 前缘襟翼 (4) 缝翼

7.3.1　主液压系统

波音 B737 飞机的主液压系统为 A 系统和 B 系统,它们独立工作且系统附件的组成基本相同,主要包括液压油箱及其增压系统、发动机驱动泵、电动泵、热交换器、动力转换装置、地面压力接头等部件。

1. 液压油箱及其增压系统

波音 B737 飞机的液压油箱是一个密封金属壳体,并在壳体上安装供油导管和油量表。其中 A 系统的油箱安装在主轮舱前壁板中央区,B 系统的油箱安装在主轮舱前壁板右上角,如图 7.9 所示。A 系统和 B 系统的油箱供油管均为立管,油量表与油箱内浮子型传感器相连接,浮子型传感器为油量表和驾驶舱液压油量指示器提供指示信号。当 A 系统液压油箱的油量低于 6.8 L(1.8 美加仑)时,发动机驱动泵无法抽油增压,但油箱的全部油量可以被电动泵使用完;B 系统液压油箱的油量低于 13.2 L 时,发动机驱动泵无法抽油增压,但油箱的油量可被电动泵继续使用至 3.7 L。但当 B 系统液压油箱的油量低于 3.7 L 时,电动泵无法继续抽油增压(保留给 PTU 工作时使用)。另外,在 B 系统的油箱与备用系统的油箱之间使用平衡导管连接,当向 B 系统的油箱加油时,必须将备用油箱加满后方可进行。

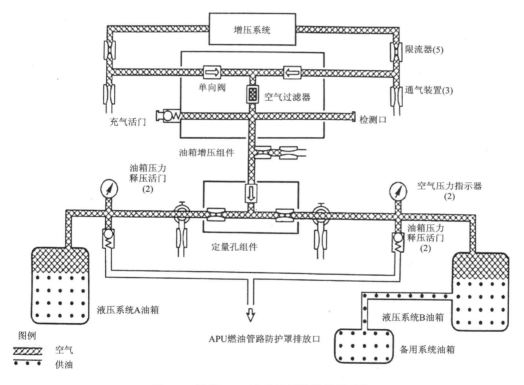

图 7.9　波音 B737 飞机液压油箱增压系统

油箱增压系统主要由油箱增压组件、限流器、人工放气活门、安全释压活门等组成,如图 7.9 所示。A 系统和 B 系统油箱的增压空气由油箱增压组件分配,备用系统则通过与 B 系统油箱的油量平衡管来实现增压。在增压组件中,空气流经单向阀和空气过滤器后,小部分通过通气装置排除系统以帮助去除空气中的污染物和水分。大部分空气则流经单向活门、限流器和释压活门后到达油箱。其中增压管路中的限流器可在系统下游发生故障时防止管路失压;释压活门起到油箱释放压力而保护油箱的作用,它释放的压力由 APU 燃油总管防护罩排放口排除。当油箱中的油液或空气压力高于 60～65 psi 时释压活门自动开启。另外,对油箱增压系统进行拆装等维护工作前,必须先对系统进行放气减压的操作。

2. 发动机驱动泵

发动机驱动泵（EDP）负责为 A 系统和 B 系统提供压力，主要由壳体、柱塞、作动活塞、补偿活门、释压活门、堵塞活门等组成，实质上是带有电磁控制释压活门的变量压力补偿柱塞泵。EDP 随发动机启动而开始工作，但其压力的输出受控制开关控制（驾驶舱的 P5 板）。在发动机工作过程中，当控制开关一直保持在"ON"位置时，系统始终有工作液；如果控制开关处于"OFF"位置，系统便接通一个 28 V 直流电路来打开减压活门，工作液便进入补偿活门和堵塞活门。如果补偿活门处于打开状态，作动活塞便驱动双头播臂运动使得斜盘角度为零；如果堵塞活门两侧的压力相等，活门便在弹簧力的作用下关闭，使得泵与液压系统隔离。

另外，为了提升系统的安全性和可靠性，在 EDP 和油箱之间的供油管路上还安装有断油活门。断油活门由 28V 的直流电动机控制，并且活门上有显示"开和关"位置。其中 A 系统的断油活门由一号灭火手柄控制，B 系统的断油活门由二号灭火手柄控制，它们不能人工定位，在正常情况处于打开状态。如果发动机灭火手柄被提起，则活门关闭以切断 EDP 的油液供给。

3. 电动泵

电动泵是交流电动机驱动泵（三相，115 V），受驾驶舱上控制电动机控制（P5板），负责为液压系统提供第二个压力源。其中 1 号电动泵负责给 B 液压系统增压，2 号电动泵负责给 A 液压系统增压。1 号和 2 号电动泵的压力和流量均为 3 000 psi和 22.7 L/min，安装于各油箱下方靠近主轮舱前壁板处。

4. 压力组件

压力组件主要用于将工作液过滤以及分配各用户系统，同时监控系统压力和为系统提供高压保护。A 系统的压力组件安装在左主轮舱前壁板上，B 系统的压力组件安装在右主轮舱前壁板上。它主要由壳体、压力油滤、泵低压警告开关、释压活门、单向活门、导管及压力传感器等组成。其中压力油滤用于对工作液流出之前进行过滤；单向活门用于防止工作液与其他泵的输出液相混；泵低压警告开关起到监测输出压力以便发出警告的作用；压力传感器与副驾驶处压力表相连起监测系统压力的作用。另外，发动机灭火电路和 EDP 的低压电路连接，当发动机灭火手柄被拉动时，EDP 发出低压警告使得电路断开。

5. 热交换器

热交换器是翅片管式组件，负责冷却在系统工作后回到液压油箱前的工作液。其中，A 系统的热交换器安装在 1 号燃油箱底部，B 系统的热交换器安装于 2 号燃油箱底部。另外，热交换器采用燃油作为冷却介质，将工作液的热量通过热量交换的方式传递给燃油箱中的燃油。为了实现较好的冷却效果，燃油箱内的燃油至少需要有761 kg。如果燃油箱内油量少于 761 kg，电动液压泵工作时间不能超过 2 min。在这种情况下，如须重新起动电动液压泵，必须使然油箱内温度降温至环境温度。

6. 动力转换装置

动力转换装置(PTU)用于提供备用液压源向前缘襟翼和自动缝翼供压,主要由壳体、液压电动机、压力油滤、PTU 控制活门、单向活门等组成,如图 7.10 所示。其中 PTU 控制活门由一个 28 V 的直流电动机控制,在自动缝翼系统需要工作时该活门控制 PTU 工作。当飞机在地面时,前起落架的传感器(空/地)将指示"地面",此时电源被接通,活门关闭,电动机即与回油管路相连。飞机在飞行过程中襟翼没有完全收上(角度小于 15°),而 B 系统得发动机驱动泵输出压力低于 2 350 psi 且超过 0.5 s,此时电源就会接通继电器下触点,将 PTU 控制活门打开,电动机接受来自 A 系统的压力驱动 PTU 工作,从 B 系统抽油进行增压,以确保足够的压力和流量供自动缝翼系统工作。另外,在大迎角和大推力的飞行状态下,可将前缘缝翼从"放出"转换到"完全放出"位置以增加升力,从而提高对飞机的控制能力。

7. 回油滤

波音 737 飞机上,主液压系统的回油滤分为系统回油滤和机匣回油滤。系统回油滤是在工作液返回到液压油箱之前进行过滤清洁,主要由壳体、滤芯、旁通活门、断油活门、单向活门等部件组成,如图 7.10 所示。单向活门的作用是防止工作液反向流回系统。断油活门的作用是在拆装油滤时防止工作液流出。当流经油滤的工作液压力差为(0.45±0.06)MPa 时,压差指示销跳出,反映液压系统受到污染;当压力差为 0.69 MPa 时,则旁通活门打开使工作液从旁路直接进入液压油箱。

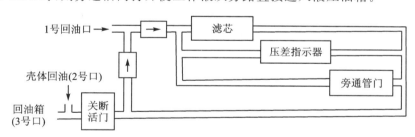

图 7.10 波音 B737 飞机主液压系统系统回油滤

为了便于检测泵的磨损程度并防止系统污染,每个泵还设置了机匣回油滤,其主要由壳体、滤芯、单向活门等部件组成。另外,电动泵和机匣回油管路上还安装了过热开关,过热开关可将泵和回油的超温情况传输到驾驶舱内的过热指示灯上。当电动泵机匣回油温度上升到 104 ℃时,过热指示灯和液压警告灯亮;当回油温度降低到 74 ℃时,过热指示灯灭。当泵机匣温度上升到 113 ℃时,过热指示灯亮;当泵机匣温度降低到 79 ℃时,过热指示灯灭。

8. 地面压力接头组件

波音 B737 飞机的主液压系统安装有地面压力接头组件,作用是为 A 系统和 B系统提供外部接口,从而可将外部压力源单独连接到两个系统对系统进行增压,方便进行地面维护工作。它由压力接头、回油接头和油滤等部件组成,系统回油通过回油接头返回到地面液压车。工作液可在飞机液压泵关闭的状态下通过地面压力接头组件进入液压系统,驱动 A 系统或 B 系统中的部件正常工作。

7.3.2　备用液压系统

波音 B737 飞机的备用液压系统是一个应急系统,主要由油箱、备用泵和备用压力组件等部件构成,可自动或人工操纵向主液压系统(A 系统和 B 系统)提供备用压力源,用于操纵反推装置、前缘襟翼、缝翼、方向舵等部件。

1. 油　　箱

波音 B737 飞机的备用液压系统油箱是一个密封的金属壳体,其上还装有有供油管路、回油管路、平衡导管和低油量开关等部件。油箱加油时,工作液经 B 油箱通过平衡导管进入。油箱可储存 10.6 L 工作液,当油箱内油量低于 5.3 L 时,低油量灯(驾驶舱 P5 板上)、主警告和警告信号窗亮。

2. 备用泵

备用泵可在需要时为反推装置、前缘襟翼、缝翼、方向舵等部件提供能满足部件工作所需流量和压力要求的工作液。备用泵可分为"人工"和"自动"两种控制模式。当 A 和 B 两个飞行控制开关中任何一开关置于"STBYRUD"(备用方向舵)位置,则备用泵可以进入人工控制模式;当 A 和 B 两个飞行控制开关中一个处于"ON"位置、任一低压开关被接通(飞行控制系统低压)、飞机处于"空中"状态或轮速大于 96.5 km/h、襟翼不在收上位这四种情况时,备用泵会进入自动工作状态,向需要供压的部件提供压力。

3. 备用压力组件

备用压力组件是将备用泵输出的工作液分配给反推装置、前缘襟翼、缝翼、方向舵等部件,由释压活门、断油活门、压力油滤、低压警告开关等部件构成。其中低压警告开关与备用系统的"低压警告"灯连接以便监测输出压力;释压活门的作用是释放系统压力(系统压力达 24.14 MPa 时打开,小于 23.45 MPa 时关闭);断油活门有两个,其中一个用于前缘装置,一个用于备用方向舵,它们既可由开关(P5 板上)控制,也可由人工通过活门上的手柄控制。

4. 指示和警告系统

指示和警告系统主要用于备用液压系统低油量指示和备用液压系统低压警告。其中备用液压系统低油量指示主要由簧片开关(由浮子控制)和低油量指示灯组成。当备用油箱内油量低于 5.3 L 时,低油量指示灯(驾驶舱 P5 板上)亮,主警告和警告信号窗也同时亮。备用液压系统低压警告可在备用液压泵工作压力小于 1 100 psi 时向机组人员发出警告。

思考题

题 7.1　简述飞机上液压传动和电传动的优缺点。

题 7.2　简述民航飞机液压系统的发展趋势。

题 7.3　简述空客 A320 飞机的液压系统及其系统用户。

题 7.4　简述波音 B737 飞机液压系统名称及其操纵的工作系统。

题 7.5　波音 B737 飞机主液压系统主要由那些组件构成？

题 7.6　简述波音 B737 飞机备用液压系统的功用及其主要构成组件。

第 8 章　飞机液压系统回路

8.1　飞机液压控制回路概述

8.1.1　起落架系统的液压回路

飞机起落架系统的液压回路是最重要的飞机液压系统之一,其工作性能直接影响飞机着陆和起飞的安全性。在飞机起落过程中,特别是飞机轮胎与地面接触瞬间,起落架承受着飞机全部重量和极大的冲击载荷。因此,起落架收放系统能否正常工作直接影响飞机飞行的安全,是故障频繁、维修任务量较大的系统之一。

现代飞机的起落架大多采用收放形式,以减小飞行阻力、提升飞行速度和增加航程。现代飞机起落架收放系统多采用液压系统为收放动力源,采用电力、冷气、液压等作为备用动力源。在起落架收放系统中,收放的各个动作是按一定顺序进行的,其液压回路由收放液压作动系统回路和收放控制系统回路共同组成。

在起落架收放时,舱门和起落架本身都是作动件,需要协调起落架和舱门的运动顺序才能完成起落架收放。收起落架的一般动作顺序如下。

① 先打开舱门锁,舱门作动筒运动,打开舱门;

② 起落架下位锁作动筒运动,下位锁打开,在收放作动筒作用下,起落架完成收起,并在收上位锁定;

③ 由舱门作动筒的作用关闭锁定舱门。

放下起落架的顺序则相反,舱门先被打开,然后开上位锁、放起落架并锁定,最后关上舱门。

起落架收放作动系统回路主要有液压延时收放系统回路和机控顺序阀收放系统回路两种,以控制起落架的顺序收放。液压延时收放系统回路是利用液压延时回路实现顺序控制,液压传压筒是实现顺序控制的主要元件。机控顺序阀收放系统回路是利用机控顺序阀来控制作动筒的工作顺序。

起落架控制系统回路主要用于起落驾收放程序的控制,主要由用于起落架收放与液压压力供给的选择活门和用于起落架液压源系统选择与转换的转换活门等部件组成。起落架转换活门一般主要由位置开关、滑阀和电磁活门组成。若没有信号输入电磁活门,滑阀移动将处于正常位,供向起落架选择活门的系统压力由起落架转换活门来完成。若有电子信号输入电磁活门,它将被打开,滑阀移动到备用位置。

在起落架收放过程中,收上过程与放下过程相反,以放下过程为例说明具体工作过程。首先,将起落架收放手柄推入"放下"位置,起落架收放作动筒的放下端、下锁作动筒的锁定端和上锁作动筒的开锁端等部位将有来自选择活门的压力油流入,起落架收放作动筒受到传压筒内活塞和节流活门的共同作用,其上端的压力较高,起落架因收放作动筒活塞面积差被抬起,有利于上位锁开锁;上位锁完全打开后,传压筒运动到底部,收放作动筒上端压力降低,以正常方式放下起落架,通过在放下管路上安装节流阀来控制放下速度;最后,当起落架到达全伸展放下位时,下位锁支柱在下位锁作动筒的强迫下进入过中立位,将起落架锁住。

8.1.2　刹车系统的液压回路

当飞机降落轮胎与地面接触时,降落速度很大,需要在有限距离的跑道内滑跑降速直至停止。在减速过程中,机轮滚动阻力和空气阻力所起到的作用较小,现代飞机一般安装机轮刹车装置,以大幅度增加阻力。在机轮刹车装置中,刹车盘固定在轮轴上且通入高压油液。当驾驶员操纵刹车时,刹车盘上的刹车片被推动,使其与轮毂内的刹车套紧压在一起,通过摩擦面之间的摩擦作用来阻止机轮滚动,从而减小飞机的滑跑速度。

刹车片上产生的阻力与通过刹车盘油液或高压气体的压力成正比关系,压力越大,刹车片产生摩擦力矩越大。实际上,轮胎和地面之间的摩擦力是不可能无限增大的。当刹车压力逐渐增大到某一极限值时,摩擦力达到最大,这时轮胎与地面之间产生相对滑动,即"拖胎"现象。一旦发生"拖胎",摩擦力变小,使着陆滑跑距离增大,导致轮胎急剧磨损。

目前,现代飞机大多配备了刹车压力可自动调节的防滞刹车系统,根据外界条件的变化对刹车压力随时进行调节,使轮胎和地面摩擦力足够大,以避免发生"拖胎"现象。调节刹车压力是刹车系统回路的中心问题,刹车系统主要包括:

① 停留刹车系统:在飞机停留时,刹车蓄压器作为停留刹车压力源将飞机刹住;

② 自动刹车系统:在飞机着陆前,自动刹车系统被打开,不需驾驶员用脚踩刹车踏板;

③ 防滞刹车系统:由防滞控制阀、防滞控制器、防滞传感器等组成,能对刹车压力进行精确控制,获得最高的刹车效率;

④ 备用刹车系统:当主刹车系统失效时,通过转换阀提供备用(应急)刹车;

⑤ 正常刹车系统:主要由液压保险器、正常刹车调压器、刹车蓄压器等部件组成。

在飞机刹车系统回路中,驾驶员踩下刹车时,刹车油液通过流量放大器流向刹车作动筒,机轮内的刹车片相接触,产生摩擦力矩,实现飞机减速。当驾驶员松开刹车后,刹车在复位弹簧的作用下松开,油液由原路返回,由刹车调压器流回油箱。其中,流量放大器还起到液压保险器的作用,刹车调压器(刹车计量活门)用于控制油路流通面积或阀口开度。

8.1.3 副翼操纵系统的液压回路

飞机副翼操纵系统是指运用液压助力协助驾驶员克服舵面铰链力矩的操纵系统，是一种机械液压位置伺服功率放大装置，以液压作为工作能源，输出的机械位移和输入指令之间成正比关系，也被称为助力机械操纵系统。飞机副翼操纵系统分为不可逆助力机械操纵系统和可逆助力机械操纵系统。不可逆助力操纵系统的液压助力器工作时，由液压助力器承受舵面传来的载荷；可逆助力操纵系统的助力器工作时，驾驶员需要及时获得飞行速度和高度的变化情况，将舵面上的部分空气载荷通过"回力杆"传到驾驶杆，是一种有回力的助力操纵系统。

在副翼操纵回路中，将特定信号输入给驾驶杆，通过传动机构到达助力器和液压作动筒，从而驱动舵面偏转。飞机的气动力平衡的维持和驾驶杆的感觉力反馈由副翼感觉和定中机构来完成。在正常操纵副翼时，扰流板会配合副翼偏转，可以增加副翼的操纵效能。驾驶盘转动超过一定角度时，副翼上偏一侧的飞行扰流板会被打开，从而协助副翼进行横向操纵。在机翼外侧的后缘铰接飞机的副翼，飞机绕纵轴做滚转运动，由副翼系统回路操纵。在滚转操纵期间，需要两个机翼上产生升力差才能使飞机滚转，这时一侧机翼的副翼向下运动，另一侧机翼的副翼向上运动。副翼操纵系统回路由输入机构、副翼感觉和定中机构以及液压助力器等组成。

液压助力器由比较机构、执行元件以及液压放大器组成。进行比较输出的反馈量操纵指令，通过液压放大器对执行元件进行控制，满足操纵指令要求的执行元件的位移量，这就是比较机构。在液压压力作用下，输出机械功的一种液压作动筒，就是液压执行元件。起功率放大作用的元件称为液压放大器。在飞机上固定助力器的外筒，处于外筒内的传动活塞能够左右移动，将连通活门安装于活塞上，舵面的传动机构与右端活塞杆的接头相连；驾驶杆的传动机构和在传动活塞内的配油柱塞插的左端有接头相连。操纵驾驶杆时，在传动活塞的配油柱塞能够左右活动，其活动范围取决于限动片在限动架内的游动间隙。

8.1.4 方向舵操纵系统的液压回路

方向舵操纵系统回路主要由方向舵踏板传感器、方向舵感觉和定中机构、方向舵配平作动筒、偏航阻尼器、方向舵位置传感器和飞行数据采集组件等部分组成。在方向舵操纵系统中，驾驶员操纵方向舵，实现飞机绕垂直轴做偏航运动。驾驶员利用方向舵踏板，通过前扇形轮、操纵钢索输出信号到后扇形轮，然后由主方向舵和输出连杆来完成操纵。有一个整体的方向舵踏板力传感器位于后扇形轮输出连杆上，定中组件和感觉的移动由方向舵操纵系统实现方向舵踏板的反向驱动。方向舵的移动方向舵位置传感器会使方向舵移动，方向舵位置信号由飞行数据采集组件获得。为了防止飞机产生荷兰滚，需要根据飞机姿态的变化操纵方向舵，这一般是通过将偏航阻尼器安装于飞机方向舵操纵系统来实现的。脚蹬操纵的方向舵偏转角大于偏航阻尼器驱动方向舵的偏转角。

8.2　液压调速回路系统

在飞机液压系统中,任何一个复杂且功能完善的液压传动系统通常由若干个液压基本回路组成。液压基本回路是指由多种液压元件组成并能完成某种功能的油路结构。对液压基本回路的组成结构、工作原理及其性能特点充分了解,有助于对液压传动系统进行深入分析。

按功能进行分类,液压基本回路可分为调速回路、压力控制回路、方向控制回路和多缸运动回路等。调速回路用以实现液压执行元件运动速度调节;压力控制回路用以实现对液压系统或某支路压力控制;方向控制回路用以实现对液压执行元件运动方向控制;多缸运动回路用以实现对多个液压缸运动控制。

调速回路在液压传动系统中占有重要的地位。液压系统中执行元件运动的调节或变换是通过流量控制元件来实现的,以满足负载对速度变化的需求。速度调节回路包括速度换接回路、增速回路和减速回路。速度调节回路工作性能的优劣对整个系统起至关重要的作用。按流量或排量的改变方法不同,可将液压调速回路分为节流调速回路、容积调速回路和容积节流调速回路三类。

8.2.1　容积式调速回路

在节流调速回路中,由于节流损失和溢流损失同时存在,使液压回路有较低的效率,同时有很大的发热量。因此一般只能用于小功率调速系统。容积式调速回路相对具有更高的效率,故较多应用于大功率的调速系统中。

在容积式调速回路中,可采用变量泵或变量电动机来对液压执行机构进行调节,通过改变电动机的排量就能实现液压执行机构的运动速度的调节。容积式调速回路液压系统具有开式循环和闭式循环两种油液循环方式。

在开式循环回路中,由液压泵从油箱中吸入油液,然后输送到执行元件,完成对执行元件的调节后再流回油箱。这种循环回路的优点是油液温度能保持较低水平,有利于杂质沉淀;缺点是油液容易污染,使用寿命降低。

在闭式循环回路中,油液由液压泵从执行元件的回油腔后吸入,然后输送到执行元件的进油腔,再回到执行元件的回油腔,完成一次循环。闭式回路的优点是能有效避免污染物进入回路。按液压执行元件的不同,容积调速回路可分为泵-缸式和泵-电动机式两类。绝大部分泵-电动机式容积调速回路和部分泵-缸式容积调速回路的油液循环采用闭式循环方式。

1. 泵-电动机式容积调速回路

泵-电动机式容积调速回路有定量泵-变量电动机、变量泵-定量电动机和变量泵-变量电动机三种组合形式。

（1）定量泵-变量电动机式容积调速回路

图 8.1 所示为定量泵-定量电动机容积调速回路。其中包括定量泵、变量电动机、安全阀、辅助泵、单向阀和溢流阀。该调速回路采用闭式循环,溢流阀所起的作用是调定泵的输出压力,安全阀用来保证回路压力,使其不会超过最大值。辅助泵的作用是向回路补油,通过溢流阀调定补油压力。通过控制变量电动机的排量调节回路调节参数。

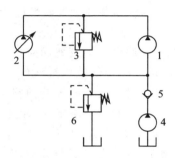

1—定量泵;2—变量马达;3—安全阀;4—辅助泵;5—单向阀;6—溢流阀

图 8.1　定量泵-定量电动机容积调速回路

调节电动机的转速通过改变它自身的排量 V_M 进行调节。假设不存在压力损失和管路泄漏,电动机转速的表达式为

$$n_M = \frac{q_p}{V_M} = \frac{n_p V_p - k_1 \dfrac{2\pi T_M}{V_M}}{V_M} \tag{8.1}$$

式中：n_M——液压电动机转速；

　　　V_M——液压电动机排量；

　　　V_p——液压泵排量；

　　　n_p——液压泵转速；

　　　k_1——液压泵和液压马达泄漏系数之和；

　　　T_M——液压马达负载转矩。

图 8.2 所示为定量泵-变量电动机式容积调速回路的工作特性曲线。当电动机的输出功率 P_M 随电动机排量 V_M 的变化规律呈现为近似一条水平直线,这说明电动机的输出功率是恒定的,不受电动机排量变化的影响。电动机的转矩 T_M 随马达排量 V_M 的变化规律呈现近似一条斜直线,说明马达的转矩随着马达排量的增大而增大,二者成正比关系。马达的转速随马达排量 V_M 的增大呈现先增大后减

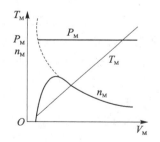

**图 8.2　定量泵-变量马达式
容积调速回路工作特性**

小的规律,马达的转速能较快达到最大转速值。需要注意的是,马达的输出功率和马达的转速变化规律曲线并未过零点,说明当马达排量小于一定值后,马达并无输出,相当于电动机不能工作。

(2) 变量泵-定量马达式容积调速回路

图 8.3 所示为变量泵-定量马达容积调速回路,其中包括补油泵、溢流阀、单向阀、变量泵、安全阀和定量马达,采用闭式循环式。溢流阀所起的作用是调定泵的输出压力,安全阀用来保证回路压力,使其不会超过最大值,安全阀对回路起过载保护作用。调节定量马达的转速 n_M 可通过改变变量泵的排量 V_p 来实现。

假设不存在管路压力损失和泄漏,马达转速的表达式为

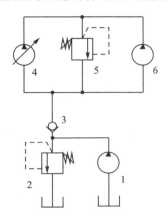

$$n_M = \frac{q_p}{V_M} = \frac{V_p n_p - k_1 \dfrac{2\pi T_M}{V_M}}{V_M} \quad (8.2)$$

在变量泵-定量马达式容积调速回路中,变量泵的排量不会对该回路的最大输出转矩造成影响。最大输出转矩与调速无关,在高速和低速时回路输出的最大转矩相同,并且是个恒定值,故称这个回路为恒转矩调速回路。

1—补油泵;2—溢流阀;3—单向阀;
4—变量泵;5—安全阀;6—定量马达

图 8.3　变量泵-定量马达容积调速回路

图 8.4 所示为变量泵-定量马达容积调速回路工作特性。从图中可以看出,马达的转矩 T_M 随马达排量 V_M 的增加恒定不变,即马达的转矩保持恒定。马达的输出功率 P_M 随马达排量 V_M 的变化规律呈现近似一条斜直线,说明马达的输出功率随马达排量的增加而线性增加,二者成正比关系。马达的转速也是随马达排量的增加而线性增加。这类回路能保持马达的转矩不变,调节马达排量来对马达的输出功率和马达的转速进行调节。该调速回路的调速范围可达 40 左右,但其存在低速时稳定性较差问题。

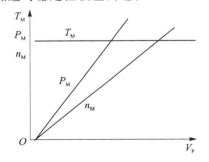

图 8.4　变量泵-定量马达容积调速回路工作特性

（3）变量泵-变量马达式容积调速回路

图 8.5 为双向变量泵-变量马达式容积调速回路,其中包括双向变量泵、双向变量马达、安全阀、补油泵、溢流阀和单向阀,采用闭式循环式。双向变量泵在该调速回路中所起到的作用为向双向变量马达供油,根据马达转向的需求,改变供油方向;双向变量马达在该调速回路中所起到的作用为提供动力,根据回路的需求,其运转速度改变,输出不同的功率;安全阀在该调速回路中所起到的作用是为变量马达提供过载保护;补油泵在该调速回路中所起到的作用是向双向变量泵补油,与单向阀配合,可完成变量泵正反向补油。

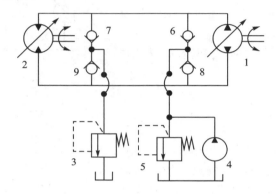

1—双向变量泵;2—双向变量马达;3—安全阀;

4—补油泵;5—溢流阀;6、7、8、9—单向阀

图 8.5 变量泵-变量马达容积调速回路

该回路的转矩和功率输出特性曲线如图 8.6 所示。从图中可以看出,马达的输出功率、马达的转矩和马达转速随马达排量的变化关系曲线在两个区间内存在明显的差异,可将其分成低速和高速两段。在低速段,该回路的工作特性和变量泵-定量马达式容积调速回路的工作特性基本相同,马达的转速的调节由变量泵来完成。在高速段,该回路的工作特性和定量泵-变量马达式容积调速回路的工作特性基本相同,变量泵的排量一直处于最大值,马达的转速随排量的变化而变化。两个阶段的工作特性的具体分析可参照前述两个调速回路,这里不再详述。

2. 泵-缸式容积调速回路

泵-缸式容积调速回路如图 8.7 所示。该回路采用开式循环式,组成有液压缸、变量泵和溢流阀(起安全作用)。变量泵在该调速回路中所起的作用是向液压缸供油,其输出的油液流量大小决定了液压缸的运动速度,因此可完成对液压缸的运动速度的调节。假设不存在管路、液压缸的泄漏和压力损失,液压缸的速度为

$$v = \frac{q_p}{A_1} = \frac{V_p n_p}{A_1} \tag{8.3}$$

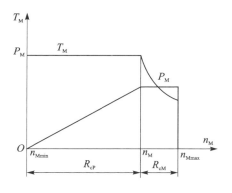

图 8.6　变量泵-变量马达
容积调速回路工作特性

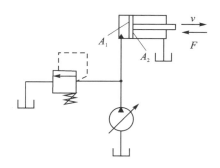

1—变量泵；2—安全阀
图 8.7　泵-缸开式容积调速回路

8.2.2　节流调速回路

对流入液压执行元件或自执行元件流出的流量的控制由调节流量阀的通流截面面积的大小来实现，以此来调节执行元件的速度，称为节流调速回路。根据流量阀类型的不同，可分为调速阀式节流调速回路和节流阀式节流调速回路；根据流量阀在油路中的位置的不同，可分为出口节流调速回路、进口节流调速回路、旁路节流调速回路和进出口节流调速回路；根据定量泵输出的压力是否随负载变化，又可分为变压式节流调速回路和定压式节流调速回路等。

1. 旁路节流阀式节流调速回路

图 8.8 所示为旁路节流阀式节流调速回路。可以看出，在位于定量液压泵与液压缸进油路之间的分支油路上安装有节流阀。节流阀在该调速回路中所起的作用是控制流入液压缸的流量，达到对液压缸速度进行调节的目的。液压泵的工作压力会

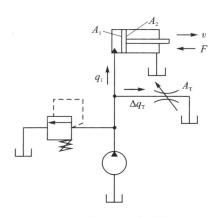

图 8.8　旁路节流阀式节流调速回路

随着负载的变化而发生变化,回路正常工作时,安全阀一直处于关闭状态,发生过载时才开启溢流。

旁路节流阀式节流调速回路液压缸的速度为

$$v = \frac{q_p - \Delta q_T}{A_1} = \frac{q_t - k_1\left(\dfrac{F}{A_1}\right) - CA_T\left(\dfrac{F}{A_1}\right)^{\varphi}}{A_1} \tag{8.4}$$

式中:q_t——液压泵的理论流量;

k_1——液压泵的泄漏系数。

旁路节流阀式节流调速回路速度-负载特性如图 8.9 所示。节流阀阀口开度较大,调速回路所能承载的负载较小。在节流阀通流截面面积不发生变化的情况下,液压缸的速度因负载增大而明显减小。负载增大,液压缸的速度降低,这是由于液压缸的流量随其负载的增大而减小,节流阀的流量增加。此外,负载增大,也会导致液压泵的内泄漏增加,结果是液压缸的流量减小。

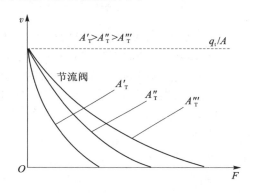

图 8.9　旁路节流阀式节流调速回路速度-负载特性

调速回路的功率特性是指回路在调速过程中的输入功率、输出功率、回路效率和功率损失随速度的变化情况。该调速回路没有溢流损失,其功率损失只有节流损失,具有较高的效率。由于该回路中液压泵的输出压力与负载之间具有较好的适应性,没有造成多余的压力损失,故在高速的情况下效率更高。

2. 出口节流阀式节流调速回路

图 8.10 所示为出口节流阀式节流调速回路,节流阀的安装在液压缸的出油路上。节流阀在该调速回路中所起的作用是控制液压缸流出的流量,达到对液压缸速度进行调节的目的。溢流阀则是将多余的油液溢流回油箱。

假设不存在管路压力损失和泄漏,回路中液压缸的速度表达式为

$$v = \frac{q_2}{A_2} = \frac{CA_T(p_p A_1 - F)^{\varphi}}{A_2^{1+\varphi}} \tag{8.5}$$

图 8.11 所示为出口节流阀式节流调速回路速度-负载特性。由图 8.11 可知,当

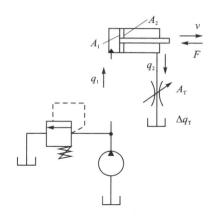

图 8.10　出口节流阀式节流调速回路

负载力 F 的增大时,液压缸速度 v 减小。各曲线在速度为零时,都汇交到同一负载点上,说明节流阀通流截面面积变化不影响该回路的承载能力。

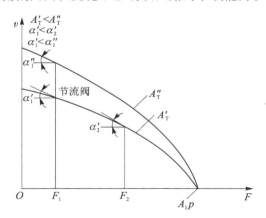

图 8.11　出口节流阀式节流调速回路速度-负载特性

出口节流阀式节流调速回路具有以下特点。

① 流调速回路的液压缸回油腔会形成一定的背压,可在一定程度上抵御负方向负载,增加了运动的平稳性。

② 调速回路散热条件较好,虽然会有一定的发热,但溢流阀能直接流回油箱冷却。

③ 调速回路如果使用单出杆液压缸,当负载降为零时,液压缸的背腔压力会有很大程度的升高,这对密封不利。

3. 进口节流阀式节流调速回路

进口节流阀式节流调速回路如图 8.12 所示,组成部件有节流阀及液压缸(或液压电动机)、溢流阀、定量液压泵。节流阀在回路中的安装位置位于液压泵与液压缸之间的油路上，节流阀在该调速回路中所起的作用是控制进入液压缸的流量，达到对液压缸速度进行调节的目的。控制节流阀的阀口开度就能调节液压缸的运动速度。溢流阀在该调速回路中所起的作用是将富余的油液溢流回油箱，调整并基本恒定系统的压力。

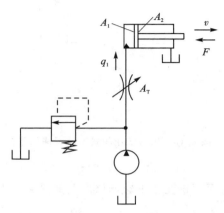

图 8.12   进口节流阀式节流调速回路

在进口节流阀式节流调速回路中，节流阀的两端压差会随着液压缸的负载力改变而发生变化。节流阀的流量 q_1 和液压缸工作腔的有效面积二者共同决定液压缸的运动速度。假设不存在管路压力损失和泄漏，液压缸的速度为

$$v = \frac{q_1}{A_1} = \frac{C A_{\mathrm{T}}(p_{\mathrm{p}}A_1 - F)^a}{A_1^{1+a}} \tag{8.6}$$

式中：v——液压缸速度；

   C——节流阀系数；

   A_{T}——节流阀通流截面面积；

   F——液压缸负载；

   a——节流阀指数。

在该调速回路中，应避免将溢流阀的压力调整过高，否则会导致节油液流经溢流阀的功率损失增大，降低回路效率；还需注意避免液压泵的流量太小，否则无法达到液压缸最大运动速度，使节流阀失去调整作用。

该调速回路的速度-负载特性和出口节流阀式节流调速回路的速度-负载特性基本相同。负载力 F 的增大时，液压缸速度 v 减小。在该调速回路中，随着液压缸的运动速度的不断提高，有效功率增大。在大负载情况下，液压缸的运动速度大，该调速回路具有较高的效率；在低速小负载情况下工作时，该回路的效率很低。

8.2.3   调速阀式节流调速回路

上述的旁路、出口和进口节流阀式节流调速回路的速度平稳性差。回路的负载

发生变化时,节流阀的工作压差随之发生变化,导致液压缸的运动速度发生波动。为了改善调速回路的速度平稳性,采用调速阀替代上述节流阀式节流调速回路中的节流阀,重新组成的调速回路就是调速阀式节流调速回路,它的速度平稳性得到极大的改善。

进、出口调速阀式节流调速回路速度-负载特性如图 8.13 所示。从图中可以看出,以负载为 F_A 为分界点,液压缸的运动速度存在明显差异。当负载变化值小于 F_A 时,其液压缸的速度几乎不发生变化,基本保持恒定值。当负载大于 F_A 时,液压缸的速度随负载增大而减小,与节流阀具有相同的输出特性,这是由于调速阀正常工作的最小压差大于调速阀的工作压差。所有特性曲线都交汇到一点,这说明负载增大到 F_B 时,液压缸停止运动($F_B = p_p A_1$)。在计算和分析时可参照出、进口节流阀式节流调速回路的相应公式。

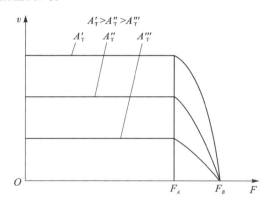

图 8.13　进、出口调速阀式节流调速回路速度-负载特性

由调速阀构成的旁路节流调速回路的速度-负载特性如图 8.14 所示。从图中可以看出,当液压缸的负载力的变化值位于 $F_A \sim F_B$ 区间时,随着负载力的增大,速度存在较小幅度的减小,这是由液压泵的负载变化引起泄漏量变化的结果。当负载小于 F_A 时,由于调速阀的正常工作的最小压差大于其工作压差,其具有与节流阀相同的输出特性,所以该段曲线与采用节流阀的旁路节流阀式节流调速回路速度-负载特性曲线的相应段一样;当负载增大到 F_B 时,安全阀将被开启,使得液压缸的运动停止。调速阀式旁路节流调速回路的其他特性与节流阀式旁路节流调速回路的类同,在计算和分析时可参照前述相应的公式。

图 8.15 为采用溢流节流阀的进口节流调速回路。当液压缸负载发生变化时,节流阀工作压差不发生改变,通过的流量也保持恒定不变,使液压缸的速度稳定,这是由于溢流节流阀中的差压式溢流阀(图 8.15 中 a)具有自动恒定节流阀(图 8.15 中 b)两端压力差的作用。该回路的速度-负载特性与调速阀式进口节流调速回路(图 8.13)的基本相同。该回路液压泵的工作压力大小随负载而变化,二者具有很好的相适应性,故这种回路在变负载下工作时,通常比调速阀式进口和出口节流调速回路具

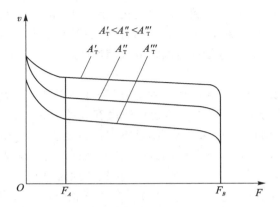

图 8.14　旁路调速阀式节流调速回路速度-负载特性

有更高的效率。溢流节流阀的安装位置只能在液压缸的进油路上，不能将其安装在出油路和旁油路上。由于溢流节流阀中的溢流阀无法起到过载保护的作用，故该回路需另外设置安全阀。

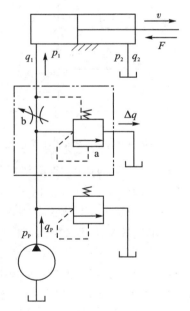

图 8.15　溢流节流阀式进口节流调速回路

8.2.4　容积节流调速回路

容积调速回路的优点是效率较高、发热量少，但存在速度-负载特性软的问题；调速阀式节流调速回路的优点是速度-负载特性好，但存在回路效率低的问题。容积节流调速回路则具有两者的优点。容积节流调速回路表现出较好的速度-负载特性，该回路的效率介于节流调速回路和容积调速回路之间,但更加接近于容积调速回路的效率。

常见的容积节流调速回路有稳流量泵-节流阀式容积节流调速回路和限压式变量泵-调速阀式容积节流调速回路。它们采用的流量阀和变量泵各不相同。

1. 稳流量泵-节流阀式容积节流调速回路

稳流量泵-节流阀式容积节流调速回路如图 8.16 所示。它的主要组成部件有液压缸、安全阀、节流阀和变量泵等。该回路中液压缸的速度是通过改变节流阀通流截面面积 A_T,控制进入液压缸的流量 q_1 来调节。稳流量泵的定子有两个控制缸,分别位于左右两侧,左侧泵缸柱塞面积 A_{p1} 与右侧泵缸活塞杆的面积相等。若调定节流阀通流截面面积 A_T,左侧泵缸和右侧泵缸的有杆腔和节流阀的进油口相通;右侧泵缸的无杆腔和节流阀的出口相通,液压泵输出流量 q_P 和通过节流阀的流量 q_1 能自动匹配。当液压泵输出流量 $q_P < q_1$ 时,定子受到使之向左移动的推力 F_s 由其压力 p_1 和压缩弹簧 R 产生,若偏心距 e 增加,液压泵的排量则增大,直到液压泵输出流量 $q_P \approx q_1$。当液压泵输出流量 $q_P > q_1$,左侧泵缸及右侧泵缸有杆腔压力 p_P 所产生的推力,迫使定子向右移动,偏心距 e 减小,液压泵的排量减小,直至液压泵输出流量 $q_P \approx q_1$。该回路能够实现自动调节,使得液压泵输出流量 $q_P \approx q_1$。

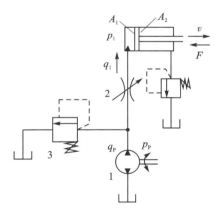

1—稳流量泵;2—节流阀;3—安全阀

图 8.16　稳流量泵-节流阀式容积节流调速回路

该调速回路中,稳流量泵的控制回路能保证节流阀的工作压差不变,并且对泄漏能够自动补偿。根据控制缸对定子作用力的静态平衡方程,导出节流阀工作压差 Δp 为

$$p_P A_1 + p_P (A_{p2} - A_{p1}) = p_1 A_{p2} + F_s \tag{8.7}$$

$$\Delta p = p_P - p_1 = \frac{F_s}{A_{p2}} \tag{8.8}$$

由式(8.8)可知,对于相同的无杆腔的面积 A_{p2},弹簧 R 的推力 F_s 决定了节流阀

的工作压差 Δp 的大小。通常该调速回路采用刚度较小的弹簧,弹簧在工作中的压缩量很小,故能保持推力 F_s 基本恒定,所以能实现节流阀的工作压差 Δp 基本不变,负载的变化不影响节流阀的工作压差,具有调速阀的功能。

2. 限压式变量泵-调速阀式容积节流调速回路

图 8.17 为限压式变量泵-调速阀式容积节流调速回路,主要由液压缸、调速阀及变量泵等部件组成。通过调速阀调节液压缸的运动速度,变量泵输出流量 q_p 应与进入液压缸的流量 q_1 相适应。

在调定节流阀通流截面面积 A_T 后,通过调速阀的流量 q_1 不会发生变化,其将保持恒定,而且 $q_p = q_1$。因此,当调大 A_T,瞬时出现变量泵输出的流量 $q_p < q_1$ 时,将导致泵的出口压力出现减小趋势,通过压力反馈作用,使限压式变量叶片泵的流量得到调节,其会自动增大到 $q_p \approx q_1$;同理,当调小 A_T,瞬时出现变量泵输出的流量 $q_p > q_1$ 时,将导致变量泵的出口压力出现增大趋势,压力反馈作用会对其流量进行调节,使其自动减小到 $q_p \approx q_1$。可见调速阀所起的作用有两方面,其一是使进入液压缸的流量保持恒定,其二是使泵的输出流量恒定,并使其匹配于液压缸流量。这样变量泵的供油压力基本恒定不变,故又称为定压式容积节流调速回路。

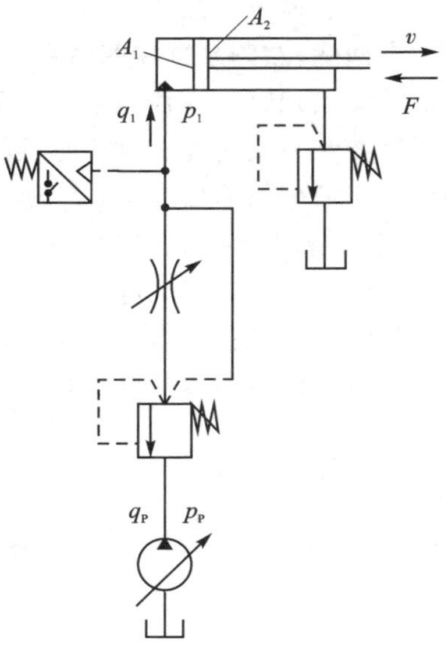

这种调速回路的运动平稳性、速度刚

**图 8.17　限压式变量泵-
调速阀式容积调速回路**

性、调速范围和承载能力都和与它对应的节流调速回路类同。调速回路的调速特性如图 8.18 所示。虽然该类型回路不存在溢流损失,但存在一定的节流损失,液压缸

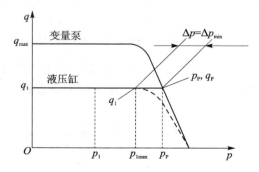

图 8.18　限压式变量泵-调速阀式容积调速回路的调速特性

的工作腔压力 p_1 和其存在的损失的大小有关。当进入液压缸的流量为 q_1 时,液压泵的供油流量应为 $q_p = q_1$,供油压力为 p_p。

8.3　多缸顺序运动回路

在液压传动系统中,两个或多个液压缸(或液压电动机)由同一个液压油源向它们提供液压油,并根据各缸的运动要求进行控制,完成预定功能的回路,被称为多缸运动回路。多缸运动回路分为顺序运动回路、同步运动回路和互不干扰回路等。顺序运动回路是多个液压缸严格按给定顺序运动的回路,在飞机液压系统中有着广泛的应用,本节内容重点介绍顺序运动回路。根据其控制方式的不同,可将顺序运动回路分为行程控制、压力控制和时间控制三种。

8.3.1　时间控制的顺序运动回路

时间控制的顺序运动回路是预先设定各执行元件运动的时间间隔,一个执行元件开始运动后,经过其对应的时间间隔后,另一个执行元件再开始运动的回路。可利用时间或延时继电器来进行时间控制。图 8.19 是采用延时阀进行时间控制的顺序运动回路,主要包括泵、溢流阀、电磁换向阀、节流阀、液动换向阀、单向阀、液压缸。

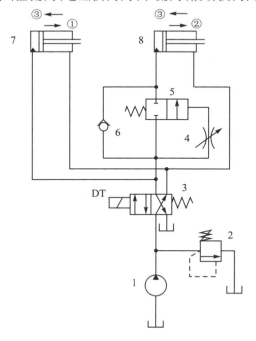

1—泵;2—溢流阀;3—电磁换向阀;4—节流阀;5—液动换向阀;6—单向阀;7、8—液压缸

图 8.19　延时阀控制顺序运动回路

当电磁换向阀通电时,液压缸 7 的左腔流入压力油,液压缸 7 内的活塞在压力油的推动下向右运动,即①方向,同时部分压力油先后通过节流阀和液动换向阀的控制油路,迫使阀芯向左缓慢移动。经过预先设定的时间间隔后,接通右位油路,压力油进入液压缸 8 的左腔,液压缸 8 内的活塞在压力油的推动下向右运动,即按②方向。再经过另一预先设定的时间间隔后,当电磁换向阀断电后,两缸的活塞均向左移动,即按③方向退回。控制缸 8 的活塞延时动作时间由控制的调节阀的开度来确定。

8.3.2　行程控制的顺序运动回路

在行程控制的顺序运动回路中,各个执行元件运动是按照一定顺序进行的,通常上一个执行元件完成运动时,向下一执行元件发出的控制信号,使得下一执行元件随后开始运动。

如图 8.20 所示,用行程换向阀控制的顺序运动回路主要包括液压缸、电磁换向阀、行程换向阀。当电磁换向阀 3 通电后,压力油进入液压缸 1 的左腔,推动液压缸 1 的活塞向右运动,即按箭头①方向。当液压缸 1 的活塞的此行程结束时,挡块压下行程换向阀,电磁换向阀 4 通电,压力油进入液压缸 2 的左腔,推动液压缸 2 的活塞向右运动,即按箭头②方向。当电磁换向阀断电后,液压缸 1 和液压缸 2 的活塞均向左运动,回到原位,即液压缸 1 的活塞按箭头③方向、液压缸 2 的活塞按箭头④方向。

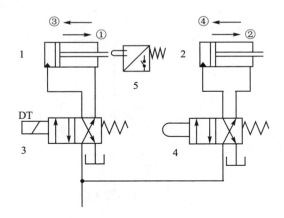

1、2—液压缸;3、4—电磁换向阀;5—行程换向阀

图 8.20　行程阀控制顺序运动回路

若电磁换向阀的电磁铁通电后,左液压缸的活塞的运动方向按箭头①的方向,其是向右运动。当液压缸运行抵达预定的位置时,行程换向阀被挡块压下,使其上位接入系统,则右液压缸的活塞的运动按箭头②的方向,即其向右运动。若电磁换向阀的电磁铁断电后,左液压缸的活塞的运动按箭头③的方向,即其向左运动。当挡块离开行程换向阀后,右液压缸的运动按箭头④的方向,即其向左运动,回到原位。

该回路中的运动顺序①与②和③与④之间的转换,是通过机械挡块对行程换向阀的阀芯进行推压使其位置变换实现的,动作可靠性高。但是,行程换向阀的安装位置受到限制,而且要改变运动顺序的难度较大。

8.3.3　压力控制的顺序运动回路

在压力控制的顺序运动回路中,各执行元件的运动是按顺序依次进行的,采用系统工作过程中压力的变化来实现运动顺序控制。图 8.21 所示为压力控制的顺序动作回路,其中包括泵、溢流阀、单向阀、电磁换向阀、单向顺序阀、液压缸。

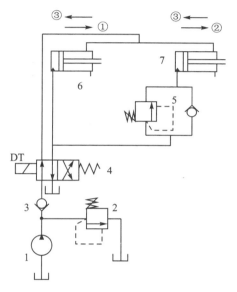

1—泵;2—溢流阀;3—单向阀;4—电磁换向阀;5—单向顺序阀;6、7—液压缸

图 8.21　压力控制的顺序动作回路

该系统采用顺序阀实现压力控制。当电磁换向阀通电时,打开通路,液压缸 6 左腔流入压力油,压力油推动液压缸 6 的活塞向右运动,即按①方向,液压缸 6 的活塞抵达右端后,系统压力升高,压力油的压力足以打开单向顺序阀 5,右侧通路打开,液压缸 7 的左腔流入压力油,压力油推动液压缸 7 的活塞向右运动,即按②方向。当电磁换向阀断电时,液压缸 6 和液压缸 7 的活塞均向左运动,回到原位,即按③方向。为了保证顺序动作的可靠性,单向顺序 5 的调定压力应大于液压缸 6 的最高工作压力。

8.4　多缸同步运动回路

同步运动回路是指部分液压传动系统两个或多个液压缸同步运动的回路,可分为位置同步和速度同步两种。位置同步是指在每一瞬间,各液压缸的相对位置保持固定不变;速度同步是指每一瞬间的速度同步。然而,无论位置同步回路还是速度同步回路,都很难通过开环控制获得高精度同步效果,所以实际上大多采用位置闭环控制措施来获得高精度同步运动。本节重点介绍利用分流阀控制的同步回路和串联液压缸的同步回路。

8.4.1　分流阀控制的同步回路

　　用分流阀控制两个并联液压缸同步运动回路如图 8.22 所示,其主要由液压缸、分流阀、单向阀和电磁阀组成。液压缸 1 和液压缸 2 具有相同的结构尺寸,分流阀 3 连接在它们的进油路上。通过分流阀流入液压缸 1 和液压缸 2 的流量是相等的,才能实现速度同步运动的控制。分流阀 3 将压力油分流后分别进入液压缸 1 和液压缸 2 的左腔,并且进入两腔的压力油量是相等的,压力油同时推动液压缸 1 和液压缸 2 的活塞同步向右运动。当对电磁阀通电后,压力油分别进入液压缸 1 和液压缸 2 的右腔,并推动液压缸 1 和液压缸 2 的活塞向左运动,将位于左腔的油液分别经单向阀 4 和单向阀 5 排回。在该回路中,节流口的开度可根据液压缸负载进行调节,保证分流阀阀芯两端的压力保持相等,使得阀芯处于平衡位置,流过节流阀的流量相等,故保证了两缸的速度同步。该回路中流入两液压缸的流量采用分流阀实现自动调节,使活塞的运动同步。该回路使用方便,具有较高精度,误差为 2%～5%。

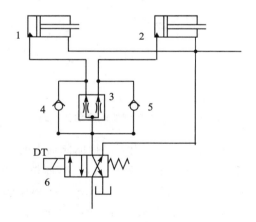

1、2—液压缸;3—分流阀;4、5—单向阀;6—电磁阀

图 8.22　用分流阀控制的同步回路

8.4.2　串联液压缸的同步回路

　　串联液压缸的同步回路是指串联两个有效作用面积相等的液压缸,并实现两缸运动同步的回路。该回路液压泵的工作压力最小值至少等于两个液压缸工作压力之和。若液压缸的制造精度较高且密封性能良好,该回路的速度同步精度可达 2%～

3%,但随着液压缸往复运动次数的增多,误差会变大。

串联液压缸同步回路如图 8.23 所示,其中包括液压缸、行程开关、液控单向阀。在下方安装有电磁阀,该回路采用位置补偿装置来减小液压缸多次往复运动后的累积位置误差。对电磁阀通电,位于左侧的液压缸 1 的上腔进入压力油,推动液压缸 1 的活塞向下运动,使得液压缸 1 的下腔中的油液进入位于右侧的液压缸 2 的上腔,并推动活塞同步向下运动。同理,对电磁阀断电,液压缸 2 的下腔进入压力油,推动其活塞向上运动,使得液压缸 2 的上腔中的油液进入液压缸 1 的下腔,并推动活塞同步向上运动,回到原位。

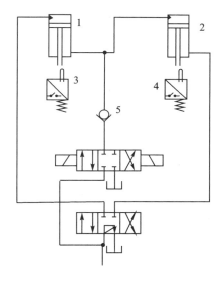

1、2—液压缸;3、4—行程开关;5—液控单向阀

图 8.23　带位置补偿装置的串联液压缸同步回路

由于两液压缸泄漏并不相等,故它们的活塞不能同时抵达下端位置或者同时返回上端位置。此时,行程开关和液控单向阀介入,对液压缸进行补油或者放油,对同步误差进行修正。

修正误差的补偿措施过程:若右侧液压缸 2 的活塞先抵达下端位置,而左侧液压缸 1 的活塞处于落后时,行程开关 4 被液压缸 2 的挡块压下,对电磁铁 2YA 进行通电,液控单向阀反向开启,液压缸 1 的下腔回油,液压缸 1 的活塞继续下行抵达下端位置。若侧液压缸 1 先抵达下端位置,而右侧液压缸 2 处于落后时,行程开关 3 被液压缸 1 的挡块压下,对电磁铁 1YA 进行通电,则压力油通过液控单向阀直接流入液压缸 2 的上腔,迫使其继续下行抵达下端位置。

思 考 题

题 8.1　简述飞机刹车系统回路及其结构组成。

题 8.2　简述副翼操纵系统回路及其结构组成。

题 8.3　液压调速回路有哪些类型？它们的具有什么样的特性？

题 8.4　解释多缸运动回路、类型及其在液压系统中的作用。

题 8.5　如题 8.5 图所示为采用调速阀的进口节流加背压阀的调速回路。液压缸两腔面积 A_1 为 50 cm^2 和 A_2 为 20 cm^2。负载 F 为 9 000 N。背压阀的调定压力为 0.5 MPa。液压泵的供油流量为 30 L/min。不计管道和换向阀的压力损失。

试求：（1）欲使液压缸速度恒定，不计调压偏差，溢流阀最小调定压力 p_y 多大？（2）卸荷时的能量损失有多大？（3）若背压阀增加了 Δp_b，溢流阀调定压力的增量 Δp_y 应有多大？

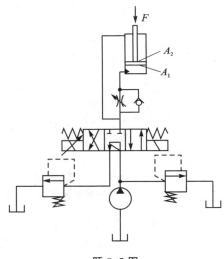

题 8.5 图

题 8.6　如题 8.6 图所示，如变量泵的转速 $n=1\,000$ r/min，排量 $V=40$ mL/r，泵的工作压力 $p_P=6$ MPa，泵的容积效率为 0.9，机械效率为 0.9，液压缸右侧大腔面积 $A_1=100$cm^2，左侧小腔面积 $A_2=50$ cm^2，液压缸的进油路和回油路压力损失均为 1MPa，液压缸的容积效率为 0.98，机械效率为 0.95，试求：（1）液压泵电机驱动功率；（2）活塞推力；（3）液压缸输出功率；（4）系统的效率。

题 8.7　如题 8.7 图所示的进口节流调速系统中，液压缸大、小腔面积各为 $A_1=100$ cm^2，$A_2=20$ cm^2，负载 F 的最大值为 =25 kN。

试求：

（1）若节流阀的压降为 3 MPa，问液压泵的工作压力和溢流阀的调整压力各为多少? (2) 若溢流阀按上述要求调好后,负载 F 最大值降为 15 kN 时,液压泵工作压力和活塞的运动速度各有什么变化?

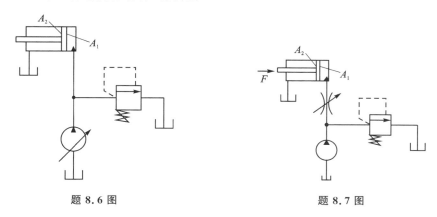

题 8.6 图　　　　　　　　　　　题 8.7 图

题 8.8　如题 8.8 图所示,液压泵输出流量 $Q_p = 10$ L/min,液压缸无杆腔面积 $A_1 = 50$ cm^2,液压缸有杆腔面积 $A_2 = 25$ cm^2。溢流阀的调定压力 $p_y = 2.4$ MPa,负载 $F = 10$ kN。节流阀口视为薄壁孔,流量系数 $C_q = 0.62$。油液密度 $\rho = 900$ kg/m^3。求:节流阀口通流截面面积 $A_T = 0.05$ cm^2 和 $A_T = 0.01$ cm^2 时的液压缸速度 v、液压泵压力 p_P、溢流阀损失 ΔP_y 和回路效率 η。

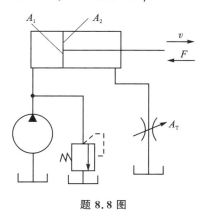

题 8.8 图

题 8.9　题 8.9 图所示为气压回路,说明该回路中各个元件的名称和它们在系统中所起到的作用。

题 8.10　如题 8.10 图所示,说明该液压系统中各液压元件的名称以及各自所起的作用,并写在横线上。

1 _____ ;2 _____ ;
3 _____ ;4 _____ ;
5 _____ ;

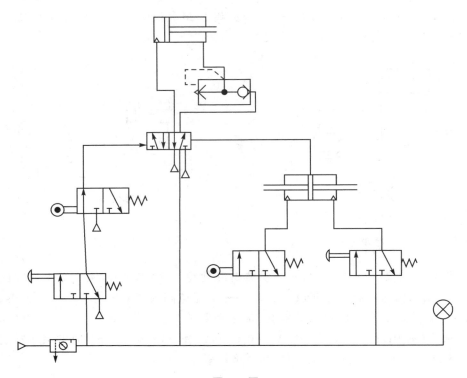

题 **8.9** 图

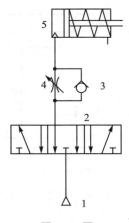

题 **8.10** 图

题 8.11　如题 8.11 图所示为速度控制回路,分析该回路的组成和其工作原理。

题 8.12　如题 8.12 图所示为方向控制回路,分析该回路中组成的各个元件和其所起作用以及其工作原理。

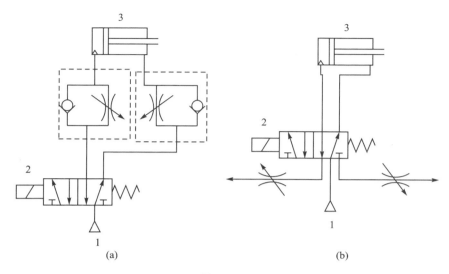

题 8.11 图

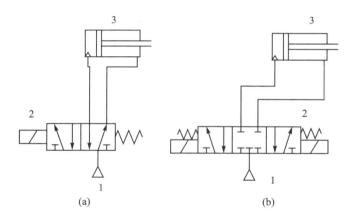

题 8.12 图

题 8.13　如题 8.13 图所示,在该液压系统中,若将减压阀的压力调定为 2.5 MPa,将溢流阀的压力调定为 5 MPa,液压缸的无杆腔面积 $A = 50$ cm^2,假设由单向阀造成的压力损失为 0.2 MPa,由非工作状态下的减压阀造成的压力损失为 0.3 MPa,当液压缸的负载分别为 0 kN、7.5 kN 和 30 kN 时,试求:

(1) 三种负载情况下液压缸是否都能移动?

(2) 三种负载情况下 A、B 和 C 三点压力值分别为多少?

题 8.14　如题 8.14 图所示,试分析下列三种情况下,系统的调定压力分别为多少?

(1) 同时对 1YA 和 3YA 进行通电,而对 2YA 断电;

(2) 同时对 1YA、2YA 和 3YA 都断电;

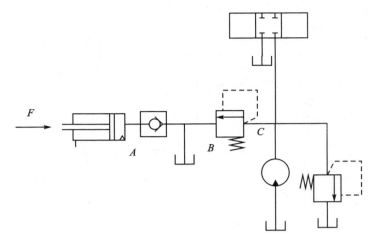

题 **8.13** 图

（3）同时对 2YA 和 3YA 进行通电,而对 1YA 断电。

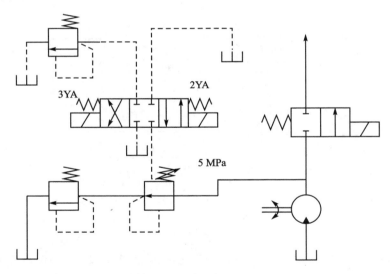

题 **8.14** 图

第9章　飞机液压伺服系统

液压伺服系统又称液压随动系统,是用液压元件组成的伺服系统,是液压驱动系统的重要分支。针对该系统的研究是液压专业与自动化专业相结合的交叉学科,融合了液压、自动控制、计算机技术等多种理论,能够更好地体现液压驱动动力强、系统响应快、功率密度大等优势。

9.1　概　　述

9.1.1　液压伺服系统的工作原理

现代飞机通常采用电传操纵模式,其舵面控制原理如图9.1所示。飞行员通过操纵驾驶舱手柄,传递运行指令给作动器控制器,飞机逻辑控制系统自动判断液压系统状态,选择液压能源系统对作动器进行能源供应。作动器控制器根据运动指令和位置反馈信号来完成作动器控制,从而控制飞机舵面运动,达到调整飞行姿态的目的。

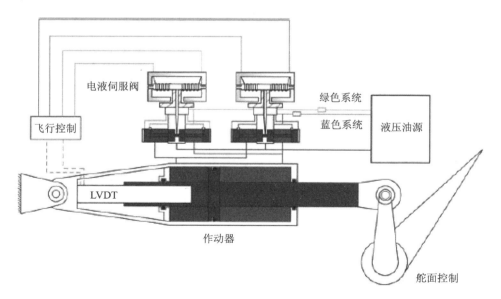

图 9.1　舵面控制原理

飞机舵机控制的核心是电液伺服控制系统,具有响应快、精度高、功率密度大等优点,其执行部分是电液伺服作动器(由电液伺服阀和液压作动筒组成)。电液伺服阀根据控制信号控制进入作动筒的高压油液,在电传操纵模态下,通过位移传感器把作动器活塞的位移作为反馈构成闭环控制系统,对输出进行精确控制,进而控制作动筒输出力,以较大功率推动飞机舵面偏转,通过电信号控制,将液压功率转换为作动筒机械功率输出。

    液压伺服系统是一种典型的控制系统,执行元件能以一定的精度自动按照输入信号的变化规律动作。在液压伺服系统中,液压执行元件的输出参数,如位移、速度、加速度和力等,通过反馈元件传递给控制器,并根据误差大小调节控制元件的输入信号,使系统输出能够自动、快速和精确地跟踪系统输入指令。下面以节流调速回路为例,进一步说明液压伺服系统的工作原理。

    如图9.2所示,节流阀安装在油路进口位置,通过调节节流阀的开口量,控制液压缸的运动速度。在该液压系统中,节流阀的开口大小定义为输入量,液压缸运动速度为输出量。当负载、油温等参数发生变化时,液压缸的运动速度也会发生相应的变化,该系统为开环控制系统,速度控制精度低。

    当负载、油温等参数发生变化时,可通过控制节流阀的开口,保持液压缸稳定的输出速度,提高系统的控制精度。但是,如何调节节流阀开口量,使液压缸运动速度达到预期值,这就涉及到液压伺服系统的设计。如图9.3所示,在图9.2中节流调速回路的基础上设计了闭环控制系统。

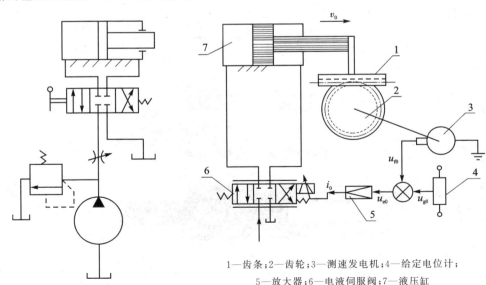

1—齿条;2—齿轮;3—测速发电机;4—给定电位计;
5—放大器;6—电液伺服阀;7—液压缸

图9.2   进口节流阀式节流调速回路   图9.3   图9.2中节流调速回路的闭环控制系统

    图9.3中,在液压缸末端安装了由齿轮、齿条和测速发电机组成的测速装置,测得运动速度并转换为电压u_{f0}。该电压与给定电位计的电压信号u_{g0}进行比较,其差

值 $u_{e0} = u_{g0} - u_{f0}$ 经放大器放大后,以电流 i_0 输入电液伺服阀。电液伺服阀根据输入电流的大小和方向调节阀的开口量大小和移动方向,控制输出油液的流量大小和方向。在该状态下,电液伺服阀输入电流为 i_0,阀的稳定开口量为 x_{v0},电液伺服阀的输出流量为 q_0,液压缸速度稳定在 v_0。

当液压缸速度增大时,测速装置输出电压 u_f 将大于设定电压 u_{f0}。由于电压差值小于预期差值,放大器输出电流减小,对应的电液伺服阀开口量减小,液压缸速度也会随之降低,直到 $v = v_0$。相类似地,当液压缸速度减小时,测速装置输出电压 u_f 将小于设定压力 u_{f0},电压差值大于预期值,放大器输出电流会增大,电液伺服阀开口量和液压缸速度也随之增大,直到 $v = v_0$。

在上述液压系统的调节过程中,液压缸速度(输出量)通过测速装置、给定电位计、放大器等反馈装置来影响节流阀的开口量(输入量)。如图 9.4 所示,由于反馈作用的存在,形成了闭环控制系统,使系统速度控制精度得以提高,响应速度快。另外,在该液压伺服系统中,液压缸的输出速度可根据给定电位计的电压信号来实现任意调节,即使在外界干扰的条件下,系统仍然能控制实际输出速度,并与设定速度接近。

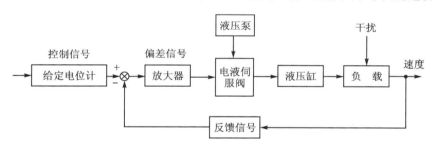

图 9.4　液压系统速度伺服系统控制框图

9.1.2　液压伺服系统的组成

在上述例子中,发现液压伺服系统具有以下特点。

① 反馈性。把输出量的被控信息按一定方式反馈到输入端,并和预期输入信号比较,这就是系统的反馈性。在上例中,由测速装置输出电压,反馈到输入端,并与给定电压相对比。

② 偏差性。只有输出量与预期目标存在偏差时,才能依靠伺服控制消除偏差。在上例中,由于液压缸的运动速度与预期运动速度有偏差,液压控制系统才能消除偏差。在液压伺服系统中,任何时刻都不能完全消除这一偏差,伺服系统正是依靠这一偏差信号工作的。

③ 放大性。执行元件输出的力和功率远远大于输入信号的力和功率,这就是液压伺服系统的放大性。

④ 跟踪性。液压执行元件的输出量会跟踪输入信号的变化。跟踪精度越高,系

统控制精度就越高;跟踪速度越快,系统响应速度就越快。

在上述分析中,液压伺服系统是典型的闭环控制系统。该系统主要由输入元件、比较元件、放大及转换元件、执行元件和检测反馈元件等组成,如图 9.5 所示。

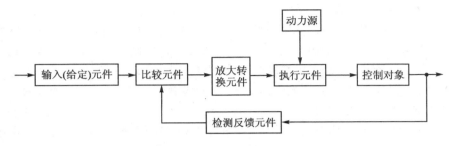

图 9.5　控制系统的组成环节

① 输入元件。输入元件给出所需的输入信号,如上例中阀的开口量可作为系统的输入信号。

② 比较元件。将输入信号和反馈信号比较,并将其差值作为放大转换元件的输入,如上例中的给定电位计。

③ 放大转换元件。将偏差信号放大并转换后,输入到执行元件中,如上例中的电液伺服阀。

④ 执行元件。带动控制对象动作的元件,如上例中的液压缸。

⑤ 检测反馈元件。它测量系统输出量的大小,并将其转换成相应的反馈信号送回到比较元件。上例中由测速发电机测得液压缸的运动速度,并将其转换成相应的电压作为反馈信号。

9.1.3　液压伺服系统分类

液压伺服系统种类繁多,可以以不同的角度进行分类。

① 按输入的信号变化规律分为定值控制系统、伺服控制系统和程序控制系统。当系统输入信号为定值时,要求在外部干扰的情况下,能够以一定的控制精度输出的系统,称为定值控制系统,其基本任务是提高系统的抗干扰能力;伺服控制系统(或随动系统)的输入信号是时变的未知函数,要求系统的输出量能够准确、迅速地复现输入量的变化规律;与伺服控制系统不同的是,程序控制系统的输入信号是按预先给定规律变化的,同样要求系统输出量准确迅速地复现输入量的变化规律。

② 按能量转换形式的不同分为机械-液压伺服系统、电气-液压伺服系统、气动-液压伺服系统等。

③ 按被控物理量分为位置(或转角)控制系统、速度(或转速)控制系统、加速度(或角加速度)控制系统、力(或压力)伺服系统和其他控制系统等。

④ 按控制元件的类型分为阀控系统和泵控系统。

9.1.4　液压伺服系统的特点

飞机液压系统主要包括液压控制系统和液压传动系统两类。上述液压传动系统和液压控制系统虽然均以油液为介质传递能量,但是二者在工作任务、控制原理、控制元件、控制功能和性能要求等方面存在差异,如表 9.1 所列。

表 9.1　液压传动系统与液压控制系统的比较

类　别	液压传动系统	液压控制系统
工作任务	以动力传动为主、信息传递为辅,实现驱动和调速	以信息传递为主、动力传动为辅,实现被控量跟踪输入指令
控制原理	一般为开环控制	一般为负反馈闭环控制
控制元件	采用调速阀或变量泵手动调节	采用液压控制阀自动调节
控制功能	一般依靠手动调速和顺序控制等,难以实现连续调节	利用反馈控制可实现连续控制
性能要求	侧重传动特性和静态特性	侧重控制特性,对稳态性能和动态性能都有要求

液压伺服系统除具有液压传动系统单位功率的质量轻、负载刚度大和系统润滑性好等一系列优点外,还具有控制精度高、响应速度快、动态特性优异和自动化程度高等优点。另外,液压伺服系统易于实现直线运动。例如,以阀控缸为动力元件的液压控制系统很容易实现负载的直线运动,运动机构简单,传动效率也高。

但是,液压伺服系统还存在以下缺点。

① 对工作介质的清洁度要求高,抗污染能力差。在液压伺服系统中,污染的油液会使阀磨损加剧并降低其性能,甚至会被堵塞而不能工作。

② 制造精度高,价格较高。液压伺服元件的加工制造精度要求较高,这就直接提高了液压伺服系统的成本。

③ 在小功率系统中,液压伺服控制不如电器控制灵活。

9.2　液压伺服控制元件

9.2.1　概　述

液压伺服控制元件也称为液压控制阀,是一个集能量转换、功率放大和信号控制于一体的元件,具有能量转换、功率放大、压力和流量控制及反馈等作用。液压控制元件是液压伺服系统中最重要的控制元件,常根据输入信号来控制油液的压力和流量,其性能的好坏直接影响控制系统的整体性能。

液压伺服控制元件是一种能量转换元件。该元件将机械能转换为液压能,输入机械位移信号,输出一定压力和流量的液压油。另外,该类型元件也是能量放大元件,如图9.6所示。类似于模拟电子系统的放大作用,液压伺服控制元件将小功率机械量转换为大功率的液压量,液压油的压力和流量信号取决于机械量的大小。液压伺服元件也能够通过级联构成多级放大的液压伺服系统。值得注意的是,液压伺服系统放大的能量主要来自于液压泵站的能量。

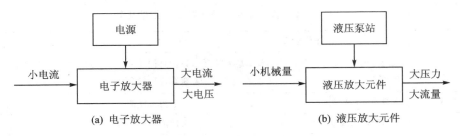

图 9.6　液压放大元件与电子放大器的对比

　　按照工作状态的连续性,液压控制元件可分为开关阀和比例阀两类。开关阀类似于普通开关,只有"通"和"断"两种状态,输出的压力和流量也是间断的。比例阀的工作状态可以连续调节,输出量与输入量成比例关系,在液压伺服系统中应用较为广泛。本节介绍的液压控制元件就是比例阀。

　　按照工作原理,液压控制元件可分为容积型放大元件和节流型放大元件。容积型放大元件指变量泵,通过改变液压泵的排量或转速来控制输出流量,如变转速变量泵、变排量变量泵和变转速排量变量泵等。节流型放大元件主要包括滑阀、喷嘴挡板阀和射流管阀,滑阀和喷嘴挡板阀通过控制节流口的大小和方向来控制输出流量和压力,而射流管阀采用射流原理来控制流量和压力。

　　下面重点介绍滑阀、喷嘴挡板阀和射流管阀的结构分类、工作原理和特性分析。

9.2.2　滑　阀

　　如图9.7所示,滑阀是节流型液压放大元件,其基本结构包括阀芯、凸肩、阀套和油口。通过改变阀芯位移的大小和方向,形成不同大小和位置的节流口,从而决定阀口流量的大小和方向。当阀芯向左移动时,在进油口P和控制口A、回油口T和控制口B之间形成了节流口,油液由进油口P流入控制口A,同时由控制口B流入回油口T;同理,当阀芯向右移动时,形成了不同的节流口,油液由进油口P流入控制口B,同时由控制口A流入回油口T。

　　如图9.8所示,根据的预开口形式,滑阀可分为零开口($x_s = 0$)滑阀、正开口($x_s > 0$)和负开口($x_s < 0$)滑阀三类。零开口滑阀具有较好的线性流量特性,工作精度高,在液压伺服系统中得到了广泛应用;正开口滑阀在零位有明显的功率损耗,零位附近的流量增益较高,工作精度较负开口阀高,稳定性较差;负开口阀在零位有死区,将产生较大的稳态误差,较少采用。

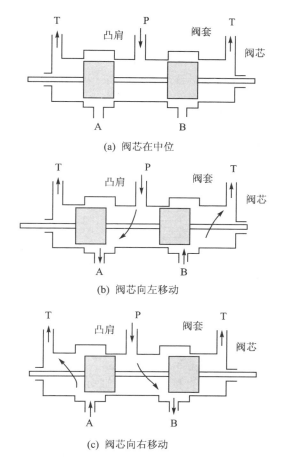

图 9.7　滑阀的结构及工作原理示意图

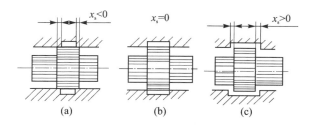

图 9.8　滑阀的三种开口形式

　　根据通油口数滑阀一般可分为二通滑阀、三通滑阀和四通滑阀;按照阀芯凸肩数量,滑阀可分为二凸肩滑阀、三凸肩滑阀和四凸肩滑阀等。凸肩数量越多,阀芯轴向尺寸越大,加工难度越大,但是定心性高,密封性好,并可减少外部泄漏量。

　　根据起控制作用滑阀的阀口数,可分为单边控制式滑阀、双边控制式滑阀和四边控制式滑阀三种类型滑阀。

（1）单边控制滑阀

如图 9.9 所示，来自泵的压力油进入单杆液压缸的有杆腔，通过活塞上小孔 a 进入无杆腔，压力由 p_s 降为 p_1，再通过滑阀的节流边流回油箱。当液压缸不受外载荷作用时，$p_1A_1 = p_2A_2$；当阀芯根据输入信号往左移动时，开口量 x_s 增大，无杆腔压力减小，于是 $p_1A_1 < p_2A_2$，缸体向左移动。因为缸体和阀体连接成一个整体，故阀体左移又使开口量 x_s 减小，直至平衡。滑阀控制边的开口量 x_s 通过控制液压缸右腔的压力和流量来控制液压缸运动的速度和方向。

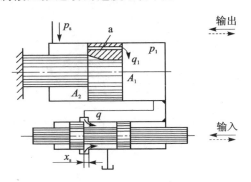

图 9.9 单边滑阀的工作原理

（2）双边控制滑阀

如图 9.10 所示，压力油一路直接进入液压缸有杆腔，另一路经滑阀左控制边的开口 x_{s1} 和液压缸无杆腔相通，并经滑阀右控制边的开口 x_{s2} 流回油箱。当滑阀向左移动时，开口 x_{s1} 减小，x_{s2} 增大，液压缸无杆腔压力 p_1 减小，两腔受力不平衡，缸体向左移动；反之缸体向右移动。双边控制滑阀比单边控制滑阀的调节灵敏度高、工作精度高。

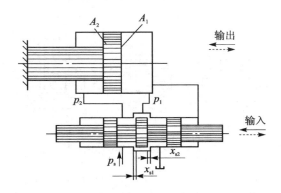

图 9.10 双边控制滑阀的工作原理

（3）四边控制滑阀

如图 9.11 所示，滑阀有四个控制边，开口 x_{s1}、x_{s2} 控制进入液压缸两腔的压力油,开口 x_{s3}、x_{s4} 控制液压缸两腔的回油。当滑阀向左移动时,液压缸左腔的进油口 x_{s1} 减小,回油口 x_{s3} 增大,使 p_1 迅速减小;与此同时,液压缸右腔的进油口 x_{s2} 增大,回油口 x_{s4} 减小,使 p_2 迅速增大,活塞迅速左移。反之,液压缸活塞右移。与双边控制滑阀相比,四边控制滑阀同时控制液压缸两腔的压力和流量,调节灵敏度高,工作精度也高。四边控制滑阀多用于精度要求较高的系统,而单边、双边控制滑阀用于一般精度系统。通常情况下,控制边数越多,控制质量越好,但结构工艺性越差。

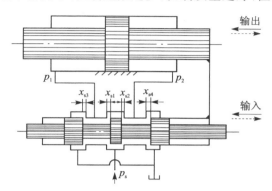

图 9.11　四边控制滑阀的工作原理

9.2.3　喷嘴挡板阀

喷嘴挡板阀有单喷嘴式和双喷嘴式两种,两者工作原理基本相同。以双喷嘴挡板阀为例,其主要由挡板、喷嘴和喷嘴、固定节流小孔和固定节流小孔等元件组成,如图 9.12 所示。

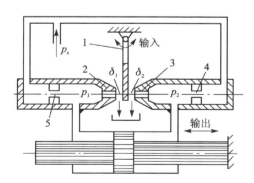

1—挡板;2、3—喷嘴;4、5—固定节流小孔

图 9.12　喷嘴挡板阀的工作原理

在喷嘴挡板阀中,输入量为挡板,输出量为液压缸位移。如图 9.12 所示,挡板和两个喷嘴之间形成两个可变的节流缝隙 δ_1 和 δ_2。当挡板处于中间位置时,两缝隙所形成的节流阻力相等,两喷嘴腔内的油液压力相等,即 $p_1 = p_2$,液压缸保持不动,

压力油经固定节缩小孔 4 和 5、缝隙 δ_1 和 δ_2 流回油箱。当输入信号使挡板向左偏摆时，可变缝隙 δ_1 关小，δ_2 开大，压力 p_1 上升，p_2 下降，液压缸缸体向左移动，因负反馈作用，当喷嘴跟随缸体移动到挡板两边对称位置时，液压缸停止运动。

　　喷嘴挡板阀常用作多级放大伺服控制元件中的前置级，具有结构简单、加工方便、运动部件惯性小、反应快、精度和灵敏度高等优点，但能量损耗大、抗污染大等缺点。

9.2.4　射流管阀

　　与滑阀和喷嘴挡板阀的节流原理不同，射流管阀是一种分流式液压放大元件，利用射流原理对流体实行控制和调节。从结构上看，射流阀可分为射流管阀和偏转板射流阀两类。在此，以偏转板射流阀为例进行说明。

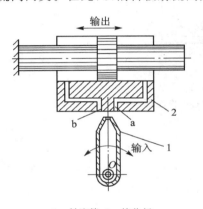

1—射流管；2—接收板

图 9.13　射流管阀的工作原理

　　射流管由射流管、接收板和转轴 O 组成。如图 9.13 所示，压力油通过转轴引入射流管，射流管射出的液流冲到接收器的两个接收孔上，两孔分别将液流导向油缸的两腔。射流管可绕 O 轴左右摆动，接收板上有两个并列的接收孔 a、b，分别与液压缸两腔相通。当喷嘴处于两接收孔的中间位置时，压力油从管道进入射流管后从锥形喷嘴射出，经接收孔进入液压缸两腔，两接收孔内油液的压力相等，液压缸不动。当输入信号使射流管绕 O 轴向左摆动一个角度时，进入孔 b 的油液压力比进入孔 a 的油液压力大，液压缸向左移动。由于接收板和缸体连结在一起，接收板也向左移动，形成负反馈。当喷嘴又处于接收板中间位置时，液压缸停止运动。

　　射流管阀最大的优点是对油液洁净度要求不高，由于分流喷口开口量比喷嘴挡板阀和滑阀的间隙大得多，可靠性高，常被用作电液伺服阀的前置放大。射流管阀结构简单、所需要的操纵力小、动作灵敏；缺点是运动部件惯性较大，动态响应特性不如喷嘴挡板阀，工作性能较差，射流能量损耗大、效率较低，射流阀特性难以预测，容易产生高频干扰振荡，供油压力过高时易引起振动。此种控制只适用于低压小功率场合。

9.3　液压伺服动力元件

　　液压伺服动力元件由液压放大元件、液压执行元件及负载等组合而成，是液压伺服系统的重要组成部分。如图 9.14 所示,液压动力元件实现了机械能的放大,其动态特性在很大程度上决定了整个液压伺服系统的性能,其传递函数是整个控制系统建模与仿真的基础。

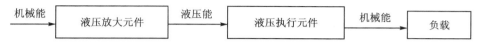

图 9.14　液压动力机构的组成及能量转换

9.3.1　液压伺服动力系统分类

在液压系统中,将液压能转换为机械能的执行元件主要包括液压缸和液压马达。液压缸输出直线运动和推拉力,按照结构又分为对称缸和非对称缸两类;液压马达输出旋转运动和转动力矩。按照液压伺服的工作方式,液压放大元件包括阀控式和泵控式两类。因此,液压伺服动力系统可以分为阀控缸系统、阀控马达系统、泵控缸系统和泵控马达系统四种基本形式,如图 9.15 所示。

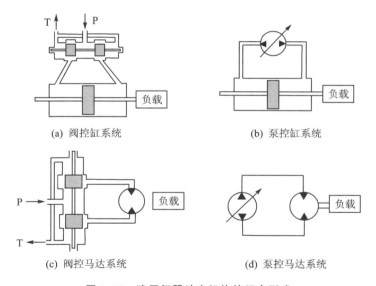

图 9.15　液压伺服动力机构的组合形式

阀控缸系统和阀控马达系统是节流式控制系统,采用节流型液压放大元件控制从油源进入执行元件的液压能量,从而控制执行元件的输出压力和运动速度;该系统通常采用恒压能源。泵控缸系统和泵控马达系统是容积式控制系统,通过改变变量泵的排量或转速来控制流入执行元件的流量,从而控制执行元件的运动状态;该系统的工作压力取决于负载大小。

9.3.2 四通阀控对称缸伺服系统

如图 9.16 所示,四通阀控对称缸伺服动力系统由零开口四通阀和对称液压缸组成,负载为由质量块、弹簧和阻尼元件组成的单自由度系统。当滑阀阀芯向右运动时,形成的节流口使高压油进入对称缸的右腔,推动活塞向左移动,对称缸左腔的油液通过滑阀另一个节流口流回油箱。同理,当滑阀阀芯向左运动时,高压油进入对称缸左腔,推动活塞向右运动。

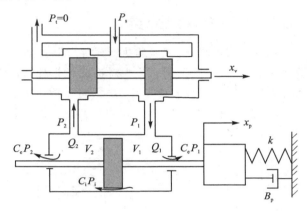

图 9.16 四通阀控对称缸的工作原理

9.4 电液伺服阀

9.4.1 电液伺服阀的组成、功能和分类

如图 9.17 所示,电液伺服系统一般由指令元件、比较元件、放大元件、反馈元件、伺服阀和执行元件等组成,其中电液伺服阀是整个系统的核心元件。电液伺服阀(也称伺服阀)是电液伺服系统的核心元件,将电气部分和液压部分连接起来,起到信号转换、功率放大及伺服控制的作用,其性能直接影响系统的控制精度、动态特性和可靠性。电液伺服阀将小功率的电气信号放大为大功率的液压能量,具有控制精度高和放大倍数大等优点,在液压伺服系统中有着广泛的应用。

电液伺服阀由电-机械转换器、先导级阀、功率级阀和反馈机构等组成,如图 9.18 所示。电-机械转换器(如力矩马达、电磁铁等)是将输入的电信号转换为机械运动。液压放大元件通常由先导级阀和功率级阀组成,这是因为电-机械转换器输出的机械能较小,在阀流量较大时无法直接驱动功率级阀芯运动,需要增加一级液压先导级,将电-机械转换器输出能量放大后,再去推动功率级阀,从而构成多级伺服阀。反馈机构是将输出级的阀芯位移或流量以位移、力或者电信号的形式反馈至第

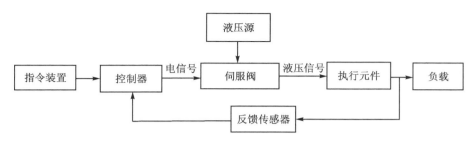

图 9.17　电液伺服控制系统组成

一级输入端,实现多级放大器中功率级滑阀的定位,并消除积分环节的作用,从而提高伺服阀的性能。

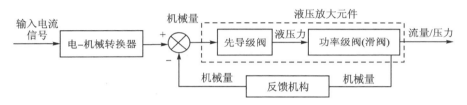

图 9.18　电液伺服阀的组成框图

　　按照液压放大元件的级数,伺服阀可以分为单级伺服阀、两级伺服阀和三级伺服阀。单级伺服阀主要由滑阀和力矩马达组成,力矩马达直接驱动滑阀运动。单级伺服阀结构简单,价格低廉,但是其流量和功率较小,稳定性较差,因此其应用受到一定的限制。两级伺服阀具有液压前置放大级,可以将力矩马达的输出放大,克服较大的液动力、黏性力和惯性力。两级伺服阀克服了单级伺服阀流量小、不稳定等缺点,得到了广泛应用。三级伺服阀是在通用型两级伺服阀的基础上增加了一个滑阀式液压放大,适用于大流量的应用场合。

　　按照先导级阀的结构形式,两级或三级伺服阀可以分为喷嘴挡板式伺服阀和射流管式伺服阀。喷嘴挡板式伺服阀是目前国内应用最广泛的伺服阀形式,具有控制精度高、动态响应快和稳定性好等优点。射流管式伺服阀在国外属于高端产品,具有更好的抗污染能力、稳定性和耐久性,并且在灵敏度、分辨率等指标上优于喷嘴挡板式伺服阀。

9.4.2　电液伺服阀的工作原理

　　电液伺服阀的结构原理如图 9.19 所示。从结构上看,电液伺服阀由电磁部分和液压部分组成。电磁部分是一个力矩马达;液压部分是一个两级液压放大器,第一级为由双喷嘴挡板阀构成的前置放大级,第二级为由四边滑阀构成的功率放大级。

　　(1) 力矩马达

　　由一对永久磁铁、导磁体、衔铁、线圈、内部悬置挡板及弹簧管组成。永久磁铁把

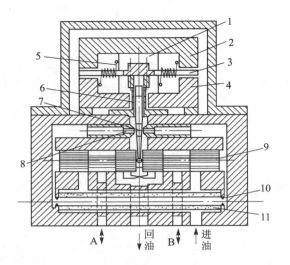

1—永久磁铁;2、4—导磁体;3—衔铁;5—线圈;6—弹簧;
7—挡板;8—喷嘴;9—滑阀;10—节流孔;11—滤油器

图 9.19　电液伺服阀的结构原理图

上下两块导磁体磁化成 N 极和 S 极,形成一个固定磁场。衔铁和挡板连在一起,由固定在阀座上的弹簧管支撑,使之位于上下导磁体中间。挡板下端为一球头,嵌放在滑阀的中间凹槽内。当线圈无电流通过时,力矩马达无力矩输出,挡板处于两喷嘴中间位置。当输入信号电流通过线圈时,衔铁被磁化,如果通入的电流使衔铁左端为 N 极,右端为 S 极,则根据同性相斥、异性相吸的原理,衔铁向逆时针方向偏转。于是弹簧管弯曲变形,产生相应的反力矩,使衔铁转过 θ 角便停下来。电流越大,θ 角就越大,两者成正比关系。这样,力矩马达就把输入的电信号转换为力矩输出。但是,力矩马达产生的力矩很小,功率很小,无法操纵滑阀的启闭,所以要在液压放大器中进行两级放大,即前置放大和功率放大。

（2）前置放大级

前置放大级是一个双喷嘴挡板阀,主要由挡板、喷嘴、固定节流孔和滤油器组成。液压油经滤油器和两个固定节流孔流到滑阀左、右两端油腔及两个喷嘴腔,由喷嘴喷出,经滑阀中部油腔流回油箱。力矩马达无信号输出时,挡板不动,左右两腔压力相等,滑阀也不动。力矩马达有信号输出时,挡板偏转,使两喷嘴与挡板之间的间隙不等,造成滑阀两端的压力不等,推动阀芯移动。

（3）功率放大级

由滑阀和挡板下部的反馈弹簧片组成。前置放大级有压差信号输出时,滑阀阀芯移动,传递动力的液压主油路被接通。因为滑阀位移后的开度正比于力矩马达输入电流,所以阀的输出流量也和输入电流成正比。输入电流反向时,输出流量也反向。滑阀移动的同时,挡板下端的小球亦随同移动,使挡板弹簧片产生弹性反力,阻止滑阀继续移动;另一方面,挡板变形又使它在两喷嘴间的偏移量减小,从而实现了反馈。当滑阀上的液压作用力和挡板弹性反力平衡时,滑阀便保持在这一开度上不再移动。因这一最终位置是由挡板弹性反力的反馈作用而达到平衡的,故这种反馈是力反馈。

9.5　液压伺服系统实例

9.5.1　位置控制伺服系统

工作台的伸缩运动伺服系统主要用于控制工作台的伸缩、回转、升降等动作,如图 9.20 所示,该系统是典型的电液位置伺服系统。

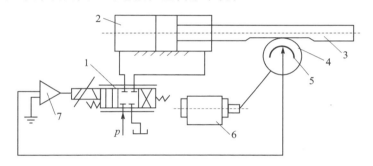

1—电液伺服阀;2—液压缸;3—活塞杆带动的工作台;
4—齿轮齿条机构;5—电位器;6—步进电动机;7—放大器

图 9.20　工作台运动的电液伺服系统原理

当电位器的触头处在中位时,触头上没有电压输出;当它偏离这个位置时,就会输出相应的电压。电位器触头产生的微弱电压,经放大器放大后才能对电液伺服阀进行控制。电位器触头由步进电动机带动旋转,步进电动机的角位移和角速度由数字控制装置发出的脉冲数和脉冲频率控制。齿条固定在工作台上,电位器固定在齿轮上,所以当工作台带动齿轮转动时,电位器同齿轮一起转动,形成负反馈。

数字控制装置发出的一定数量的脉冲,使步进电动机带动电位器的动触头转过一定的角度 θ_i,动触头偏离电位器中位,产生微弱电压 u_1,经放大器放大成 u_2 后,输入电液伺服阀的控制线圈,使伺服阀产生一定的开口量。这时压力油经阀的开口进入液压缸的左腔,推动活塞连同工作台一起向右移动,行程为 x_v,液压缸右腔的回油经伺服阀流回油箱。由于电位器的齿轮和工作台上齿条相啮合,手臂向右移动时,电位器跟着作顺时针方向转动。当电位器的中位和触头重合时,动触头输出电压为零,电液伺服阀失去信号,阀口关闭,工作台停止移动。工作台移动的行程决定于脉冲数量,速度决定于脉冲频率。当数字控制装置发出反向脉冲时,步进电动机逆时针方向转动,工作台缩回。工作台伸缩运动伺服系统控制框图如图 9.21 所示。

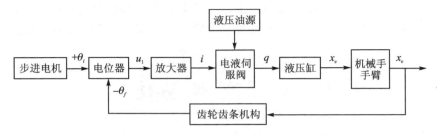

图 9.21　工作台伸缩运动伺服系统的控制框图

9.5.2　带钢张力控制系统

带钢在热处理炉内热处理时,需要控制带钢的张力,这就要求在生产过程中带钢的张力恒定。带钢张力控制液压伺服系统如图 9.22 所示。

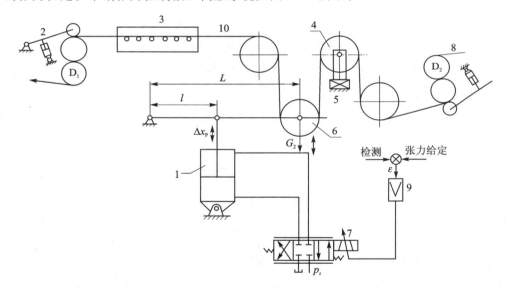

1—液压缸;2—1 号张力辊组;3—热处理炉;4—转向辊;5—力传感器;

6—浮动辊;7—电液伺服阀;8—2 号张力辊组;9—放大器;10—带钢

图 9.22　带钢张力控制液压伺服系统

在热处理炉内,带钢张力由带钢牵引辊组和带钢加载辊组来确定。用直流电机 D_1 作牵引,直流电机 D_2 作为负载,以造成所需张力。由于在系统中各部件惯量大,因此时间滞后大、精度低,不能满足要求,故在两辊组之间设置一液压伺服张力控制系统来控制精度。

带钢张力伺服系统中,在转向辊左右两侧下方各放置一力传感器作为检测装置,传感器信号的平均值与给定信号值进行比较。出现偏差信号时,信号经电放大器放

大后输入至电液伺服阀。如果实际张力与给定值相等,则偏差信号为零,电液伺服阀
没有输出,液压缸保持不动,张力调节浮动辊不动。张力增大时,偏差信号使电液伺
服阀有一定开口量,供给一定流量,使液压缸向上移动,浮动辊上移,使张力减少到一
定值。反之,当张力减少时,产生的偏差信号使电液伺服阀控制液压缸向下移动,浮
动辊下移,使张力增大到一定值。这就使张力保持恒定,保证了带钢张力的精度要
求。张力控制系统的控制框图如图 9.23 所示。

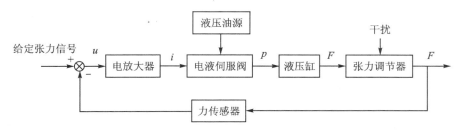

图 9.23　带钢张力控制系统的控制框图

思考题

题 9.1　简述液压伺服系统的组成元件及其优缺点。

题 9.2　简述滑阀、喷嘴挡板阀和射流管阀的工作原理。

题 9.3　如果双喷嘴挡板式电液伺服阀有一喷嘴被堵塞,会出现什么现象?

题 9.4　简述电液伺服阀的工作原理。

第10章 飞机液压元件试验与故障分析

飞机液压系统目前正在向高压化、高可靠性、高效率、大功率等方向发展,因此飞机液压系统对各个液压元件的要求更为苛刻,需要对液压元件的性能进行试验,达到设计要求后才能投入正常使用。飞机液压系统的故障分析是针对多种因素造成的故障进行分析,有利于飞机液压系统的维护、维修。液压元件的试验十分严格,要求进行全面和细致的试验。液压元件的试验通常是按照国家制定的试验规范来进行,试验规范中对各种液压元件的试验内容有详细的规定,主要包含试验项目、试验要求、试验条件、试验的测量方法、性能指标范围等。本章将对飞机液压元件的试验、故障诊断、飞机液压系统故障分析进行介绍。

10.1 飞机液压元件试验

10.1.1 液压元件试验的类型

飞机液压元件的试验主要有五大类,主要有强度试验、环境试验、性能试验、密封试验和寿命试验。

1. 强度试验

检查液压元件强度的试验称为强度试验,一般可采取压力试验、静力试验、破坏试验等方法。

（1）压力试验

压力试验有静压试验和耐压试验。静压试验主要用于检查液压元件的焊缝质量、强度和静密封的密封性,又可称为水压试验。这是进行的第一项试验,需进行试验的液压元件主要有液压泵壳体、液压马达壳体、作动筒壳体、导管、蓄压器壳体等。应根据试验规范设定试验压力(大于其额定压力)、试验时间。试验过程中应检查被试液压元件是否发生永久变形、泄漏和损坏等现象。部分液压元件还需进行耐压试验,即对液压元件进行周期性变化的压力下的承压能力检查,压力变化范围在低压与额定压力之间,并需重复进行一定的次数,检查被试液压元件是否发生永久变形、泄漏和损坏等现象,如液压泵、液压马达等。

（2）静力试验

静力试验主要用于检查液压元件工作时的强度,检查被试液压元件在工作过程中是否发生永久变形、泄漏和损坏等现象。作动筒需要进行伸出和缩回两个方向的静力试验。

（3）破坏试验

破坏试验是按一定规律对液压元件进行加压试验，直至元件被破坏，并测出破坏时的压力数值。为了保证试验的安全性，需在防护装置内进行。

2. 环境试验

飞机要求液压系统中的各个液压元件在飞机所能达到的任何飞行条件下，均能正常地工作，因此飞机液压元件要进行不同环境的试验。环境试验主要有过载试验、振动试验、高低温试验等。

环境试验由飞机的技术要求所决定。要求在飞机结构强度极限范围内，可能遇到的全部使用情况下，或飞机所能达到的任何飞行条件下，包括加速、冲击、振动、高度、温度等方面的情况变化，飞机液压系统均能正常地工作，因此通常进行的环境试验有高温试验、低温试验、振动试验、过载试验等。液压元件经受加速度的能力的试验为过载试验，液压元件在长期振动条件下工作的性能的试验为振动试验，液压元件适应环境温度变化的能力的试验为高低温试验。

3. 性能试验

飞机液压系统中使用的液压元件种类繁多，它们在系统中的所起作用不同，因此要求具有不同的性能。液压马达的性能指标主要包含额定转速、效率、额定扭矩、噪声和最低稳定转速等；液压泵的性能指标主要包含流量、压力、效率、振动、噪声和压力脉动等；换向阀的性能指标主要包含换向时间、内泄漏和压力损失等；作动筒的性能指标主要包含额定输出力、活塞行程和运动均匀性等。各种液压元件的性能的试验方法存在差异，本书将在后续内容中详述部分种类液压元件的性能试验。

4. 密封试验

飞机液压元件的密封试验有气密性试验和泄漏试验。

气密性试验一般采用抽真空或者充气的方法进行，检查液压元件的气密性是否满足要求。抽真空法是采用真空泵将被试液压元件内腔抽成一定的真空度，保持一定的时间，检查真空度下降的情况。充气法是对被试液压元件内腔充入一定压力的气体，保持一定的时间，然后在液压元件密封处涂上泡沫剂或者浸入水中，检查冒出气泡数在一定时间内是否小于规定数，或者检查内腔的压力下降是否小于规定值。油滤壳体、蓄压器、油箱等元件需要进行气密性试验。

泄漏密封试验有内部漏油试验和外部漏油试验。内部漏油试验是检查液压元件中的存在相对运动的零件之间的间隙的密封性，一般设定试验压力为额定工作压力，在一定的试验时间内要求内泄漏小于规定值。外部漏油试验是检查液压元件的静密封和动密封的密封性，给液压元件内腔充入一定压力的工作液，在一定的试验时间内要求外泄漏小于规定值。需要进行泄漏试验的元件有作动筒、液压马达、阀和液压泵等。

5. 寿命试验

用来检验液压元件工作寿命的试验称为寿命试验。液压元件中的受力零件在工作过程中承受重复交变载荷作用会引起疲劳损坏,从而影响液压元件的使用寿命,因此需要进行疲劳试验(冲击压力试验)。在液压泵突然启动或停止、执行元件突然停止或运动换向等情形下,都存在较大的压力冲击。虽然飞机液压系统中对最大冲击压力大于额定压力的值做了限定,但是波动的冲击压力大于液压元件的额定压力,对液压元件的寿命产生严重影响。

飞机液压系统中通常以额定压力的135%作为液压元件的冲击压力的最大值,图10.1所示为冲击压力试验的压力变化曲线。作用频率要求为30~75r/min,冲击压力由起始点变化到额定压力的时间占全周期的15%,从额定压力变化到最高反压值的时间占全周期的5%,通常要求液压元件承受冲击压力的次数大于20万次。

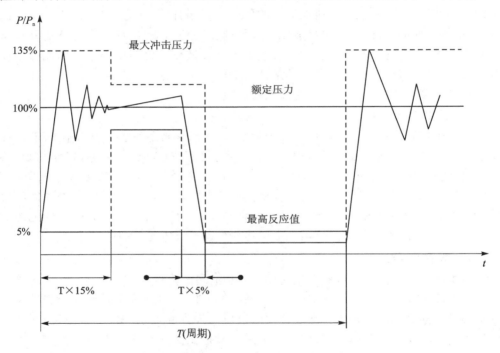

图 10.1   冲击压力试验的压力变化曲线

液压元件中的密封会因密封圈挤坏或磨损而失效(元件中可运动零件的磨损),这些因素也会影响液压元件的使用寿命。为了保证液压系统的稳定性和安全性,应进行液压元件的耐久性试验。耐久性试验是模拟液压元件正常使用时的条件,使元件连续地工作,并记录其连续工作的时间或连续工作的次数或连续运动的距离(根据元件的工作特点而定)。在长时间运转中,检查有无磨损、外泄漏及其他反常现象。

10.1.2   液压元件的试验台及功用

液压元件的试验台分为综合试验台和专用试验台。综合试验台主要用于液压元件的性能试验,可完成不同种类和规格的电液比例流量(节流)阀、电液比例压力阀、电液比例方向阀的相关性能试验。特定项目试验用的试验台称为专用试验台,针对性更强的试验甚至只能做某种产品的某项试验,此类试验台主要有冲击压力试验台、阻力试验台、高压试验台、寿命试验台等。

液压试验台安装调试的基本要求如下:

① 安装前,严格清洗主机的液压件和辅件,去除一切有害于压力油的污物,如防锈剂等;提前配备好适用的专用工具和通用工具,严禁进行不符合操作规程的装配,如任意敲打、用起子代替扳手等。

② 主机的各配合表面、油箱的内外表面和其他组成元件必须处于清洁状态。

③ 需注意工作机构与液压装置二者之间的连接装配质量(如相对位置、同心度、受力状况、固定方式及密封好坏等)。

④ 杜绝污物从与工作液接触的元件外露部分(如活塞杆)进入,对元件外露部分加以防护;杜绝液压系统进入未被过滤的空气,对空气滤清器、管口和油箱盖的密封应确保良好。

⑤ 注入系统的压力油必须经过过滤且达到要求的清洁度水准。

⑥ 对油品类型及系统容量需进行说明,并将铭牌安装于显眼位置处,如油箱上等。

⑦ 飞机液压元件的的性能和压力油温度有关,因此试验台要能够实现温度控制,并根据实验结果进行温度修正。

⑧ 合理配置试验台的动力装置,以保证其能提供足够的功率,满足被试元件的入口压力和流量的要求。

⑨ 为了保证被试元件性能的准确测定,试验台中动力装置提供的压力要稳定,冲击和脉动要小;试验台的供油管路上应安装溢流阀起定压作用或安全作用。

⑩ 压力传感器或压力表安装位置应处于直管段,并与被试元件保持合理的距离,若在进口处则应大于 $10d$,进口处则应处于 $100d$ 左右的距离(d 为导管直径);流量计安装位置通常位于回油管路上,其与被试元件之间保持较大的距离。

下面介绍常用的试验台介绍及其功用。

1. 综合试验台

综合试验台主要由测试系统、液压系统以及电控系统组成。其中,液压系统是液压元件性能测试的基础,主要有各种液压阀、阀架、液压泵和油箱等部件。测试系统用于完成多种信号的数据采集、数据分析、结果分析以及显示等,主要组成部分有各种传感器、数据采集卡和测试软件等。电控系统的作用是完成液压系统阀门的控制、电动机的启停等,主要组成部分有电控柜、继电器、可编程控制器和控制台等。

功能丰富的综合试验台液压系统的组成可细分为调压部分、温度控制部分、供油源部分、流量计切换部分、比例阀测试部分、方向阀测试部分和液压缸测试部分。调压部分用于完成系统压力的调整,温度控制部分用于完成液压油温度控制,供油源部分通过液压泵将油箱中的油液提供给系统,流量计切换部分用于切换流量进入通道,比例阀测试部分可完成比例调速阀、比例溢流阀和比例减压阀等的测试，方向阀测试部分可完成方向阀的测试，液压缸测试部分可完成液压缸的测试。

2. 耐久性试验台

耐久性试验台一般用于液压元件的寿命试验，通常要求该类试验台可调节最高和最低动作压力和试验温度，且能自动循环。图 10.2 所示为耐久性试验台的原理图，溢流阀 3 可调定最高工作压力，节流阀 6 可调节放压时间，二位二通电磁阀 2、7 可控制自动循环，压力继电器 9、10 可控制压力范围，即位于最高和最低动作压力之间。试验过程如下：开启油泵 1 完成蓄压器 11 充压，直到达到最高动作压力；对电磁阀 2、7 同时通电，液压泵 1 处于卸荷状态，而蓄压器经节流阀 6 持续放压；当压力下降到最低动作压力时，电磁阀 2、7 同时断电，蓄压器放压停止，液压泵 1 又给蓄压器充压。这样实现了自动循环。

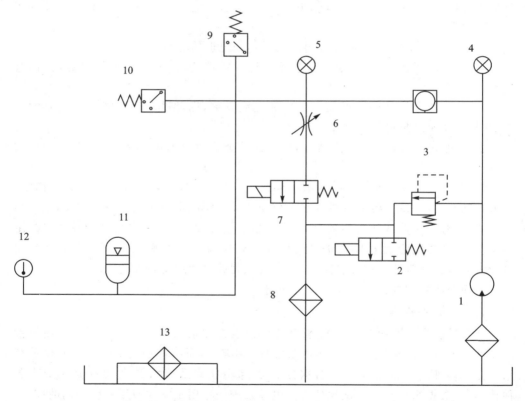

1—液压泵；2—电磁阀；3—溢流阀；4—压力表；5—压力表；6—节流阀；
7—电磁阀；8—油滤；9，10—压力继电器；11—蓄压器；12—温度表；13—油滤

图 10.2　蓄压器耐久性试验台简图

3. 阻力试验台

阻力试验台可在较大范围内调节流量，能满足不同被试元件的流量要求。系统

内油液的流动能保持较好的稳定性,压力脉动和温度变化较小,有利于阻力的测量。

测量一般采用四点测量法压力损失,这可以在一定程度上消除由于压力测量点布置远离液压元件进出口而引起的误差,测量时会把液压元件进出口与测量点之间的管路损失包含在损失结果里。图 10.3 所示为测量阻力的四点测量法示意图,在元件前受影响的长度 L_1 一般大于 $2d$,在元件后受影响的长度 L_2 一般大于 $20d$。两个测量点获得的损失是被试元件损失和两段管路损失之和。另外两个测量点之间的距离为 $L=L_1+L_2$,得到长度为 L 的管路损失。将前述测量结果减掉管路损失,就可获得较为准确的被试元件损失。

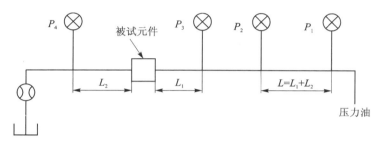

图 10.3　测量阻力的四点测量法示意图

图 10.4 所示为采用四点测量法的阻力试验台原理图,被试元件 8 两端的压力损失用一个 U 型压力计测量,而管路损失采用另一个 U 型压力计测量。通过对节流阀 3、10 进行调整可调节流过被试元件 8 的流量,通过溢流阀 2 可调定液压泵 1 的输出压力。为了保证具有较好稳定性的压力和流量,应选用容量较大的蓄压器 4。二位三通电磁阀 11 所起的作用是不测量流量时让油液直接流回油箱、需测量流量时让油液流经流量计 12。应对试验结果进行温度修正,可根据被试元件 8 的进口和出口分别安装的温度计 5、9 测量结果进行修正。

4. 冲击试验台

图 10.5 所示为采用矩形压力波的发生装置的冲击试验台原理图。溢流阀 2 可调定液压泵 14 输出的最高压力,由液压泵 14 输出的压力油完成对蓄压器 4 的充压。若换向阀 9 将被试元件 10 和蓄压器 4 接通,被试元件会受到来自蓄压器瞬压力油的瞬时冲击作用。随后蓄压器 4 与液压泵 14 同时供压,被试元件受到的压力为额定压力。若换向阀 9 换向,将油箱和被试元件 10 连通,被试元件 10 受到的压力会下降。通过不断进行换向阀 9 的换向操作来产生有冲击压力峰值的矩形压力波。节流阀 7 可调节换向阀 9 的换向速度,从而控制冲击压力峰值,换向速度快则峰值高,换向速度慢则峰值低。节流阀 11 的作用是控制压力下降的速度。根据试验中对压力波形的要求,合理选用图中的液压元件。冲击压力试验中还有一个动作周期的要求,一般希望其动作频率为 30~75 r/min,并且可以进行调整。

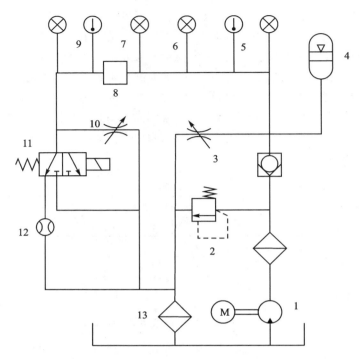

1—液压泵；2—溢流阀；3—节流阀；4—蓄压器；5,9—温度计；
6,7—压力计；8—被试元件；10—节流阀；11—电磁阀；12—流量计；13—油滤

图 10.4 阻力实验台简图

5. 耐压试验台

耐压试验台的原理如图 10.6 所示，其采用了油滤的耐压。耐压试验需要耐压试验系统提供周期性规律变化的压力，压力的变化范围为 0.1 倍的额定压力到 1.0 倍的额定压力。二位二通电磁阀 10 和溢流阀 2 共同控制油泵 1 的压力。若对二位二通电磁阀 10 通电，切断了溢流阀 2 的控制管路，油泵 1 处于供压状态，输出压力基本等于溢流阀 2 的调整压力；若对二位二通电磁阀 10 断电，接通了溢流阀 2 的控制管路，则可实现油泵 1 的卸荷。最高试验压力与溢流阀 2 调定压力相等，在调定前需关闭截止阀 7 和可调节流阀 4。最低试验压力与被试油滤 6 压力相等，可通过调节节流阀 4 来完成。试验时首先关闭截止阀 7，再对二位四通电磁阀 3 通电，被讨油滤 6 的进口接受最高压力的作用；当电磁阀 3 断电时，由油泵 1 输出的压力油直接通过节流阀 4 流回油箱，导致油滤 6 的进口接受的压力最低。因此，通过对电磁阀 3 不断换向，就可以使被试油滤 6 承受周期性变化的试验压力。

6. 高压试验台

高压试验台具有压力高、流量小的特点，可为静压试验和破坏试验等提供液压源。高压液压源的产生装置主要有手摇泵、压缩空气推动增压器和高压油泵。这三

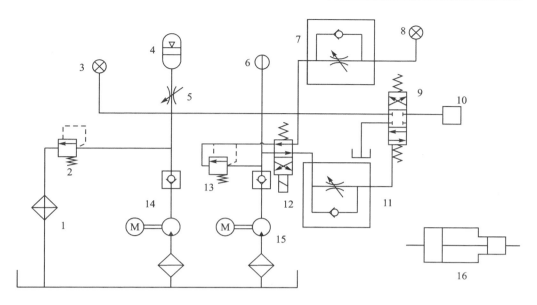

1—油滤；2—溢流阀；3,8—压力计；4—蓄压器；5—节流阀；
6—温度计；7—节流阀；9—换向阀；10—试元件；11—节流阀；
12—换向阀；13—溢流阀；14—液压泵；15—液压泵；16—增压器

图 10.5　冲击试验台原理图

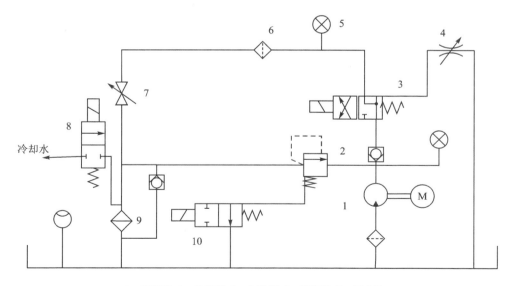

1—液压泵；2—溢流阀；3—电磁阀；4—节流阀；5—压力计；
6—被试油滤；7—截止阀；8—电磁阀；9—油滤；10—电磁阀

图 10.6　耐压实验台原理图

种装置各自产生的压力值不同,手摇泵提供的压力小于 100 MPa,压缩空气推动增压器提供的压力小于 65 MPa,高压油泵提供的压力可达 350 MPa。

图 10.7 所示为某高压试验台原理图。它采用高压油泵和增压器作为高压液压源。它的高压液压源的产生装置由增压器 7、换向阀 8、溢流阀 9 和油泵 10 组成。溢流阀 9 的作用是调整增压器 7 输出的压力。为了适当降低试验时间,由低压油泵 1 (流量比较大)、单向阀 5 和 6、换向阀 2 和 3 组成快速充油回路,能完成对被试元件 4 的快速充油。若对换向阀 3 和 2 同时通电,被试元件 4 将被来自油泵 1 的油液快速充满。充油完毕后,自动切断换向阀 2 和 3 的电,被试元件的回油与进油油路同时关闭。当进行高压试验时,换向阀 8 的右端通电,油泵 10 与被试元件 4 之间形成通路,油泵 10 向增压器 7 提供压力油,通过增压器 7 的增压作用后,打开单向阀 6,流入被试元件 4。试验完成后,同时对换向阀 3 和换向阀 8 进行通电,实现被试元件 4 卸压,油泵 1 将试元件 4 的油液通过单向阀 5 输入到增压器的左腔。

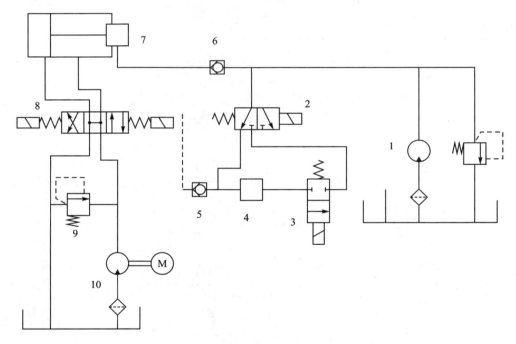

1—油泵;2—换向阀;3—换向阀;4—被试元件;
5,6—单向阀;7—增压器;8—换向阀;9—溢流阀;10—油泵

图 10.7 某高压实验台原理图

图 10.8 所示为另一种高压试验台原理图,它采用压缩空气推动增压器作为高压液压源的产生装置。它有高压发生器和冷气减压装置,单向阀 9 和 11、增压器 8 和换向阀 7 组成高压发生器,空气减压器 2 和两个空气滤 1 和 3 组成冷气减压装置。这种增压器采用压缩空气作为液压动力源,回路相对简单。它对被试元件的加压过

程为：增压器 8 的左腔流入来自冷气减压装置的压缩空气，活塞向右运动，右腔产生很高的压力，使油箱中的油液通过单向阀 11 和单向阀 9 后被输入到被试元件。高压压力表 6 和低压气压表 4 分别用于显示被试元件的压力和减压器 2 的出口压力。增压器 8 的出口的调节可通过调整减压器 2 的出口压力来完成。

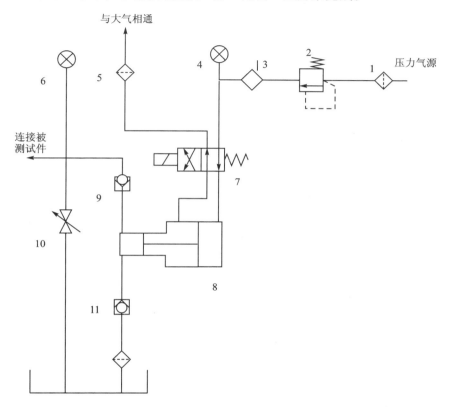

1,3—空气滤；2—空气减压器；4—低压气压表；5—油滤；
6—高压压力表；7—换向阀；8—增压器；9,11—单向阀；10—截止阀

图 10.8　另一种高压实验台原理图

7.　耐压试验台

　　耐压试验台原理图如图 10.9 所示，其采用了油滤的耐压。耐压试验需要耐压试验系统提供周期性规律变化的压力，压力的变化范围为 0.1 倍的额定压力到 1.0 倍的额定压力。二位二通阀 10 和溢流阀 2 共同控制油泵 1 的压力，若对二位二通阀 10 通电，切断了溢流阀 2 的控制管路，油泵 1 处于供压状态，它输出压力基本等于溢流阀 2 的调整压力；若对二位二通阀 10 断电，接通了溢流阀 2 的控制管路，实现油泵 1 的卸荷。最高试验压力与溢流阀 2 调定压力相等，在调定前需关闭截止阀 7 和可调节流阀 4。最低试验压力与被试油滤 6 压力相等，可通过调节可调节流阀 4 来完成。试验时首先关闭截止阀 7，再对二位四通阀 3 进行通电，油滤 9 的进口接受最高

压力的作用;当阀 3 进行断电,由油泵 1 输出的压力油直接通过可调节流阀 4 流回油箱,导致被试油滤 6 的进口接受的压力最低。因此,通过阀 3 不断换向,就可以使被试油滤 6 承受周期性变化的试验压力。

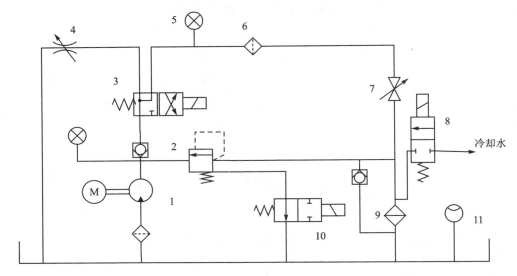

1—液压泵;2—溢流阀;3—二位四通电磁阀;4—节流阀;5—压力计;
6—被试油滤;7—截止阀;8—电磁阀;9—油滤;10—二位二通阀;11—温度计

图 10.9   耐压实验台原理图

10.2   飞机液压元件故障分析

10.2.1   液压泵试验与故障分析

1. 液压泵试验

飞机液压泵有齿轮泵、叶片泵、轴向柱塞泵等,每种泵的试验内容略有不同。齿轮泵的性能试验有:排量、容积效率和总效率、自吸性能、压力振摆、噪声、高温性能、低温性能、低速性能、超速性能、密封性能、超载性能、耐久性等。叶片泵的性能试验有:排量、额定压力、额定转速、空载压力、最低转速、空载排量、输出特性曲线、截流压力、滞环等。轴向柱塞泵的性能试验有:排量、容积效率和总效率、自吸性能、变量特性、噪声、高温性能、低温性能、超载性能、抗冲击性能、密封性能、耐久性等。

图 10.10 所示为闭式试验回路原理图。它由溢流阀 1、加热器 2、冷却器 3、压力表 4、温度计 5、流量计 6、补油泵 7 和被试泵 8 组成。被试泵 8 由电动机驱动,在液压泵的轴和电机轴连接之间安装有转速表和扭矩仪,分别用于测量转速和扭矩。在系统中多个位置安装有压力计和温度计,用于测量不同测量点的压力和温度,补油泵从

油箱中把油液吸入系统中,通过溢流阀控制补油泵处于吸油状态或者卸荷状态。回路中安装有加热器和冷却器,用于回路中油液温度调节,根据流经它们的油液温度测量结果,决定开启加热器或者冷却器。

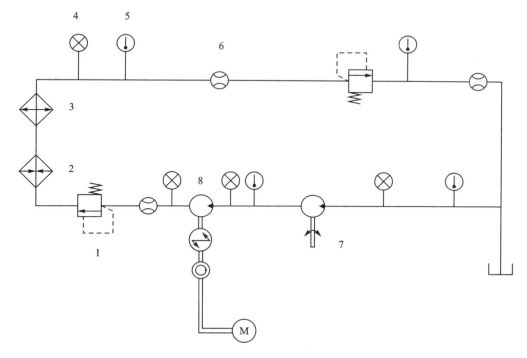

1—溢流阀;2—加热器;3—冷却器;4—压力表;5—温度计;6—流量计;7—补油泵;8—被试泵

图 10.10　闭式试验回路原理图

液压泵的一般试验方法如下。

(1) 容积效率试验

液压泵工作在额定压力时,其实际排量 q 与理论排量 q_{Mt} 之比称为油泵的容积效率 η_v,表达式为

$$\eta_v = \frac{q_{Mt}}{q} \tag{10.1}$$

在实际测量中,一般用额定压力时的实际流量与空载流量来计算容积效率。

(2) 总效率试验

在运行过程中,液压泵的能量损失包含机械摩擦损失、容积损失和流动损失,它的总效率 η 等于机械效率 η_m、容积效率 η_v 和流动效率 η_l 的乘积,即

$$\eta = \eta_m \eta_v \eta_l \tag{10.2}$$

试验时,液压泵的输出功率可由泵的进出口压力之差乘以输出流量而得到,输入功率可由液压泵的转速乘以输入扭矩得到,输出功率与输入功率的比值就是总效率。

　　容积效率和总效率都是在额定转速、额定压力下的测量值。除此之外,一般还需在额定转速至最低转速范围内的五个等分转速下,分别测量空载压力至额定压力范围内至少六个等分压力点的有关效率的各组数据;在额定转速下,分别测量被试泵在空载压力至额定压力范围内至少六个等分压力点的有关效率的各组数据。

　　(3) 压力脉动试验

　　飞机液压系统中的液压泵较多采用柱塞泵,由于每个柱塞排油存在不连续性,使得泵出口瞬时流量不断变化,并呈现出呈周期性规律,排出压力也表现出脉动特性,这液压系统振动和噪声的主要来源之一。一般认为压力脉动甚至会导致系统失效。

　　液压泵在额定压力下运转时,压力表通常只能测量压力均值,不能反应压力脉动。对于压力脉动的测量需要使用压力传感器,压力传感器的精度越高、响应越高,就能捕获更为准确的压力脉动信息。除了压力传感器外,还需要数据采集系统对压力脉动信号进行采集和分析,最终得到液压泵的真实压力脉动。压力传感器的安装位置一般位于液压泵出油口处,飞机液压系统中对液压泵的压力脉动幅值的要求是一般不超过额定压力的 $\pm 10\%$。

　　(4) 噪声试验

　　随着飞机技术的发展,噪声被列为液压泵的一个重要衡量指标。通常噪声试验是指液压泵的辐射噪声。液压泵在额定转速和额定压力下正常运行,噪声测量点距液压泵 1 m 处,在多个方向上布置传声器测量噪声大小,噪声大小用分贝表示。噪声测量时应该将液压泵噪声与其他部件噪声隔开,如对液压泵驱动电机进行隔音处理。噪声测量应尽量在消声室内完成,否则要求背景噪声比液压泵噪声小 10 dB 以上。测量噪声值小于允许值,则满足噪声指标要求。若对噪声有严格的要求,则要求液压泵在多个负载工况下的噪声值均须小于其所对应的允许值。

　　(5) 超载试验

　　液压泵的超载试验是泵在额定转速下进行的。试验时,当额定压力小于 20 MPa 时,将液压泵的输出压力调整到 125% 的额定压力下,连续运转 10 min 以上;当额定压力大于 20 MPa 时,将液压泵的输出压力调整到 125% 的额定压力或者最高压力下,连续运转 10 min 以上。

　　(6) 冲击压力试验

　　图 10.11 所示为液压泵冲击压力试验回路图。它的主要组成元件有两个溢流阀 1 和 3、被试液压泵 2、电磁换向阀 4、作动筒 6 以及两个行程开关 5 和 7。溢流阀的作用是调节被试液压泵 2 输出压力为 20% 和 100% 额定压力,通过电磁换向阀 4 调整被试液压泵 2 的输出压力,使之处于这两个值之一,并可实现切换。液压泵的冲击压力频率的调整是通过行程开关 5 和 7 调整作动筒 6 的活塞行程,从而改变电磁换向阀 4 的换向频率而实现的。

　　不同类型的液压泵的冲击试验要求有所不同。下面分别介绍齿轮泵、叶片泵、轴向柱塞泵的冲击试验要求。

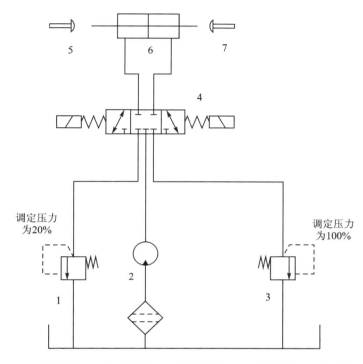

1,3—溢流阀；2—被试液压泵；4—电磁换向阀；5,7—行程开关；6—作动筒

图 10.11　液压泵冲击压力试验回路图

① 齿轮泵：在额定转速和额定压力下,80～90 ℃的进口油进行冲击试验,冲击频率一般为 20～40 次/min。

② 叶片泵：在额定转速下进行连续冲击,冲击频率一般大于 10 次/min,额定压力下保压时间大于 7 个循环周期,卸载压力低于额定压力的 10%。

③ 轴向柱塞泵：对于定量泵,在最大排量、额定转速下,根据先关规定的冲击波形进行压力冲击试验,冲击频率一般为 (10 - 30)次/min,将连续运转 10 min 以上；对于恒功率变量泵,在额定转速下,保持 40%额定功率的恒功率特性,根据先关规定的冲击波形进行压力冲击试验,冲击频率一般为(10～30)次/min,连续运转 10min 以上；对于恒压变量泵,在额定转速、流量 10%～80%连续进行恒压段冲击(阶跃)循环试验。

（7）高温试验

① 齿轮泵：控制进口油温为 90～100℃,在额定工况下进行试验,同时保证油液黏度高于被试泵所允许的最低黏度,连续运转 1 h 以上。

② 叶片泵：控制进口油温为 90℃以上,在额定转速和额定压力(变量泵为 70%截流压力)下进行试验,连续运转 1h 以上。

③ 轴向柱塞泵：控制进口油温为 90～100 ℃,在额定工况下,油液黏度不低于

被试泵所允许的最低黏度下进行试验,连续运转 1 h 以上。

（8）低温试验

① 齿轮泵：控制被试泵的进口油温介于－25～－20 ℃之间,油液黏度在被试泵所允许的最大黏度范围内,在额定转速、空载压力工况下启动被试泵至少五次。

② 叶片泵：控制被试泵的进口油温处于－20 ℃以下,在空载压力下启动被试泵,反复启动 5 次。

③ 轴向柱塞泵：控制被试泵的进口油温均介于－20～－15 ℃之间,油液黏度在被试泵所允许的最大黏度范围内,在额定转速、空载压力工况（变量泵在最大排量）下启动被试泵至少五次。

（9）寿命试验

在保证液压泵的额定流量、效率和额定压力等使用性能指标符合要求的前提下的使用时间,称为液压泵的寿命。试验时,通过将被试泵在额定转速和额定压力下不间断运行,时长达到其寿命所规定的时间（如 500 h）后,再测定其主要性能是否达到要求,再进一步检查零件的磨损情况。如各项指标都满足试验要求,则为合格产品。飞机液压泵的寿命试验通常是在每批产品中抽出一台经过性能试验合格的产品进行寿命试验,试验过程中环境和工作液温度以及油泵的负载压力均应按一定规律作周期性循环。

2. 液压泵故障分析

液压泵和液压马达在结构上具有一定的相似性,从理论上二者应该是可逆的,但二者的在液压系统中的作用不同,结构上也存在一定差异。只有了解两者的差异,才能有针对性地分析它们的故障产生的原因。

液压泵的进油口比出油口大,这有利于提高吸油性能和抗气蚀能力,因为在其进口处会形成一定的负压,在结构上其具有一定的自吸能力。

液压马达没有自吸能力的要求,其内部结构有一定的对称性,而且还可实现反转。此外,二者结构上还有一些差异,例如,和齿轮泵相比,齿轮马达必须有单独的泄漏油管；点接触轴向柱塞液压泵的底部安装有弹簧,而对于点接触轴向柱塞液压马达则无需安装弹簧。

由于上述原因,即使同类型的液压泵和液压马达,大多数情况下都不可能互逆使用,因此对它们的故障诊断也存在一些不同。液压泵故障诊断主要包括液压泵噪声故障诊断、液压泵压力不足或无压力和液压泵排量不足或无排量诊断。噪声产生的原因及诊断方法主要包括：

① 液压泵吸油及进气产生的噪声。

工作液中一旦混入一定量的空气,会对噪声产生较大影响。有些液压系统在经过一段时间运行后,会出现较大的噪声,此时油箱中出现小气泡,表明此时的噪声是由于空气进入而导致的。这是由于空气混入工作液后,会在局部产生气穴,从而产生噪声,该噪声呈现容易分辨的尖叫声,一般可增加 10～15 dB。降低噪声的重要途径

之一就是避免进气,可采取的措施有:

(a) 液压泵的吸油管口要完全淹没在油面以下,距油面的距离不能低于一定值,这就需要保证油箱中的油量充足,否则会由于油面过低,部分空气会经吸油管口进入系统。

(b) 要保证密封良好,密封圈要保持完好,不能发生漏气。如若发生漏气,可及时对密封圈进行更换或者将接头拧紧。

(c) 不可让过滤器发生堵塞或者滤网过密,一般滤网密度应在 70 目左右。通常要求滤油网放置位置位于油面以下部分的下 2/3 处,不能出现滤油网在油面下的深度过浅的情况,更不能出现滤油网暴露的液面以上情况。

(d) 避免空气从液压泵的密封部位进入系统。要控制液压泵的转速在合理范围,否则会由于转速过高引起"吸空"现象。在系统运行前,应进行排气操作,排净液压泵内残留空气。

总之,对于液压泵吸油进气产生的噪声的控制,应从多个方面进行,并应进行相应的排气操作,才能对该种噪声进行有效治理。

② 液压泵困油产生的噪声。

部分液压泵存在第 3 章所述的困油现象。这是由于此类液压泵是通过改变其密封容积来完成吸油和送油的。在吸油过程中,密封容积变大,会在形成一定真空,产生气穴和气蚀,发出很大的噪声。为了消除液压泵困油现象产生的噪声,可在结构上做少量修改,使其吸油口和压油口微通。不同类型的液压泵采取的措施也不同,例如,对于轴向柱塞泵和叶片泵可在配流盘上设卸荷槽,齿轮泵中则可设卸荷槽或卸荷孔。维修拆装和装配质量不高引起困油而产生的噪声具有较强的规律性,呈现出嘶叫声和爆破声。此种情况可采用刮刀进行修边处理,每次进行微小修正,边修正边试验,直至困油噪声消除。

③ 液压泵机械噪声。

除了上述两种情况会产生噪声外,液压泵机械振动也会产生噪声,这与液压泵的设计加工和装配均有关系。例如,齿轮泵在加工过程中存在齿形误差、节距误差等,就会导致啮合时接触不良,产生周期性不平衡冲击力与振动,从而诱发噪声。此外,装配质量不高,零件发生磨损等,也会导致机械噪声。

(a) 变量叶片泵滚针轴承调整不当、泵传动与轴电动机不同心,会产生振动和噪声。

(b) 液压泵的叶片与定子之间发生撞击与损伤、轴承发生磨损,都会产生噪声。这种噪声一般是在系统运转一段时间之后才出现,并随着时间的推移,噪声水平显著提高。

(c) 齿轮泵存在较大的齿形误差,将会产生明显的振动而增加噪声,这种情形产生的噪声较为显著,尤为要注意避免。另外,齿轮端面与泵盖发生磨损,轴线不平行而导致齿轮啮合不良,也会产生噪声。

此外,液压泵出口的压力脉动以及脉动油液流和管路之间的相互作用,也会产生噪声。可采取降低力脉动的方法来降低液压泵的噪声,如在液压泵出口附近安装蓄能器。

除上述降低噪声的措施外,还可在液压泵出口加装消声器,或者采用隔音材料制作隔音罩罩住液压泵。加装消声器可大大降低泵出口的压力脉动引起的噪声,而隔音罩可以将液压泵产生的噪声向外传播的路径切断,可在很大程度上降低液压泵的噪声。

（2）液压泵压力不足或无压力

液压泵的输出压力和其负载有关。当负载很小或者几乎无负载时,它的输出压力很小。若它在负载工况下仍不能输出额定压力或者只能输出很小的压力,称为液压泵压力不足故障。其主要表现在:

① 液压泵泄漏严重。当液压泵发生严重泄漏,会导致压力不能提高。此种故障与液压泵的磨损和轴向间隙增大之间存在明显关系,但也不局限于这两种情况。叶片泵发生严重磨损而导致叶片顶部与定子内表面接触不良、轴向间隙过大,甚至会导致密封破坏,进而导致叶片泵的内漏大增,从而造成压力不足。解决措施是把已磨损的叶片顶部或根部修成倒角或圆角。齿轮泵的齿轮端面与泵盖内侧面发生磨损后,会造成轴向间隙过大,导致齿轮泵的泄漏大增,从而造成压力不足。解决措施是对齿轮两端面进行修磨,使其公差满足尺寸要求后,再与修配泵体具有合理的轴向间隙。

② 液压泵不吸油。当对液压泵的电动机进行通电后,发现液压泵不吸油,则可以从以下方面进行检查:第一是检查吸油管是否完全淹没在油箱的油面以下;若是,则将其淹没在油面以下即可解决。第二是检查液压泵的转向是否正确;若转向不正确,通过调换电机的电线接头,即可实现电动机反转,从而解决问题。若不上上述两个原因,则需对吸油侧或油管进行仔细检查。

（3）液压泵排量不足或无排量

液压泵排量不足或者无排量会导致输出压力不足。下面对此种故障进行简单分析:

① 液压泵转速过低导致吸油量不足。这可能是液压泵转向不正确所致,调换电机的接线就可以解决;还有可能是驱动装置打滑或功率不足,可通过测定泵的实际转速和电动机功率等综合判断解决。

② 吸油口发生漏气,可导致油量不足以及产生较大噪声。这时应检查管接头处密封是否良好。

③ 吸油管或者过滤器发生堵塞。吸油管或者过滤器发生堵塞后,使得吸油困难,从而导致流量不足。可对吸油管或者过滤器进行检查,去除堵塞污物,并定期清洗。

④ 油箱中的油量不足、油位过低,或者液压泵安装位置过高,都会造成吸油困难。

有多方面的因素可能导致液压泵发生故障,对于液压泵的故障诊断需要结合故障的表现、工厂的条件、生产使用情况以及维修人员的经验来处理。

10.2.2　液压马达试验与故障分析

1. 液压马达试验

液压马达试验主要有：排量验证试验、效率试验、额定扭矩试验、额定转速试验、噪声试验、密封性试验、最低稳定转速试验、冲击压力试验、超载试验、温升试验、寿命试验、高低温试验等。

图 10.12 所示为液压马达试验回路原理图。它的组成元件有液压泵 1、节流阀 3、远控溢流阀 2、二位二通电磁阀 4、电磁阀 5、被试液压马达 6、转速表 7 和扭矩仪 8 等。液压泵 1 所起的作用是给被试液压马达 6 供给压力油。远控溢流阀 2 的作用是实现液压泵 1 的卸荷和安全阀,当做卸荷阀用时,需与二位二通电磁阀 4 配合。转速表 7 和扭矩仪 8 用来测量被试液压马达 6 的转速和输出扭矩。被试液压马达 6 的转速由节流阀 3 进行调节,被试液压马达 6 的旋转方向用电磁阀 5 来进行控制,安装在回油路上的流量计 11 则完成液压马达的流量的测量。不需要测量流量时,二位三通

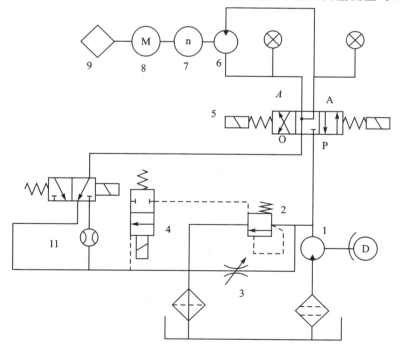

1—液压泵;2—远控溢流阀;3—节流阀;4—电磁阀;5—电磁阀;

6—被试液压马达;7—转速表;8—扭矩仪;9—耗能装置;10—电磁阀;11—流量计

图 10.12　液压马达试验回路原理图

电磁阀 10 断电,使从液压马达出来的油直接流回油箱。

液压马达试验回路中的管道、接头、弯头、压力控制阀等对试验结果有一定影响,对它们的要求有:接头、弯头、压力控制阀位于被试元件进、出油管路中时,会影响压力测量精度,则其安装位置离压力测量点的距离须在出口处不小于 $5d$,在进口处不小于 $10d$(d 为被试元件进、出油口的通径)处;被试元件的进、出油口与压力、温度测量点之间的管道应为直硬管,管道应均匀并与进、出油口尺寸一致。

(1)额定转速、额定扭矩试验

额定转速的测量方法是控制液压马达的负载使输出扭矩达到额定值,通过速度仪测出液压马达转速,检查其值是否达到额定值。额定扭矩的测量方法是速度在额定值下,控制马达负载,当进口压力达到额定压力后,通过扭矩仪测出扭矩,检查其值是否达到额定值。

(2)效率试验

液压马达实际工作中存在一定的油液泄漏,导致实际流量大于理论流量。设液压马达的泄漏流量为 Δq_M,马达的实际流量为 $q_M = q_{Mt} + \Delta q_M$。这时液压马达的容积效率可表示为

$$\eta_v = \frac{q_{Mt}}{q_M} = \frac{q_M - \Delta q_M}{q_M} = 1 - \frac{\Delta q_M}{q_M} \tag{10.3}$$

马达的输出理论转速 n_t 等于理论流量 q_{Mt} 与排量 V 的比值,即

$$n_t = \frac{q_{Mt}}{V} \tag{10.4}$$

计算转速 n 时,需根据马达的实际流量 q(容积效率 η_v)计算。马达的实际输出转速等于理论转速 n_t 乘以容积效率 η_v,即

$$n = n_t \eta_v \tag{10.5}$$

① 机械效率。设液压马达的入口压力为工作压力 p,出口压力为零,排量为 V,则液压马达的理论输出转矩 T_{Mt} 为

$$T_{Mt} = \frac{pV}{2\pi} \tag{10.6}$$

液压马达实际运行中存在机械摩擦,故计算实际输出转矩时还应考虑机械效率 η_m。假设液压马达的转矩损失为 ΔT_M,则马达的实际转矩为 $T_M = T_{Mt} - \Delta T_M$。液压马达的机械效率可表示为

$$\eta_m = \frac{T_M}{T_{Mt}} = \frac{T_{Mt} - \Delta T_M}{T_{Mt}} = 1 - \frac{\Delta T_M}{T_{Mt}} \tag{10.7}$$

马达的实际输出转矩为

$$T_M = T_{Mt} \eta_m = \frac{pV}{2\pi} \eta_m \tag{10.8}$$

② 总效率。马达的输入功率 P_i 为

$$P_{\text{i}} = pq \tag{10.9}$$

马达的输出功率 P_{o} 为

$$P_{\text{o}} = \omega T = 2\pi n T \tag{10.10}$$

则马达的总效率 η 为

$$\eta = \frac{P_{\text{o}}}{P_{\text{i}}} = \frac{\omega T}{pq} = \frac{2\pi n T}{p \dfrac{Vn}{\eta_V}} = \eta_V \eta_{\text{m}} \tag{10.11}$$

液压马达效率试验主要有:

① 最大排量工况时,液压马达运转在额定转速下,控制负载使压力为额定压力的 25% 下,待运转稳定后测量流量等一组效率;然后逐级加载,直至额定压力,共测量中间 6 个等分点试验压力点的效率;接着再从最高转速逐渐降低转速,一般控制速度为额定转速的 85%,70%,55%,40%,25%,测量这些试验压力点的效率。

② 对于双速或多速变量的液压马达,除低速,即最大排量外,其余几级速度仅要求测量在额定压力的 100%,50% 两级的容积效率。

③ 液压马达进口油温在 20~35 ℃ 和 70~80 ℃ 条件下,分别测量在额定转速、最大排量时,控制压力从空载压力逐渐增加到额定压力,共分 7 个测量点测量容积效率。

(3) 最低稳定转速试验

液压马达在最大排量、额定压力和规定背压的条件下,逐渐降低其转动速度,其不产生爬行时的最低转速即为最低稳定转速。

从额定压力的 50% 至额定压力,设定 4 个等分压力点,按上述方法分别测量其最低转速,试验 5 次以上。

(4) 动态性能试验

液压马达的动态性能试验一般是指启动与反转性能试验,在此过程中产生冲击和振动应很小,保证启动和反转迅速平稳。液压马达的启动和反转的过渡过程可通过启动和反转性能试验测量得到,并绘制出此过程中的进出油压力差随时间变化以及转速随时间变化的曲线,据此对启动和反转性能进行分析。除此之外,动态性能试验还有频率特性试验。

图 10.13 所示液压马达试验回路原理图可用于液压马达启动和反转试验。它的主要组成元件有:供油液压泵 1、溢流阀 2、电磁阀 3、电磁阀 4、传感器 5、被试液压马达 6、测速发电机 7、飞轮 8、双向油泵 9、单向阀 10、节流阀 11、溢流阀 12 和液压泵 13。供油液压泵 1 在回路中的作用是向被试液压马达 6 提供压力油。通过调节溢流阀 2 可让供油液压泵 1 所输出的压力油全部流入被试液压马达 6,这里溢流阀 2 起到安全阀的作用。电磁阀 3 是二位三通型,若对其通电,供油液压泵 1 与油箱直接连通,其输出的油液流回油箱,完成卸荷;若对其断电,供油液压泵 1 与液压马达 6 之间连通,其输出的油全部进入液压马达 6,并实现液压马达 6 的启动。液压马达 6 转向

的改变可由电磁阀 4 完成,其是二位四通型。油泵 9 和节流阀 11 共同作为液压马达 6 的负载。油泵 9 通过油泵 13 对其进行增压,溢流阀 12 作为安全阀用,用以保证增压安全性。液压马达 6 的转速则由测速发电机 7 来测量,压差传感器 5 用来测量液压马达 6 的进出油压力差。测量出液压马达 6 的转速和进出油压力差随时间的变化关系,就可以绘制出变化曲线。

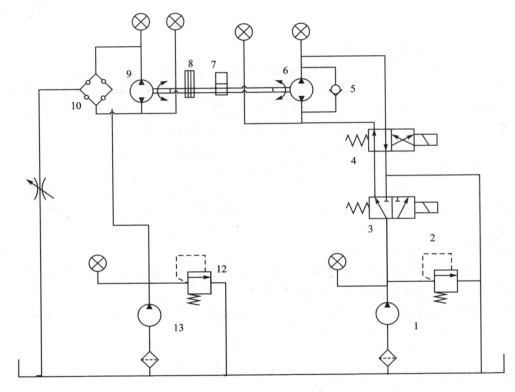

1—液压泵;2—溢流阀;3—电磁阀;4—电磁阀;5—传感器;6—被试液压马达;7—测速发电机;
8—飞轮;9—双向油泵;10—单向阀;11—节流阀;12—溢流阀;13—液压泵

图 10.13 液压马达试验回路原理图

2. 液压马达液压故障诊断

液压马达和液压泵具有基本相同的结构,液压泵的故障和解决措施对排除液压马达的故障具有较高的参考价值。但液压马达也有部分故障与液压泵有明显的区别,如启动效率和启动转矩。下面分析液压马达故障的几个方面。

(1)液压马达速度迟缓或回转无力

液压泵出现这种故障时,有下面两个因素可能导致液压马达出现这种故障。

① 液压泵供油量不足和出口压力过低,使其不能给液压马达提供足够的油量,导致液压马达输入功率不足,结果是液压马达输出转矩较小。液压马达旋转迟缓时,

应对液压泵的供油情况进行检查,找出液压泵供油不足的原因并加以排除。

② 液压泵出口压力过低。这种现象可能出自液压泵自身,也可能是溢流阀发生故障,或者其调整压力不够。这会导致液压马达回转无力,只有非常小的启动转矩,甚至无转矩输出。解决措施是分析液压泵产生压力不足的诱因,并采取相应的解决措施进行排除。

（2）液压马达发生泄漏

液压马达泄漏导致的故障及诊断方法主要包括:

① 液压马达泄漏过大,使它的容积效率显著下降。

② 泄漏量不稳定,导致液压马达爬行。这种现象在低速时十分明显。这是由于低速时流入马达的流量小,而且存在较大的泄漏,导致速度波动。影响液压马达的泄漏量的主要因素有:工作压差、加工装配质量、马达结构形式、排量大小等。

（3）液压马达爬行

这是液压马达在低速时容易发生的故障之一。液压马达在额定负载下,不会发生爬行的最低转速称为液压马达最低稳定转速。在低速时液压马达发生爬行的因素主要有:

① 摩擦阻力不稳定或大小不均匀。摩擦阻力出现这种现象的因素有:润滑状况不好、油液中含有污物、零件磨损过大、装配质量不高等。

② 泄漏量不稳定。在低速时,液压马达的转动部分及所带负载的惯性较小,出现转动明显的不均匀、抖动或时动时停的爬行现象。

为了避免液压马达发生爬行,维修时需根据温度与噪声的异常变化对液压马达的磨损情况做出相应判断,同时保证相对运动表面的润滑良好。此外,还应保证密封持良好,及时检查泄漏部位,并采取防漏措施。

（4）液压马达脱空与撞击

在转速较高时,曲柄连杆式液压马达会出现连杆与曲轴表面时紧时松的撞击现象。对于多作用内曲线液压马达在回程运动中因惯性力的作用会使柱塞和滚轮脱离导轨曲面（脱空）。回油腔有一定的背压时可消除这种故障。

（5）液压马达噪声

液压马达噪声有两种:一种是由油液压力脉动和流量的脉动而引起的噪声,另一种是由运动件的偏心、碰撞、松动、联轴节或者轴承引起的噪声。

10.2.3　液压控制阀试验与故障分析

1. 方向控制阀试验

换向阀和单向阀都属于方向控制阀,这里以换向阀为例介绍方向控制阀试验。换向阀的试验内容一般有内泄漏、滑阀机能、压力损失、换向性能等。

图 10.14 为换向阀试验回路原理图。被试换向阀为图中的换向阀 9,是电液动换向阀。该原理图可用于手动换向阀、手动转阀、机动换向阀、液动换向阀、电磁换向

阀等阀试验,只需将相应的换向阀代替图中的被试电液动换向阀即可。该原理图可对应于二位二、三、四、五通及三位四、五通的阀的试验,但不同形式的阀连接回路有所不同。图 10.14 所示试验回路原理图的换向阀是四通阀。二、三、五通阀的连接如图 10.15 所示。

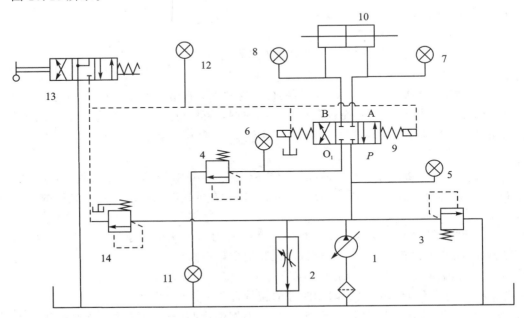

1—液压泵;2—节流阀;3—溢流阀;4—溢流阀;5,6,7,8—压力计;9—换向阀;
10—作动筒;11—流量计;12—压力计;13—电磁阀;14—溢流阀

图 10.14　换向阀试验回路原理图

图 10.14 中,液压泵 1 所起的作用是向回路供给压力油。溢流阀 3 所起的作用是对回路的工作压力进行调节,节流阀 2 所起的作用是对流过被试换向阀 9 的流量进行调节,流量计 11 显示出流量调节结果,溢流阀 4 所起的作用是对被试换向阀 9 的背压进行控制。从被试换向阀 9 流出的压力油对作动筒 10 进行操纵,从而可以根据作动筒 10 的运动情况判断被试换向阀 9 的工作情况。减压阀 14 可调节部分由液压泵 1 输出的压力油的压力,该低压压力油输送到被试的电液动换向阀的先导电磁阀中,压力表 12 显示出低压压力油的压力值。手动换向阀 13 也可控制被试换向阀 9 的换向,将手动换向阀 13 的左右两腔分别与被试换向阀 9 的两个控制油口连通,即可实现换向。

（1）换向性能与滑阀机能试验

先将被试换向阀 9 与液压泵及油箱连通,压力油流入被试换向阀 9,然后再对溢流阀 3、节流阀 2 和溢流阀 4 进行共同调节,致使回路系统压力达到被试换向阀 9 的额定压力,流过被试换向阀 9 的流量为额定值,被试换向阀 9 的背压为规定值。再对

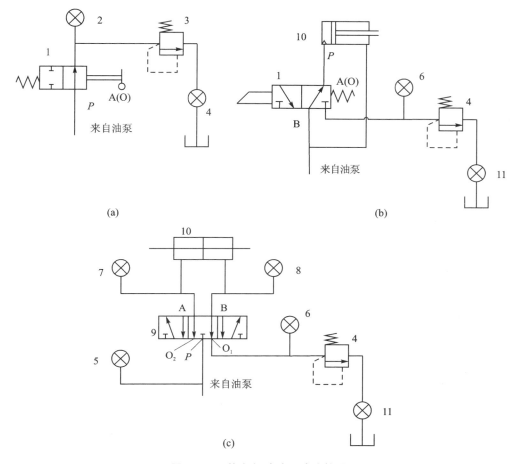

图 10.15　换向阀试验回路连接图

被试换向阀 9 进行连续换向,通过观察作动筒 10 的运动情况,判断换向是否正确、可靠、迅速,由此得出被试阀的工作情况。

若被试阀为电磁换向阀,压力值只需调整到 85% 额定压力,通过降低电磁铁的电压即可实现。一般要求连续换向 5～10 次,且换向和复位迅速,电磁铁不能发生异常。

若被试阀为电液动换向阀,需要通过溢流阀 14 将压力降低到最小控制压力才能进行试验,试验方法与上述的电磁换向阀试验方法相同,要求换向和复位迅速。

若被试阀为手动换向阀,通过操纵其手柄连续换向 5～10 次,要求操纵轻便灵活,不发生卡紧现象,且定位应可靠。

若被试阀为机动换向阀,同样对其进行连续换向 5～10 次,滑阀移动应灵活,且滑阀行程应达到要求。

（2）内泄漏试验

将被试阀的两个控油口堵死,这样被试阀和作动筒之间的油路被断开,从被试阀流出的油液不再对作动筒进行操纵。通过对溢流阀 3 进行调节,被试阀的进口压力达到额定压力。然后按照阀的具体结构与滑阀机能,测量被试阀在各种不同位置时的内泄漏量。

2. 液压控制阀故障分析

有许多因素可能导致飞机液压系统的故障。控制阀故障诊断和处理可在很大程度上提高液压系统的控制精度、寿命、可靠性和工作稳定性等。控制阀可分为方向控制阀、流量控制阀和压力控制阀。下面将对方向控制阀的故障诊断进行分析。

换向阀是可以改变油液流动方向的一种阀,它的阀芯能够在阀体内运动,可实现油路的开启和关闭,从而使液压执行元件启动、停止或改变运动方向。飞机液压系统对换向阀的主要要求是:工作可靠、寿命长、响应快、压力损失小、动作灵敏、冲击小、换向平稳等。飞机液压系统中较多采用电磁换向阀和电液换向阀,下面针对这两种换向阀故障进行分析。

① 电磁换向阀。

电磁换向阀的供电方式有交流电和直流电这两种。交流电磁铁经常烧毁或换向冲击过大时,可改用直流电磁铁即可排除故障。按照其电磁衔铁是否可浸在油中,可分为干式电磁换向阀和湿式电磁换向阀。干式电磁换向阀需要在推杆上装密封圈,避免油液进入电磁铁内部,但会导致推杆密封处摩擦阻力增加,又易引发泄漏。湿式电磁换向阀推杆间无密封装置,衔铁浸在油中,这使得运动阻力减少,又无泄漏。当换向要求较高时,应改用湿式直流电磁铁,这对排除换向阀故障是很重要的。

② 电液换向阀及机液换向阀。电液换向阀及机液换向阀常见的故障有:

（a）液动换向阀不换向。产生此种故障的可能因素有:油压调节过低、换向阀两端油道不通（节流阀节流口被堵塞或者过小）、换向推杆与先导阀脱开。解决措施是对节流阀调节螺钉进行检查、清洗、放松等,并将工作压力适当调高。

（b）换向时冲击或噪声较大。若滑阀以较快的速度移动来换向时,会产生液压冲击和噪声。解决措施是将单向节流阀的节流口调小,减少流量。

（c）换向精度低和停留时间不确定。换向时,同一速度下换向点的变动大于要求值,速度换向精度达不到要求,调节口由于换向阀的滑阀卡住或移动不灵活,使换向精度和停留时间不稳定。解决措施是对零件表面进行检查、清洗,将伤痕或毛刺去掉,并应排除污油,或更换新油。

3. 压力控制阀试验

在飞机液压系统中,压力控制阀主要采用溢流阀。这里以溢流阀为例介绍压力控制阀的试验内容与试验方法。

溢流阀试验内容主要有:启闭特性、压力脉动、调压范围、卸荷压力、压力损失、内泄漏、流量变化对被调压力的影响等。

　　图 10.16 为溢流阀试验回路原理图。它的组成元件有：液压源、溢流阀（安全阀）1、旁通阀 2、温度计 3、压力计 4、被试溢流阀 5、流量计 7、节流阀 8 和换向阀 6。液压源为试验回路提供压力油。溢流阀 1 作安全阀用，当液压源的压力过大时，其作用是卸压，保证回路压力不会过大。压力计 4 用于测量被试溢流阀 5 的调节的压力，流量计 7 用于测量被试溢流阀 5 的流量。旁通阀 2 用来调节流过被试溢流阀 5 的流量，换向阀 6 用于控制被试溢流阀 5 的卸荷。

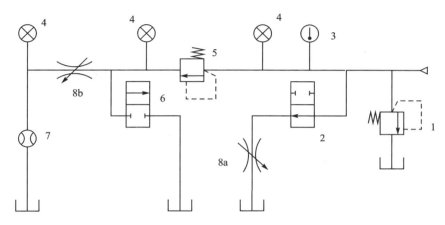

1—溢流阀（安全阀）;2—旁通阀;3—温度计;4—压力计;
5—被试溢流阀;6—换向阀;7—流量计;8—节流阀

图 10.16　溢流阀试验回路原理图

　　溢流阀的一般试验方法如下：

　　① 稳态压力—流量特性试验。通过调节旁通阀 2 将流过被试溢流阀 5 的流量调定在所需流量，通过换向阀 6 调节压力值，一般包括阀的最高和最低压力值。保持压力为一定值，使流量从零增加到最大值，再从最大值减小到零，测量此过程中被试阀的进口压力。

　　② 控制部件调节力矩试验。把被试溢流阀 5 的流经流量调节为所需的工作流量，再调节其进口压力，一般是从最低值逐渐增到最高值，再从最高值逐渐减到最低值，测定此过程中为调节进口压力调节控制部件所需的力矩。

　　③ 流量阶跃压力响应特性试验。将被试溢流阀 5 调节到试验所需的压力及流量下，通过旁通阀 2 调节使试验系统压力逐渐下降到起始压力，一般要求起始压力小于最终稳态压力值的 20%，再将旁通阀 2 迅速关闭，使密闭回路中产生一个按油源的流量调节原则中所选用的梯度。这时在被试阀 5 进口处测试被试阀压力响应。

　　④ 最低工作压力试验。若溢流阀采用先导控制型式，则被试溢流阀 5 的卸荷可通过一个卸荷控制的换向阀 6 切换先导及回路来完成，然后逐点测出各流量时被试溢流阀 5 的最低工作压力。

　　⑤ 卸压时间试验。将被试溢流阀 5 的流量与压力调定在规定值上，迅速切换换

向阀 6,卸荷控制的换向阀 6 切换时,测被试溢流阀 5 从所控制的压力逐渐减小到最低工作压力值所需的时间,即卸压时间。

4. 溢流阀故障分析

在飞机液压系统中,溢流阀用于实现定压溢流和过载保护。溢流阀液压故障及诊断主要包括以下三个方面:

(1) 振动与噪声

溢流阀的突出问题之一就是振动与噪声,尤其在高压大流量时,振动更为强烈,产生的噪声更大,有时甚至会出现很刺耳的尖叫声。有许多因素可能造成溢流阀产生显著噪声,下面将从流体噪声和机械噪声两个方面进行分析。

① 流体噪声。流体噪声主要有流速声、高频噪声及液压冲击产生的噪声。

(a) 气穴产生的噪声。在主阀芯和阀体之间的节流口部位,流体具有较大的流速,由伯努利原理可知,此处的压力较低,低于大气压力,导致原来溶解在油中的空气被分离出来,产生大量气泡。这些气泡跟随油液一起流入回油空间和回油管道,但回油空间和回油管道的压力较高,使得气泡破灭,产生气蚀,产生频率高达 200Hz 以上的噪声。

解决措施是:首先防止进入空气,对溢流阀回油口及回油管进行良好的密封,使回油管段保持一定的低背压;及时排除溢流阀回油口和回油管中的空气。这样,就可防止溢流阀高速溢流时产生气穴气蚀而引起的噪声。二是优化阀体内回油腔的结构形状,尽量降低通过它的流速,使其压力大于大气压,如设防振块,就有利于降低噪声。三是通过对溢流阀主阀采用偏软弹簧,并调整到适中的压紧力,使得溢流时的节流口开大一些,降低了溢流速度,从而使溢流噪声减小。

(b) 高频振动引起的高频噪声。溢流阀在工作过程中存在径向受力不平衡,从而产生振动和噪声,主要原因是主阀的滑阀芯和阀体孔加工制造精度不高,甚至棱边有毛刺,或者有污物进入阀体内,使得二者之间的配合间隙增大。在高压情况下溢流时,先导阀的开口很小,流速很大,压力分布极不均匀,导致先导阀径向力不平衡而产生振动。因此,先导阀是一个易振部位。此外,压力分布不均匀性还有先导阀和阀座的接触不均匀的因素。有三个方面的因素导致先导阀和阀座的接触不均匀。一是调压弹簧轴心线与液压力作用线不相重合,二是调压弹簧轴心线与端面的垂直度误差很大,三是先导阀与阀座加工时产生的椭圆度。高频噪声的发声率与压力、油温和回油管道的配置等有关。一般情况下,由于管道口径小,压力高,油液黏度低,自激振动发生率就高,易发生高频噪声。

解决措施是:采用更大直径的回油管,并选用黏度适当的油液;提高零件的加工制造精度,如减小先导阀和阀座接触圆周面的圆度误差,减小滑阀和阀体配合间隙,提高表面加工精度。此外,主阀弹簧采用偏软弹簧为宜,这样可使溢流阀的溢流量不会过小而降低高频噪声的产生率。

(c) 液压冲击产生的噪声。冲击的噪声是指先导式溢流阀在卸荷时的回路的压力急剧变化(下降)而产生的噪声。高压流量越大,这种噪声越大。卸荷时,油液流速急剧下降,导致压力突变,造成压力波的冲击。此压力波在系统回路中传播,可能引起部分部件共振,故使得噪声增强。故在发生液压冲击时,一般多伴有系统的振动。

解决措施是:采用两级卸荷方式卸荷,可先将高压卸荷后降为中压,然后再由中压卸荷,这可在很大程度上减少液压冲击;在遥控油路上增置节流阀,使卸荷时间变长,可以在一定程度上减少液压冲击。

(2)机械噪声

机械噪声来源于装配、维护和零件加工误差导致的零件摩擦和零件撞击,主要表现为:

① 溢流阀与系统中其他元件产生共振而引起噪声。此时,应对其他元件的安装进行检查,并检查管件有无松动。

② 空气进入出油口油路中而引起噪声。这时,要防止空气进入,还要对已进入空气进行彻底排除。

③ 弹簧刚度过低,产生弯曲变形,液动力引起弹簧自振。当弹簧振动频率与系统振动频率相同时,形成共振。更换弹簧就可以解决此种情况。

④ 滑阀与阀孔配合过松或过紧引起噪声。若配合过松,导致间隙过大,加重泄漏,会引起振动和噪声,压力脉动等也会导致振动和噪声。若配合过紧,滑阀移动困难,从而引起振动和噪声。故在装配时,必须将配合间隙严格控制在合理范围内。

(3)压力波动

压力波动是溢流阀易出现的故障之一,导致这一故障的因素可能来自阀本身,也可能来自液压泵及系统。例如,液压泵流量不均和系统中进入空气等都会造成溢流阀压力波动。下面分析由溢流阀本身导致压力波动的因素。

① 控制阀芯弹簧刚度过低,弹簧弯曲变形,不能维持稳定的工作压力。可通过更换刚度高的弹簧解决。

② 油液受到严重污染,导致阻尼孔被堵塞,使得滑阀移动困难。可对阻尼孔进行疏通并及时换油,同时还应经常检查油液污染度。

③ 先导阀与阀座配合不良。这有可能是发生磨损或者进入污物导致被卡住。解决措施是:若是磨损造成的,可通过修磨阀座来解决,如磨损严重,则需要换先导阀;若是由进入污物导致被卡住的,可通过清除污物来解决。

④ 滑阀动作不灵活。导致这种故障的因素可能有:滑阀与孔配合过紧、阀孔发生碰伤、滑阀表面拉伤、滑阀被污物卡住等。可先进行清洗并修磨损伤处。不能修磨时,可更换滑阀。

5. 流量控制阀试验

流量控制阀主要有三种形式,分别是分流阀、调速阀和节流阀。这里以调速阀为例介绍流量控制阀试验。试验内容主要有:最小稳定流量、流量调节范围、内外泄漏、油温变化对流量的影响和进出口压力变化对流量的影响等。

图 10.17 为调速阀试验回路原理图。溢流阀 2 的作用是对被试调速阀 7 的进口压力进行调节,溢流阀 9 作背压阀用,用于对被试调速阀 7 的出口压力进行调节,流量计 10 的作用则是测量流过被试调速阀 7 的流量。油滤 3 的作用是防止被试调速阀 7 的节流口堵塞,确保试验获得最小稳定流量。溢流阀 9 的选择要合理,要求其具有良好性能,这样才能在最小流量时也能产生较高的背压。

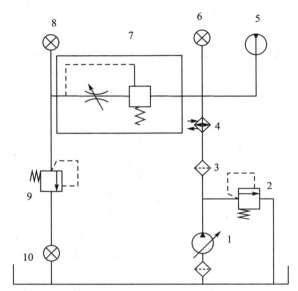

1—液压泵;2—溢流阀;3—油滤;4—油滤;5—液压马达;
6—压力计;7—被试调速阀;8—压力计;9—溢流阀;10—流量计

图 10.17　调速阀试验回路原理图

调速阀的一般试验内容如下:

① 流量调节范围试验。被试调速阀 7 的进口压力通过溢流阀 2 调节后降至最低工作压力。对被试调速阀 7 进行调节,将其调到全开,然后逐渐关闭,直至完全关闭,再慢慢打开,直到完全打开;其流量会随着开度的变化而变化,流量计 10 则测量其通过流量,获得流量调节范围。该试验需要反复进行几次。在试验过程中,要求不发生断流,且流量变化均匀。

② 最小稳定流量试验。被试调速阀 7 的进口压力通过溢流阀 2 调节后降至最低工作压力。对被试调速阀 7 进行调节,在不发生断流情况下,其能通过的流量即为最小流量。一般要求被试调速阀 7 连续工作 1 h,每隔 10 min 测量一次其通过的流量,若其通过流量变化率在 10% 以内,则此流量为该阀的最小稳定流量。

③ 内外泄漏试验。被试调速阀 7 的进口压力通过溢流阀 2 调节后达到额定压力,然后将被试调速阀 7 完全关闭,在泄油口测量的得到的流量为外泄漏量,在被试调速阀 7 出口测量得到的流量为内泄漏量。

　　④ 进口压力变化对流量的影响试验。调节被试调速阀 7 的开度,使流过其的流量约为最小稳定流量的 1～2 倍。被试调速阀 7 的进口压力通过溢流阀 2 调节后到额定压力和最低工作压力,分别测量出在这两种压力条件下的流量,要求流量变化率不超过规定值。

　　⑤ 出口压力变化对流量的影响试验。调节被试调速阀 7 的开度,使流过其的流量约为最小稳定流量的 1～2 倍。被试调速阀 7 的出口压力通过溢流阀 9 调节后达到 95% 额定压力和 5% 额定压力,分别测量出在这两种压力条件下的流量,要求流量变化率不超过规定值。

　　⑥ 油温变化对流量的影响试验。调节被试调速阀 7 的开度,使流过其的流量约为最小稳定流量的 1～2 倍。被试调速阀 7 的进口压力通过溢流阀 2 调节后达到额定压力的 20%。然后开启加热器 4 对回路中的油液进行加热,使油温升高到某一较高温度(如 100 ℃)。在此过程中,油温每升高 10 ℃),需测量一次流过被试调速阀 7 的流量,要求流量变化率不超过规定值。

6. 流量阀故障分析

　　下面将对节流阀、行程节流阀、调速阀和电液比例阀故障进行简分析。

　　(1) 节流阀故障分析

　　节流阀存在的故障主要有两种,即节流失调或调节范围不大和执行机构速度不稳定。第一种故障通常表现为节流口堵塞,使阀芯卡住;或者阀芯与阀孔配合间隙过大使得泄漏较大。可采取的解决措施有:对节流阀进行拆卸、检查并清洗,对有伤痕部位进行修复,及时更换油液,提高过滤精度;检查节流阀阀芯和阀体的磨损情况,检查密封是否良好,若阀体磨损不严重则对其进行修复,密封不良则更换密封。第二种故障表现为油中杂质黏附在节流口边缘上,通流截面减小,速度减慢,当杂质被冲洗后,通流截面增大,速度又上升;系统温升,油液黏度下降,流量增加,速度上升;节流阀内、外漏较大,流量损失大,不能保证运动速度所需要的流量;低速运动时,振动使调节位置变化;节流阀负载刚度差,负载变化时,速度也突变,负载增大,速度下降,造成速度不稳定。可采取的解决措施有:拆洗节流器,清除污物,更换精过滤器,若油液污染严重,应更换油液;采取散热、降温措施,当温度变化范围大、稳定性要求高时,可换成带温度补偿的调速阀;检查阀芯与阀体间的配合间隙及加工精度,对于超差零件进行修复或更换,检查有关连接部位的密封情况或更换密封圈;锁紧调节杆;系统负载变化大时,应换成带压力补偿的调速阀。

　　(2) 行程节流阀故障分析

　　行程节流阀故障主要有:达不到规定的最大速度,移动速度不稳定。第一种故障通常表现为弹簧软或变形,导致弹簧作用力倾斜;阀芯与阀孔磨损间隙过大而内泄。可采取的解决措施有:更换强度合适的弹簧;检查芯与阀孔磨损程度,若不严重则进行修复,若较为严重则需更换。第二种故障通常表现为油中污物黏附在节流口上;阀的内、外泄漏过大;滑阀移动不灵活。可采取的解决措施有:清洗去除节流口上的黏附污物,并更换清洁的油液,在油路上加装过滤器;检查零件配合间隙是否过大和连接处密封是否有损坏;检查零件的尺寸精度,对零件进行彻底清洗。

（3）调速阀故障分析

调速阀故障主要有:压力补偿装置失灵、流量控制手轮转动不灵活、执行机构速度不稳定(如逐渐减慢,突然增快,跳动等)。第一种故障表现主要有:主阀被污物堵塞;阀芯或阀套小孔被污物堵塞;进油口和出油口的压力差太小。可采取的解决措施有:拆开调速阀进行清洗去除污物、更换清洁的油液;提高进油口和出油口的压力差。第二种故障主要表现为:控制阀芯被污物堵塞;节流阀芯受压力太大;在截止点以下的刻度上,进口压力太高。可采取的解决措施有:拆开调速阀进行清洗去除污物、更换清洁的油液;降低节流阀芯所受压力,将压力值重新调整合理值;不要在最小稳定流量以下工作。第三种故障通常表现为节流口处积有污物,使通流截面减小,造成速度减慢;内、外泄漏过大,造成速度不均匀,使得工作不稳定;阻尼结构堵塞,系统中进入空气,出现压力波动及跳动现象,使速度不稳定;单向调速阀中的单向阀密封不良;油温过高(无温度补偿)。可采取的解决措施有:拆开调速阀进行清洗去除污物、更换清洁的油液,在油路上增大过滤装置加强过滤;检查零件尺寸精度是否满足要求和配合间隙是否过大,将配合间隙调整合理或对已损零件及时更换;清洗有阻尼装置的零件,检查排气装置是否工作正常,保持油液清洁;研合单向阀;若为温度补偿调速阀,则无此故障;温度补偿的调速阀,应降低油温。

（4）电液比例阀故障分析

电液比例阀故障主要有:压力阀阻尼孔堵塞、压力阀起始压力过大、阀芯卡滞、阀芯磨损、线圈损坏、内置放大器受潮或腐蚀等。故障表现主要有:调低比例阀起始电流,压力始终处于较低值,不能正常调节;调低比例阀最小电流,起始压力仍然偏高,不能降下;改变控制电流,液压参数基本不变;在控制电流不改变条件下液压参数不稳定(压力波动大等)或内泄漏增大或元件温度和噪声异常;常温下测量线圈电阻,阻值无穷大或与实际阻值差距超过 5％;零点漂移远且无规律性或输入输出线性度改变,元件工作性能不稳定。可解决措施有:打开阀体,取出阻尼孔进行彻底清洗;先导阀阀座位置设置不合理,将阀座位置调节合理后锁紧;在确认电磁铁完好的情况下拆开阀体,对阀芯进行彻底清洗;研磨修复阀芯外形,并对阀芯进行更换;更换电磁铁;改善工作环境,清洗干燥内置放大器,并加强元件电气仓密封。

10.2.4　液压缸试验与故障分析

1. 液压缸试验

液压缸试验内容主要有:运动均匀性试验、活塞行程试验、额定输出力试验、最低动作压力试验、耐压性试验、内泄漏试验、外泄漏试验等。

图 10.18 为液压缸试验油路原理图。它的主要组成元件有:液压泵 21、溢流阀 19、电磁换向阀 18、单向节流阀 16 和 17、被试液压缸 12、加载液压缸 9、压力计 7 和

8、溢流阀 5 和 11、溢流阀 2 和液压泵 1 等。液压泵 21 的作用是向被试液压缸 12 供给压力油,溢流阀 19 可调节液压泵 21 向被试液压缸 12 输出压力大小,压力表 20 显示溢流阀 19 调节后的压力。电磁换向阀 18 的作用是改变液压泵 21 的供油方向或者使液压泵 21 停止供油。被试液压缸 12 和加载液压缸 9 直接相连,后者作为前者的负载,可通过调节加载液压缸 9 的出油腔的阻力对被液压缸 12 的负载进行调整,这是因为只要给液压缸 9 的出油腔加一定的阻力,其活塞的运动受到阻碍,同时也阻碍了液压缸 12 活塞的运动。单向阀 6 和溢流阀 5 与液压缸 9 左油腔形成通回油路,从而控制液压缸 9 左油腔阻力,单向阀 10 和溢流阀 11 与液压缸 9 右油腔形成通回油路,从而共同控制液压缸 9 右油腔阻力,因此可以调节被试液压缸 12 的负载。溢流阀 2 的作用是调节液压泵 1 的出油压力,而液压泵 1 通过单向阀 3 或 4 给加载液压缸 9 的两腔供油。

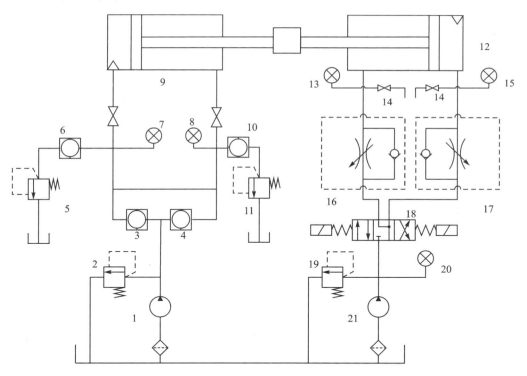

1—液压泵;2—溢流阀;3,4—单向阀;5—溢流阀;6—单向阀;7,8—压力计;9—液压缸;
10—单向阀;11—溢流阀;12—被试液压缸;13,15—压力计;14—节流阀;16,17—单向节流阀;
18—电磁换向阀;19—溢流阀;20—压力计;21—液压泵

图 10.18　液压缸试验油路原理图

下面将结合图 10.18 阐述液压缸的一般试验方法。

① 回路排气。关闭单向节流阀 16 和 17,开启液压泵 21,此时被试作动筒 12 没

有承受负载作用。调节溢流阀 19 和通电磁换向阀 18,这样由液压泵 21 输出的压力油流入液压缸 12 的右腔,对左腔进行排气。活塞运动左端时,完成左腔排气,此时磁换向阀 18 换向,对右腔进行排气,活塞运动右端时,完成一次排气。打开单向节流阀 16 和 17,重复上述过程几次,保证彻底排气。

　② 活塞行程测量。活塞行程为在活塞运动过程中活塞杆移动的最大距离。

　③ 最低动作压力试验。打开单向节流阀 16 和 17,调节溢流阀 19,并对磁换向阀 18 通电,压力油流入液压缸 12 的右腔,右腔压力逐渐增加,推动活塞向左运动,直到作动筒 9 开始运动为止。此时由压力表 13、15 测得的压力差即为最低动作压力。

　④ 外部漏油试验。液压缸 12 在额定负载下运行累计达到一定行程时,从活塞杆处向外漏出的油量称为作动筒的外部漏油。对溢流阀 19、5、11 进行调节,使液压缸 12 承受的负载处于额定值,液压缸 12 的往复运动通过对电磁阀 18 进行换向来完成。达到累计行程时,测量从活塞杆处滴下的油,就得到外部漏油量。

　⑤ 耐压性试验。通过调节溢流阀 19,使得液压缸 12 腔内压力升高至额定压力的 150%,保持 2 min 以上,要求作动筒不发生损坏、永久变形和外部漏油等现象。

　⑥ 运动均匀性试验。运动均匀性指的是低速运动均匀性,当作动筒以较低速运动时,测量其整个行程中多个点上的运动速度,测量仪器一般采用千分表和秒表,根据测量结果对其运动的均匀性进行判断。

2. 液压缸故障分析

（1）内泄漏

液压缸发生内泄漏故障主要体现为:工作不稳、速度下降、液压缸爬行推力不足等。用挡铁将正在运动的活塞杆挡住,但回油管仍有一定量的回油;可通过压力表观察到的压力不能达到规定值,或者工作过程中压力值上升慢;这些都是液压缸发生内泄漏的表现。引起液压缸发生内泄漏故障的因素有:密封圈发生老化而导致密封失效,密封圈发生磨损而导致密封失效,缸体与活塞之间的磨损使得间隙增大,导致发生泄漏。可以通过及时更换密封圈或者活塞来解决故障。

（2）机械别劲

液压缸发生机械别劲液压故障主要体现为:工作不稳、速度下降、液压缸爬行推力不足等。可从以下几个方面进行检查并判断:活塞杆密封过紧,加之活塞杆较长,造成滑动部位产生过大的阻力;压力表所显示的压力值偏高;若用挡铁顶住,在运行过程中将活塞杆挡住液压缸不再前移,回油管中虽无回油,但溢流阀回油管有一定量的回油,故障部位规律性很强;由于液压缸带动的运动部件的导轨或滑块配合过紧,造成阻力过大;液压缸的运动配合面之间出现伤痕或烧结,造成阻力过大;液压缸的滑动部位进入污物,造成阻力过大等。

（3）爬行

液压缸运动时呈现出不连续、不均的速度的现象称为液压缸爬行故障。速度减慢或推不动是速度下降的特征,这使液压缸工作具有一定的不稳定性。在速度较低时,爬行现象更加严重,液压缸推力严重不足。

（4）进气故障

液压缸进气液压故障诊断主要包括:

① 液压缸进气的故障表现及其危害。若液压缸进入空气后,空气不仅会氧化工作液使之变质,而且对液压元件和系统造成腐蚀,导致活塞工作出现不稳定性,产生振动、噪声、密封元件烧毁和爬行等现象。因此,应将液压缸中的空气排尽。当液压倾斜或缸竖直安装时,它的排气更为困难,更需检查空气是否彻底排出。

② 液压缸进气的原因（进气源）及处理主要有:

1）空气由液压泵吸油管路混入系统中。液压泵在吸油时,在吸油口形成负压,此时若油液未能完全淹没吸油口,会导致空气从吸油口吸入系统。解决措施是：将吸油口设在油箱最底部,并时常检查油箱中油位。

2）空气由回油口进入系统中。当回油管路的回油口没有完全淹没在油箱的油面以下时,空气可能会经回油口进入系统。解决措施是：回油管的回油口设置在油箱最底部,过滤器也要淹没在油面以下。

3）液压缸工作时在内部产生负压,空气因此进入缸内,这时可通过增设补油或充油管路等来解决。

4）积存在管路中的空气未能有效排净。例如元件之间连接管路的拐弯处容易积存空气,很难彻底排出。针对这种情形,可在管路高处增设排气装置。

5）残留在液压缸中的空气未能完全排出。由于部分液压缸的结构原因,造成排除内部残留空气困难。此时,可以最高部位在增设排气口,以利于空气排除。工作前,应检查排气是否彻底。

③ 故障分析。故障诊断主要包括以下几方面:

1）当空气是由液压缸形成负压进入液压缸时,油箱内将出现少量气泡,表现为压力表显示值偏低,液压缸出现不断爬行,此时可诊断为液压缸负压进入故障,可采用提升液压缸负压部位的压力来解决。

2）当空气是由残留在管路中的空气进入液压缸时,油箱内可能有少许气泡出现,表现为压力表显示值偏低,液压缸出现轻微爬行,此时可诊断为管路进气故障,可采用排气方式及时解决。

3）当空气是由液压泵吸入而输送到液压缸时,表现为压力表显示值较低,液压缸无力或爬行,此时可诊断为液压泵吸气故障,及时排除。

10.2.5　其他液压元件试验

1. 蓄压器试验

蓄压器的试验内容是依据它的特点和各种技术要求提出的,蓄压器试验一般包含以下几个方面内容。

（1）胶囊的物理性能试验

对制作胶囊的材料进行物理性能试验，分整体件和试片进行试验，主要进行以下两个方面的试验：

① 低温试验。这是对于整体试件进行的。该试件的具有一定形状，将它的温度降低到蓄压器的最低工作温度，在此低温下保持一段时间，再对它进行弯曲至 180°，弯曲速度符合规定，试件不能产生裂纹，更不能发生断裂。

② 膨胀试验。这是对试片进行的，将从胶囊的材料取下的试片浸泡在规定温度的油液中，浸泡时间达到规定值后，检查试片情况，试片应没有收缩，同时膨胀小于规定值。

（2）胶囊变形试验

向蓄压器胶囊冲入具有一定压力的气体，在压力气体的作用下迫使胶囊表面产生拉伸变形，控制变形率在 10%～15% 以内。在该压力下保持一段时间，检查胶囊情况，胶囊不发生漏气时，再进一步检查外部表面，表面变形均匀，没有局部凸起、凹陷等现象。

（3）胶囊的耐压试验

向蓄压器胶囊充入具有一定压力的气体，同时让蓄压器排油口和大气直接相通，在该压力下保持一段时间，排出胶囊中的气体，检查胶囊情况，无裂纹、压痕等现象。

（4）蓄压器强度试验

蓄压器强度试验一般采用水或者油进行。向蓄压器壳体加入水或者油，使其内部压力达到规定值，在该压力下保持一段时间，检查蓄压器壳体情况，不应发生不正常的现象。

（5）脉动疲劳试验（耐久性试验）

向蓄压器气体腔充入具有一定压力的气体，再向排油口通入变化的液压油，往复作动。一般需要进行多个油压压力试验，在每个压力下的变化的速度不同，工作循环次数也会不同。检查蓄压器胶囊情况，不能产生剥落、膨胀，甚至不能产生裂纹，更不能发生漏油。

表 10.1　蓄压器的耐久性试验

试验阶段	1	2	3	4
油液温度	系统最高工作温度	低于−10 ℃	工作温度范围内	工作温度范围内
作动油压/MPa	10.5～21	2～21	2～21	10.5～21
密封气体压力/MPa	7	3.5	3.5	7
循环次数	大于 1 000 次	大于 100 次	大于 500 次	大于 10 000 次

（6）充气渗漏试验

充气渗漏试验通常需要在脉动疲劳试验中间进行。将蓄压器的排油口与大气直接相通，将蓄压器的温度降低至最低工作温度，并保持一定时间。检查蓄压器胶囊情况，由排油口渗漏的气体量应符合试验规范的要求。

2. 油箱试验

飞机液压油箱通常需进行强度试验、倒飞装置试验和破坏试验等,各种型号飞机的试验压力大小要求不同。

① 强度试验。向油箱充入一定压力的油液,该压力值一般为油箱的最大增压压力的 2 倍,在该压力下保持一定时间,将散热罩分别拆下和装上各试验一次。

② 倒飞装置试验。向倒飞隔板下面的油箱加满规定压力的液压油,倒置油箱 1min,检查油液渗漏情况,油液渗漏量应小于规定值。

③ 破坏试验。向油箱充入压油液,直到油箱被破坏,检查破坏时的压力是否大于规定值。

10.3　典型飞机液压系统故障分析

本节将以某型飞机为例讲述飞机液压系统出出现的故障。

10.3.1　主液压能源系统故障分析

1. 主液压泵

某型飞机主液压能源系统的主液压泵采用两台变流量轴向柱塞式液压泵,用于为系统提供可满足系统需求的流量和压力的液压油。根据各个分系统工作时对油液流量的需求大小自动调节主液压泵供油量。各分系统不工作时,主液压泵则不输出油液。主液压泵故障统计情况如表 10.2 所列。

表 10.2　主液压泵故障统计情况表

故障模式	压力波	压力低		渗漏				磨损	
故障因素	主液压泵内部故障	主液压泵工作效率低		主液压泵内部故障	主液压泵内部密封性失效	右主液压泵内部故障	主液压泵内部胶圈老化	主液压泵内部磨损	主液压泵内部磨损
故障现象	主液压系统压力表摆动	主液压泵低压告警灯亮	主液压系统压力指示达不到规定值	主液压泵壳体渗油	主液压泵在试车时漏油口漏油量偏大	压泵壳体渗油	主液压泵接头或壳体结合面渗油	主液压泵出口油滤内有大量金属屑	主液压泵出口高压油滤及循环油滤内部有大量金属屑
发生次数	1	3	2	4	1	1	2	1	1

主液压泵主要的故障模式是渗漏,故障现象为主液压泵壳体渗油、主液压泵在试车时漏油口漏油量偏大、主液压泵接头或壳体结合面渗油等。

2. 主系统安全活门

主系统安全活门在系统中起到高压安全保护作用。当主液压系统压力大于正常工作范围时,主系统安全活门将自动打开,与油箱形成通路,高压油直接流回油箱;主系统的压力降低到正常范围后,安全活门将自动关闭。主系统安全活门可以保证系统压力处于正常值范围内。主系统安全活门故障统计情况如表 10.3 所列。

主系统安全活门主要的故障模式是渗漏,故障现象为主系统安全活门渗油。

表 10.3   主系统安全活门故障统计情况表

故障模式	渗漏
故障因素	主系统安全活门内部故障
故障现象	主系统安全活门渗油
发生次数	1

3. 主液压油箱

飞机技术的不断发展对液压系统提出了更高的要求。油箱作为液压系统油液储存的地方,在保证油液的清洁度方面有重要作用。主液压油箱是指储存主液压能源系统循环油液的油箱。某型飞机主液压油箱采用密闭式自供增压油箱,该油箱有利于提高油箱内油液的增压压力,在一定程度上提高了液压泵进口的吸油能力。整个系统的油液基本与空气隔绝,大大降低了液压油的氧化作用,提高了系统的清洁度和可靠性,延长了油液一定的使用寿命。主液压油箱故障统计情况如表 10.4 所列。

表 10.4   主液压油箱使用故障统计表

故障模式	渗漏		油量
故障因素	主液压油箱故障		主液压油箱故障
故障现象	外观检查发现主液压油箱渗油	通压检查发现主液压油箱油量指示杆前端网状处漏油	主液压油箱油量指示杆卡滞
发生次数	1	1	1

该型飞机主液压油箱的主要的故障模式渗漏,故障现象有:外观检查发现主液压油箱渗油,通压检查发现主液压油箱油量指示杆前端网状处漏油。主液压油箱的故障模式还有油量指示杆卡滞,故障现象为主液压油箱油量指示杆卡滞。

4. 主系统回油滤

布置在主液压系统总回油管路上的油滤称为主系统回油滤,作用是将总回油管路中油液的颗粒杂质滤除。主系统回油滤故障统计情况如表 10.5 所列。主系统回油滤的主要故障模式是流阻值超标,故障现象是:主系统回油滤滤芯进行流阻试验时,发现流阻值超标。主系统回油滤还存在的故障模式有裂纹和渗漏,它们的故障现象分别是:主系统回油滤底部有三处裂纹,主系统回油滤微量渗油。

表 10.5　主系统回油滤故障统计情况表

故障模式	流阻值超标	裂　纹	渗　漏
故障因素	主系统回油滤滤芯内部污染严重	主系统回油滤质量问题	主系统回油滤安装不正确
故障现象	主系统回油滤滤芯进行流阻试验时,发现流阻值超标	主系统回油滤底部有三处裂纹	主系统回油滤微量渗油
发生次数	3	1	1

5. 主系统循环油滤

布置在主供压部分左、右主液压泵壳体回油管路上的油滤称为主系统循环油滤,作用是将循环油液排出的颗粒杂质滤除。

主系统循环油滤设置在主供压部分左、右主液压泵壳体回油管路上,用于滤除主液压泵工作时从壳体随循环油液排出的颗粒杂质。主系统循环油滤故障统计情况如表 10.6 所列。主系统循环油滤的主要故障模式是结构损坏,故障现象是:主系统循环油滤滤芯进行完整性试验时,滤芯表面有冒泡现象。主系统循环油滤还存在的故障模式有无过滤作用和磨损,它们的故障现象分别是:起不到过滤作用,主系统循环油滤表面略有磨损。

表 10.6　主系统循环油滤故障统计情况表

故障模式	结构损坏	无过滤作用	磨　损
故障因素	主系统循环油滤滤芯内部结构破损	主系统循环油滤方向装反	主系统循环油滤后液压管
故障现象	主系统循环油滤滤芯进行完整性试验时,滤芯表面有冒泡现象	起不到过滤作用	主系统循环油滤表面略有磨损
发生次数	9	1	1

10.3.2　起落架收放系统故障分析

1. 起落架液压电磁阀

起落架液压电磁阀用于接通或断开起落架收放系统的压力油路,控制起落架及舱门的收放。起落架液压电磁阀故障统计情况如表 10.7 所列。它的故障模式有渗漏、自动刹车压力不解除、主起落架收不上,故障现象为:起落架液压电磁阀壳体漏油、飞机空中起落架收起后,起落架操纵开关回中立,自动刹车压力不解除、飞机空中飞行,液压系统正常,主起落架收不上。

表 10.7　起落架液压电磁阀故障统计情况表

故障模式	渗　漏	自动刹车压力不解除	主起落架收不上
故障因素	起落架液压电磁阀内部密封性差	起落架液压电磁阀内部故障	起落架液压电磁阀不供电或工作不正常
故障现象	起落架液压电磁阀壳体漏油	飞机空中起落架收后,起落架操纵开关回中立,自动刹车压力不解除	飞机空中飞行,液压系统正常,主起落架收不上
发生次数	5	1	1

2. 主起收放作动筒

主起收放作动筒的作用是为收、放主起落架提供动力。主起收放作动筒故障统计情况如表 10.8 所列。它的故障模式有渗漏、镀络层划伤、裂纹,它的故障现象:主起收放作动筒活塞杆与筒体结合面漏油、主起收放作动筒镀铬层根部有划伤、主起收放作动筒活塞杆接头轴承出现穿透性裂纹。

表 10.8　主起收放作动筒故障统计情况表

故障模式	渗　漏	镀铬层划伤	裂　纹
故障因素	主起收放作动筒活塞杆与筒体结合面漏油	主起收放作动筒内部故障	主起收放作动筒内部故障
故障现象	主系统循环油滤滤芯进行完整性试验时,滤芯表面有冒泡现象	主起收放作动筒镀铬层根部有划伤	主起收放作动筒活塞杆接头轴承出现穿透性裂纹
发生次数	1	1	1

3. 主起单向限流活门

主起单向限流活门的作用是对主起落架的放下速度进行控制,其安装位置位于主起落架作动筒的收起管路上。主起单向限流活门故障统计情况如表 10.9 所列。主起单向限流活门的故障模式为渗漏、起落架收上时间超标。故障现象为主起单向限流活门漏油;操纵检查发现右主起落架收上时间超过规定时间。

表 10.9　主起单向限流活门故障统计情况表

故障模式	渗　漏	起落架收上时间超标
故障因素	主起单向限流活门不密封	主起单向限流活门内部故障
故障现象	主起单向限流活门漏油	操纵检查发现右主起落架收上时间超过规定时间
发生次数	1	1

4. 主起舱门作动筒

主起舱门作动筒的作用是操纵主起舱门的关闭与打开,并在主起舱门到达收上位置时将主起舱门锁紧。主起舱门作动筒故障统计情况如表 10.10 所列。主起舱门作动筒的故障模式为渗漏,故障现象为：主起舱门作动筒漏油或渗油；右主起舱门作动筒活塞杆与壳体处漏；主起舱门作动筒活塞杆与壳体结合处渗油；主起舱门作动筒活塞杆密封圈处渗油。

表 10.10　主起舱门作动筒故障统计情况表

故障模式	渗　漏			
故障因素	主起舱门作动筒内部故障	主起舱门作动筒内部密封圈失效	主起舱门作动筒内部故障	主起舱门作动筒密封装置失效
故障现象	主起舱门作动筒漏油或渗油	右主起舱门作动筒活塞杆与壳体处漏油	主起舱门作动筒活塞杆与壳体结合处渗油	主起舱门作动筒活塞杆密封圈处渗油
发生次数	12	1	1	1

5. 主起液压油锁

主起液压油锁的作用是将主起舱门作动筒带卡环锁腔内的压力油锁闭,压力过高时,释放高压油。主起液压油锁故障统计情况如表 10.11 所列。主起液压油锁的故障模式为渗漏,故障现象为：主起液压油锁外部渗油或串油（从液压往气路串油）。

表 10.11　主起液压油锁故障统计情况表

故障模式	渗　漏
故障因素	主起液压油锁内部不密封
故障现象	主起液压油锁外部渗油或串油
发生次数	2

6. 前起限流活门

前起限流活门的作用是控制前起落架的收上、放下速度,其安装位置位于前起落架收放作动筒的收上管路中。前起限流活门故障统计情况如表 10.12 所列。它的故障模式为渗漏,故障现象为：前起限流活门漏油,前起限流活门壳体漏油。

表 10.12　前起限流活门故障统计情况表

故障模式	渗　漏	
故障因素	前起限流活门密封性差	前起限流活门内部故障
故障现象	前起限流活门漏油	前起限流活门壳体漏油
发生次数	1	1

7. 前起落架协调活门

前起落架协调活门的作用是控制前起落架收放时的顺序。前起落架协调活门故障统计情况如表 10.13 所列。它的故障模式为渗漏,故障现象为：前起落架协调活门渗油。

表 10.13   前起落架协调活门故障统计情况表

故障模式	渗 漏
故障因素	前起落架协调活门内部不密封
故障现象	前起落架协调活门渗油
发生次数	1

8. 起落架应急排油活门

起落架应急排油活门的作用是排出收上腔的液压油(应急放起落架时)。起落架应急排油活门故障统计情况如表 10.14 所列。它的故障模式为渗漏,故障现象为:起落架应急排油活门漏油。

表 10.14   起落架应急排油活门故障统计情况表

故障模式	渗 漏
故障因素	起落架应急排油活门内部不密封
故障现象	起落架应急排油活门漏油
发生次数	3

10.3.3   减速板收放系统故障分析

1. 减速板液压电磁阀

减速板液压电磁阀的作用是对控制上、下减速板的收放。减速板液压电磁阀故障统计情况如表 10.15 所列。减速板液压电磁阀的故障模式有减速板不能正常收放,故障现象为地面通压时发现减速板关闭延时有时甚至不能关闭,地面通压时发现减速板不能正常收放。

表 10.15   减速板液压电磁阀故障统计情况表

故障模式	减速板不能正常收放	
故障因素	减速板液压电磁阀内部故障	
故障现象	地面通压时发现减速板关闭延时有时甚至不能关闭	地面通压时发现减速板不能正常收放
发生次数	2	1

2. 下减速板作动筒

下减速板作动筒用于收放下减速板。下减速板作动筒故障统计情况如表 10.16 所列。它的故障模式为渗漏,故障现象为:下减速板作动筒收上腔漏液压油或壳体上有异常油迹。

表 10.16　下减速板作动筒故障统计情况表

故障模式	渗漏
故障因素	下减速板作动筒内部不密封
故障现象	下减速板作动筒收上腔漏液压油 或壳体上有异常油迹
发生次数	2

3. 上减速板作动筒

上减速板作动筒用于收放上减速板。上减速板作动筒故障统计情况如表 10.17 所列。它的故障模式为渗漏,故障现象为:上减速板作动筒壳体渗油。

表 10.17　上减速板作动筒故障统计情况表

故障模式	渗漏
故障因素	上减速板作动筒密封性不好
故障现象	上减速板作动筒壳体渗油
发生次数	2

4. 减速板自封活门

在减速板收放系统中需安装两个减速板自封活门,通过控制它的快速接通或断开,使得机身尾段对接或脱开。减速板自封活门故障统计情况如表 10.18 所列。减速板自封活门的故障模式有渗漏、固定螺钉断裂、减速板打不开,故障现象为:通压收放减速板时发现减速板自封活门有轻微渗漏,在换发过程中发现减速板自封活门固定螺钉断裂,在供压情况下,下减速板打不开。

表 10.18　减速板自封活门故障统计情况表

故障模式	渗漏	固定螺钉断裂	减速板打不开
故障因素	减速板自封活门内部不密封	减速板自封活门固定螺钉疲劳断裂	减速板自封活门未装好
故障现象	通压收放减速板时发现减速板自封活门有轻微渗漏	在换发过程中发现减速板自封活门固定螺钉断裂	在供压情况下,下减速板打不开
发生次数	1	1	1

10.3.4　襟翼收放系统故障分析

1. 后缘襟翼作动筒

后缘襟翼作动筒的作用是为襟翼收放提供力,并将处于 0 位置的襟翼锁紧。后缘襟翼作动筒故障统计情况如表 10.19 所列。后缘襟翼作动筒的故障模式有渗漏、噪声,故障现象分别是:外观检查发现后缘襟翼作动筒供压管接头焊接处有一沙眼,并不断渗油；右襟翼在放下过程中发出异常响声。

表 10.19 后缘襟翼作动筒故障统计情况表

故障模式	渗 漏	噪 声
故障因素	后缘襟翼作动筒质量问题	右襟翼两个后缘作动筒工作行程不一致
故障现象	外观检查发现后缘襟翼作动筒供压管接头焊接处有一沙眼，并不断渗油	右襟翼在放下过程中发出异常响声
发生次数	1	1

2. 等量分配器

等量分配器的作用是向左右襟翼分配相同量的油液，以保证左右襟翼收放同步完成。等量分配器故障统计情况如表 10.20 所列。等量分配器的故障模式有渗漏、左右襟翼开度不一致、放襟翼 25°时飞机有坡度，故障现象为：外观检查发现等量分配器壳体漏油；左右襟翼开度不一致，右侧 25°放不到位；飞机着陆后，飞行员反映高度 600 m 放襟翼 25°时右坡度很明显，收起后放 35°正常。

表 10.20 等量分配器故障统计情况表

故障模式	渗 漏	左右襟翼开度不一致	放襟翼 25°时飞机有坡度
故障因素	等量分配器内部胶圈不密封	等量分配器内部故障	等量分配器故障
故障现象	外观检查发现等量分配器壳体漏油	左右襟翼开度不一致，右侧 25°放不到位	飞机着陆后，飞行员反映高度 600 m 放襟翼 25°时右坡度很明显，收起后放 35°正常
发生次数	1	1	1

3. 襟翼节流接头

襟翼节流接头的作用是通过调节液流量对襟翼收放速度进行控制。襟翼节流接头故障统计情况如表 10.21 所列。襟翼节流接头的故障模式有左、右襟翼放下开度有偏差，故障现象为：通压收放襟翼时，发现 左、右襟翼两侧放下开度有偏差。

表 10.21 襟翼节流接头故障统计情况表

故障模式	左、右襟翼放下开度有偏差
故障因素	襟翼节流接头内部故障
故障现象	通压收放襟翼时，发现左、右襟翼两侧放下开度有偏差
发生次数	1

10.4　飞机液压系统维护

液压传动与机械、电气等传动方式相比有许多优点，只要使用维护得当，工作也是可靠的。但液压系统引起故障的因素比较多，而且液压元件与辅助附件中的机构和工作液大部分都在封闭的壳体与管路内，不便于直接观察和检查，因此往往不易查明故障原因。这就要求正确地使用与维护液压系统，以减少故障的发生。

引起液压系统故障的原因很多，除了液压元件、辅助附件和管路本身的故障外，引起液压系统故障的主要原因是工作液不干净、系统内混入空气、工作液温度不正常等。

飞机液压系统的维护采取定期检查的方法，即规定各种液压元件、辅助附件等工作一字时间后，不论是否出现故障都进行分解检查，以便及早发现隐患，进行修理或更换。此外每次飞行前也需要进行飞机液压系统的检查和试验，以确保飞行安全。

1. 保持工作液的清洁

在液压传动系统中的工作液不仅起传递液压动力的作用，还起液压元件的润滑作用，工作液良好的清洁度是各个液压元件运行正常的前提。污物进入工作液中会引起工作液变质，使其逐渐丧失工作性能，缩短工作液使用寿命，进而严重影响油泵的润滑，可能会导致控制元件的控制作用失效。此外，工作液中混入水分，会导致工作液产生乳化现象，增加其酸度，工作液变质，使其润滑性能下降，对液压系统会产生十分不利的影响。混入工作液中的污物会跟随工作液进入相对运动件之间的配合表面和配合间隙，导致配合表面的精度和光洁度降低，直接结果就是增加泄漏量。若污物跟随工作液进入阀芯与阀体之间的间隙，可能会导致阀芯被卡住而不能运动，阀工作失效。进入液压泵工作液中的污物过多，可能会堵塞吸油口处的油滤，增大液压泵的吸油阻力，破坏液压泵的正常工作条件，使其产生强烈的振动和显著的噪声。

污物混入工作液主要有以下三种情况：

第一情况是杂质从液压系统外部进入系统内，如杂质从液压元件的密封处（如油箱盖、液压缸）进入系统。杂质在不当的工作液保存过程中进入工作液，并随工作液一起被注入系统，或是在工作液冷却中因漏水而混入水分等。

第二情况是系统安装遗留有杂质。系统安装前对各个元件的清洗不够彻底，导致机械加工中残留下来的金属屑和毛刺遗留在元件内，还有诸如清理管路时留下的纤维物、锈蚀脱落物和涂料脱落物、铸件未清洗干净的砂粒等。

第三情况是杂质在液压系统内生成。例如：在工作液的腐蚀下，软管或橡胶密封发生溶解而进入工作液。由于液压元件运动造成磨损而产生的金属粉末；工作液发生质变而产生的沥青；液压元件的密封件产生的破损屑等。

工作液的清洁方法主要有一下几点：

① 在液压系统装配前，应仔细清洗全部液压元件，如需进行二次安装，每次安装

前都应仔细清洗。清洗液按照先关规定选取,清洗按照规定操作进行。

② 液压系统工作正常时,不轻易拆卸液压元件,以防止损坏液压元件,导致杂质进入液压系统中。

③ 油箱上的通气口应安装空气过滤器,以防止外部杂质进入油箱,注油过程中应保证清洁操作,以防止此过程中引入杂质。

④ 及时清洗液压系统中的油滤。

⑤ 定期更换工作液。严格按照液压系统累计工作时长规定更换工作液,还应定期检查工作液质量。若液压系统的工作环境比较恶劣,按照规定缩短缩短换油期。每次换油都应对油箱进行清洁。

2. 防止空气进入液压系统

在飞机液压系统工作压力下,可忽略液压系统工作液的压缩性。空气的可压缩性很大,在液压系统工作压力下具有显著的压缩性,即使系统中进入少量的空气,也会产生严重的影响。当有空气进入液压系统工作液中后,会产生气穴现象,这是由于混入工作液中的空气,在压力低于一定值后会从工作液中逸出,形成气泡,气泡随着工作液进入高压区,在高压的作用下发生破裂,并受到剧烈压缩,气泡破裂时会产生很大的冲击压力,局部温度显著升高,并引起强烈的噪声和振动。气泡破裂时产生的强大冲击压力会对液压元件的表面造成破坏,使零件的表面材料脱落,形成凹坑,这称为气蚀现象。工作液混入的空气越多,破坏性越强,会大大降低液压元件的使用寿命。

工作液混入空气的情形有:空气由油箱中被吸入液压系统、液压系统运行过程中没有完全排除空气、空气从液压系统的低压密封处进入液压系统中。油箱中的油位太低,不能完全淹没液压泵的吸油管口,导致液压泵吸油过程中会吸入少量的空气。液压系统的回油管完全淹没在油面以下,使回油过程中在油面上产生大量气泡,空气因此而易于进入液压系统。液压系统的部分密封处的压力低于大气压力,加上密封不够紧密,大气压力会将少量空气压入液压系统中。

防止液压系统混入空气的措施有:

① 防止空气由液压系统油箱进入液压系统。从油箱的设计上着手,在油箱内斜放一张金属网来消除气泡,油箱的出油口与回油口应在液面以下的深处,并用隔板将它们隔开。此外,在使用过程中,应时常检查油箱的油位,发现油位较低时及时补充工作液,保证油箱中的工作液量充足。

② 防止空气由密封处进入液压系统。安装时应该保证管路之间和管路与其他元件之间的连接处的密封十分紧密,保证其具有良好的密封性能。在系统运行过程中,时常检查密封装置,发现有失效的密封应及时更换。此外,系统设计时应尽量避免出现局部压力低于大气压力。

③ 排除已进入液压系统中的空气。不可能完全杜绝空气进入液压系统,因此需要一些措施将空气排出,如在系统中作动筒的朝上部位安装排气阀,液压系统工作

时，先将排气阀打开，并使作动筒在最大行程范围内往复运动几次，以排除液压系统中的空气。若作动筒没有安装排气阀，可以在作动筒运动时，暂时松开一点出油腔的管接头来排出空气，并应在作动筒两腔各进行几次。

3. 保持工作液的正常温度

飞机液压系统中工作液的温度通常维持在 35～60 ℃。工作液的黏度会随着温度升高而降低，温度超过一定值后，低黏度将产生一些不利的影响。这些不利的影响主要体现在：工作液温度过高会使密封件的表面的氧化作用加快，使其老化加速，导致密封失效；工作液温度过高会使得液压泵的容积效率下降，执行元件运动速度变慢，调节元件的通过流量变大，导致元件的相对运动表面间的润滑条件变差，增加了它们之间的机械摩擦；工作液的温度过高，会导致金属膨胀，从而增加相对运动部分之间的摩擦，甚至可能发生卡死现象。

造成工作液温度过高的原因有许多，如不当的维护或者维护不到位、元件的加工制造精度不高、不正确的结构设计等。不当的维护或者维护不到位主要体现在：冷却器的冷却不良（如冷却管路局部堵塞造成冷却液流量不足）；未及时补充工作液导致油箱内油量不够；工作液选用不当而导致发热；卸荷回路动作不良，未能正常卸荷，从而引起发热；系统压力调节过大而使能量损失过大，转化为热能。元件的加工制造精度不高主要体现在：液压泵和液压马达的零件加工精度不高而引起容积损失加大；其他的液压元件的加工精度不高而增加相对运动部件之间摩擦使得发热过多。不正确的结构设计主要体现在：所设计的方法不当而损失能量过多；液压系统中未正确设计卸荷回路，导致液压泵在系统不需要压力仍在较高压力工作而损失很多能量；散热面积不够。

思 考 题

题 10.1　飞机液压元件实验台分为哪些类型？说明它们的原理。

题 10.2　在对飞机液压元件进行试验时，需要试验装置达到哪些基本要求才能进行试验？

题 10.3　飞机液压元件试验需要进行哪些类型的试验？它们的试验要求是什么？采用哪些方法进行？

题 10.4　简述液压泵试验所包含的内容以及试验原理。

题 10.5　题 10.5 图所示为某一液压元件试验系统，试分析该试验系统可进行哪种元件的试验，试验包含哪些内容？

题 10.6　题 10.6 图所示为某一液压元件试验系统，试分析该试验系统可进行哪种元件的试验，试验包含哪些内容？

题 10.7　题 10.7 图所示为某一液压元件试验系统，试分析该试验系统可进行哪种元件的试验，试验包含哪些内容？

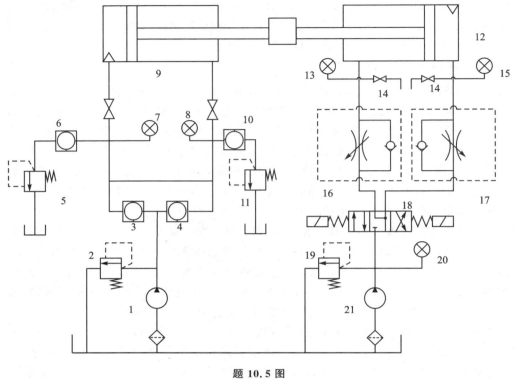

题 10.5 图

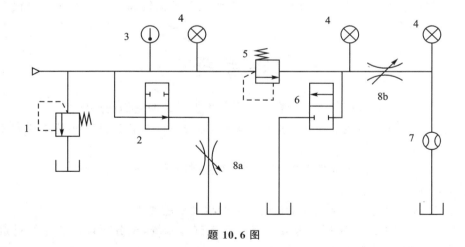

题 10.6 图

　　题 10.8　题 10.8 图所示为某一液压元件试验系统,试分析该试验系统可进行哪种元件的试验,试验包含哪些内容?

　　题 10.9　题 10.9 图所示为某一液压元件试验系统,试分析该试验系统可进行哪种元件的试验,试验包含哪些内容?

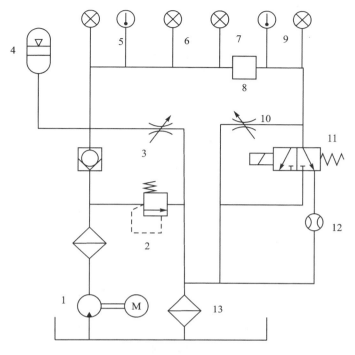

题 10.7 图

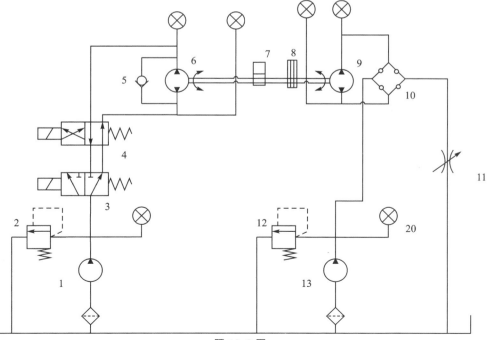

题 10.8 图

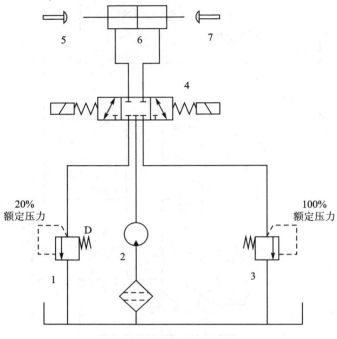

题 10.9 图

附 录

附录1 民用飞机液压系统适航条款

民用航空器的适航性是指航空器包括其部件及子系统整体性能和操纵特性在预期运行环境和使用限制下的安全性和物理完整性的一种品质。这种品质要求航空器应始终处于保持符合其型号设计和始终处于安全运行状态。民用飞机的适航性贯穿于飞机的整个寿命期,因此民用飞机在设计、制造、使用、维护过程中始终要考虑其适航性。

中国民用航空规章CCAR-25《运输类飞机适航标准》的第1435条款中明确规定了民用飞机液压系统适航标准及要求。本附录引用的民用飞机液压系统适航指令实例均由中国民用航空局网站 www.caac.gov.cn 查询获得。

附录1.1 民用飞机液压系统适航条款

民用航空规章CCAR-25《运输类飞机适航标准》中包含了液压系统相关的适航条款及要求,并对最新修订进行了说明。

第25.1435条:液压系统

(a) 元件设计。液压系统的每个元件必须设计成:

(1) 能承受测试压力而不产生妨碍其预定功能的永久变形,而且能承受极限压力而不断裂。测试压力和极限压力由设计使用压力(DOP)作以下定义:

元 件	测试(xDOP)	极限(xDOP)
1. 管道和接头	1.5	3.0
2. 盛装气体的压力容器:高压(例如,蓄压器),低压(例如,储压器)	3.0 1.5	4.0 3.0
3. 软管	2.0	4.0
4. 所有其他元件	1.5	2.0

(2) 能承受设计使用压力和作用于其上的结构限制载荷而不产生妨碍其预定功能的变形。

(3) 能无损坏地承受1.5倍的设计工作压力与合理地可能同时产生的结构极限载荷的组合载荷。

(4) 能承担包括瞬态的和相关外部诱导载荷的所有循环压力的疲劳效应,同时需考虑元件失效的后果。

(5) 能够在飞机预定的所有环境条件下工作。

(b) 系统设计。每一个液压系统必须：

(1) 在以下情况下,具有位于机组成员工作位置的说明系统的合适参数的措施：

(i) 执行为持续安全飞行和着陆的必要功能；或者

(ii) 在液压系统失效的情况下,机组必须为保证持续安全飞行和着陆采取必要的纠正措施；

(2) 具有确保系统压力在每个元件的设计容量之内的措施,满足第 25.1435 条(a)(1)到(a)(5)的要求。系统压力包括瞬时压力和由于元件内流体体积变化造成的压力,该元件能够在变化发生时保持密闭足够长的时间；

(3) 具有措施确保在飞行中尽可能少的释放有害或危险浓度的液压液体或蒸气进入到驾驶舱和客舱；

(4) 如果使用了可燃性的液压流体,需要达到第 25.863 条、第 25.1183 条、第 25.1185 条和第 25.1189 条的应用要求；

(5) 设计中使用飞机制造商指定的液压流体,该流体必须具有满足第 25.1541 条要求的合适的标牌加以识别。

(c) 试验。必须进行液压系统和(或)子系统及元件的试验,除非进行可靠和适当的分析能够替代或完善试验。所有内部和外部因素都应被考虑并评估其影响,确保可靠的系统和元件的功能和完整性。元件或系统的失效或不可接受的缺陷都必须纠正,必要时要进行充分的重新试验。

(1) 系统子系统或元件必须满足代表地面和飞行使用中的性能、疲劳和耐久性的试验。

(2) 完整系统必须进行包括在相关失效条件下模拟在内的试验以确定其合适的性能和与其他系统的关系,并证明或验证元件的设计。

(3) 完整液压系统必须在飞机正常的所有相关用户系统运行的操作状态下进行功能试验。试验必须在系统释压状态下或在系统压力释放装置不是系统一部分的情况下在 1.25DOP 状态下实施。液压系统和其他系统或结构元件之间的间隙必须充分且对系统或元件没有不利影响。

(中国民用航空局 1995 年 12 月 18 日第二次修订,交通运输部 2016 年 3 月 17 日第四次修订)

附录 1.2　与民用飞机液压系统相关的适航条款

第 25.729 条 收放机构

(a) 总则 对于装有可收放起落果的飞机,采用下列规定：

(1) 起落架收放机构、轮舱门和支承结构必须按下列载荷设计：

(i) 起落架在收上位置时的飞行情况下出现的载荷；

（ii）在直到 $1.6V_{s1}$（襟翼在设计着陆重量下的进场位置）的任何空速下，起落架收放过程中出现的摩擦载荷、惯性载荷、刹车扭炬载荷、空气载荷和陀螺载荷的组合；陀螺载荷为机轮旋转所致，机轮边缘的线速度为 $1.3V_s$（襟翼在设计起飞重量下的起飞位置）。

（iii）襟翼放下情况的任何载荷系数，直到第条 25.345(a) 中的相应规定。

（2）起落架、收放机构和飞机结构（包括轮舱门）必须设计成能承受直到 $0.67V_c$ 的任何速度下起落架在放下位置时出现的飞行载荷，除非在此速度下另有措施使飞机在空中减速。

（3）除了考虑本条(a)(1)和(a)(2)规定的空速和载荷系数的情况外，起落架舱门、其操纵机构和支承结构还必须根据对飞机规定的偏航机动来设计。

（b）起落架锁　　必须有可靠的措施能在空中和地面将起落架保持在放下位置。

（c）应急操作　　必须有应急措施可在下列情况下放下起落架：

（1）正常收放系统中任何合理可能的失效；或

（2）任何单个液压源、电源或等效能源的失效。

（d）操作试验　　必须通过操作试验来表明收放机构功能正常。

（e）位置指示器和警告装置　　如果采用可收放起落架，必须有起落架位置指示器（以及驱动指示器工作所需的开关）或其他手段来通知驾驶员，起落架已锁定在放下（或收上）位置，该指示和警告手段的设计必须满足下列要求：

（1）如果使用开关，则开关的安装及其与起落架机械系统的结合方式必须能防止在起落架未完全放下时误示"放下和锁住"，或在起落架未完全收上时误示"收上和锁住"。开关可安置在受实际的起落架锁闩或其等效装置驱动的部位。

（2）当准备着陆时如果起落架未在下位锁锁住，必须向飞行机组发出持续的或定期重复的音响警告。

（3）发出警告的时间必须是以来得及将起落架在下位锁锁住或进行复飞。

（4）本条(e)(2)所要求的警告不得有容易被飞行机组操作的手动关断装置，以免其可能因本能、无意或习惯性反应动作而关断。

（5）用于发生音响警告的系统设计必须避免虚假警告或不当警告。

（6）用于抑制起落架音响警告的系统，其阻止警告系统工作的失效概率必须是不可能的。

（f）轮舱内设备的保护　　位于轮舱内且对于飞机安全运行必不可少的设备必须加以保护，使之不会因下列情况而损伤：

（1）轮胎爆破（除非表明轮胎不会因过热而爆破）。

（2）轮胎胎面松弛（除非表明由此不会引起损伤）。

（中国民用航空局 1995 年 12 月 18 日第二次修订，交通运输部 2016 年 3 月 17 日第四次修订）

第 25.863 条 可燃液体的防火

（a）凡可燃液体或蒸气可能因液体系统渗漏而逸出的区域，必须有措施尽量减少液体和蒸气点燃的概率以及万一点燃后的危险后果。

（b）必须用分析或试验方法表明符合本条（a）的要求，同时必须考虑下列因素：

（1）液体渗漏的可能漏源和途径，以及探测渗漏的方法；

（2）液体的可燃特性，包括任何可燃材料或吸液材料的影响；

（3）可能的引燃火源，包括电气故障、设备过热和防护装置失效；

（4）可用于抑制燃烧或灭火的手段，如截止液体流动、关断设备、防火的包容物或使用灭火剂；

（5）对于飞行安全是关键性的各种飞机部件的耐火耐热能力。

（c）如果要求飞行机组采取行动来预防或处置液体着火（如关断设备或起动灭火瓶），则必须备有迅速动作的向机组报警的装置。

（d）凡可燃液体或蒸气有可能因液体系统渗漏而逸出的区域，必须确定其部位和范围。

第 25.1183 条 输送可燃液体的组件

（a）除本条（b）规定者外，在易受发动机着火影响的区域内输送可燃液体的每一导管、接头和其他组件，以及在指定火区内输送或容纳可燃液体的每一组件，均必须是耐火的，但是指定火区内的可燃液体箱和支架必须是防火的或用防火罩防护，如果任何非防火零件被火烧坏后不会引起可燃液体渗漏或溅出则除外。上述组件必须加防护罩或安置的能防止点燃漏出的可燃液体。活塞发动机上容量小于 23.7 升（25 夸脱）的整体滑油池不必是防火的，也不必用防火罩防护。

（b）本条（a）不适用于下列情况：

（1）已批准作为型号审定合格的发动机一部分的导管、接头和组件；

（2）破损后不会引起或增加着火危险的通风管和排放管及其接头。

（c）在指定火区内，如果暴露在火中或者被火损坏时会出现下列可能，则包括输送管在内的所有组件都必须是防火的：

（1）导致火焰蔓延到飞机的其他区域；

（2）引起对重要设施或设备的无意工作，或者失去工作的能力。

（交通运输部 2016 年 3 月 17 日第四次修订）

第 25.1185 条 可燃液体

（a）除第 25.1183（a）条所规定的整体滑油池外，作为装有可燃液体或气体的系统一部分的油箱或容器，不得安置在指定火区内，除非所装的液体、系统的设计、油箱所采用的材料、切断装置以及所有的连接件、导管和控制装置所提供的安全度，与油箱或容器安置在该火区外的安全度相同。

（b）每个油箱或容器与每一防火墙或用于隔开指定火区的防火罩之间，必须有不小于 13 mm（1/2 英寸）的间隙。

（c）位于可能渗漏的可燃液体系统组件近旁的吸收性材料，必须加以包覆或处理，以防吸收危险量的液体。

（中国民用航空局 2001 年 5 月 14 日第三次修订，交通运输部 2016 年 3 月 17 日第四次修订）

第 25.1189 条　切断措施

（a）每台发动机安装和第 25.1181(a)(4) 与 (5) 条规定的各个火区必须有措施，用来切断燃油、滑油、除冰液及其他可燃液体，或者防止危险量的上述液体流人或流过任何指定火区，或在其中流动。但下列情况不要求有切断措施：

（1）与发动机组成一体的导管、接头和组件；

（2）涡轮发动机安装的滑油系统（如果其处于指定火区内的所有组件，包括滑油箱都是防火的，或位于不易受发动机着火影响的区城）。

（b）任何一台发动机的燃油切断阀的关闭，不得中断对其余发动机的供油。

（c）任何切断动作不得影响其他设备（诸如螺旋桨顺桨装置）以后的应急使用。

（d）可燃液体的切断装置和控制装置必须是防火的，或者必须安置和防护得使火区内的任何着火不会影响其工作。

（e）切断装置关闭后，不得有危险量的可燃液体排入任何指定火区。

（f）必须有措施防止切断装置被误动，并能使机组在飞行中重新打开已关闭的切断装置。

（g）油箱和发动机之间的每个切断阀的安装位置必须使动力装置或发动机安装的结构破损不会影响该阀工作。

（h）每个切断阀必须具有释放聚积过大压力的措施，如果系统中另有释压措施则除外。

附录2　流体传动系统及元件图形符号（摘自 GB/T786.1—2009）

GB/T786《流体传动系统及元件图形符号和回路图》分为两部分：第 1 部分为用于常规用途和数据处理的图形符号；第 2 部分为回路图。

本部分为 GB/T786 的第 1 部分，等同采用 ISO 1219 - 1：2006《流体传动系统和元件、图形符号和回路图第 1 部分：用于常规用途和数据处理应用的图形符号》。

本标准规定了液压气动元（辅）件的图形符号，以及部分常用的其他有关装置或器件的图形符号。

本标准适用于以液压油（液）及压缩空气为工作介质的液压及气动元（辅）件。本标准主要用于绘制液压及气动系统原理图。

部分术语：

直接压力控制：元件的位置靠控制压力直接控制的方式。

　　先导控制(间接压力控制)：靠元件内部组装的先导阀所产生的压力使主阀动作的控制方式。

　　内部压力控制：从被控元件内部提供控制用流体的方式。

　　外部压力控制：从被控元件外部提供控制用流体的方式。

　　内部泄油：泄油通路接在元件内部的回油通路上，使泄油与回油合流的方式。

　　外部泄油：泄油从元件的泄油口单独引出的方式。

　　详见附表 2.1～2.8。

附表 2.1　液压阀类

描　述	图　形	描　述	图　形
带有分离把手和定位销的控制机构		具有可调行程限制装置的顶杆	
带有定位装置的推或拉控制机构		手动锁定控制机构	
具有 5 个锁定位置的调节控制机构		用作单方向行程操纵的滚轮杠杆	
使用步进电机的控制机构		单作用电磁铁,动作指向阀芯	
单作用电磁铁,动作背离阀芯		双作用电气控制机构,动作指向或背离阀芯	
单作用电磁铁,动作指向阀芯,连续控制		单作用电磁铁,动作背离阀芯,连续控制	
双作用电气控制机构,动作指向或背离阀芯,连续控制		电气操纵的气动先导控制机构	

描　述	图　形	描　述	图　形
电气操纵的带有外部供油的液压先导控制机构		机械反馈	
具有外部先导供油,双比例电磁铁,双向操作,集成在同一组件,连续工作的双先导装置的液压控制机构		二位二通方向控制阀,两通,两位,推压控制机构,弹簧复位,常闭	
二位二通方向控制阀,两通,两位,电磁铁操纵,弹簧复位,常开		二位四通方向控制阀,电磁铁操纵,弹簧复位	
二位三通锁定阀		二位三通方向控制阀,滚轮杠杆控制,弹簧复位	
二位三通方向控制阀,电磁铁操纵,弹簧复位,常闭		二位三通方向控制阀,单电磁铁操纵,弹簧复位,定位销式手动定位	
二位四通方向控制阀,单电磁铁操纵,弹簧复位,定位销式手动定位		二位四通方向控制阀,双电磁铁操纵,定位销式(脉冲阀)	
二位四通方向控制阀,电磁铁操纵液压先导控制,弹簧复位		三位四通方向控制阀,电磁铁操纵先导级和液压操作主阀,主阀及先导级弹簧对中,外部先导供油和先导回油	

描　述	图　形	描　述	图　形
三位四通方向控制阀,弹簧对中,双电磁铁直接操纵,不同中位机能的类别		二位四通方向控制阀,液压控制,弹簧复位	
三位四通方向控制阀,液压控制,弹簧对中		二位五通方向控制阀,踏板控制	
三位五通方向控制阀,定位销式各位置杠杆控制		二位三通液压电磁换向座阀,带行程开关	
二位三通液压电磁换向座阀		溢流阀,直动式,开启压力由弹簧调节	
顺序阀,手动调节设定值		顺序阀,带有旁通阀	
二通减压阀,直动式,外泄型		二通减压阀,先导式,外泄型	

描　述	图　形	描　述	图　形
防气蚀溢流阀,用来保护两条供给管道		可调节流量控制阀,单向自由流动	
流量控制阀,滚轮杠杆操纵,弹簧复位		二通流量控制阀,可调节,带旁通阀,固定设置,单向流动,基本与黏度和压力差无关	
三通流量控制阀,可调节,将输入流量分成固定流量和剩余流量		分流器,将输入流量分成两路输出	
集流阀,保持两路输入流量相互恒定		单向阀,只能在一个方向自由流动	
单向阀,带有复位弹簧,只能在一个方向流动,常闭		先导式液控单向阀,带有复位弹簧,先导压力允许在两个方向自由流动	
双单向阀,先导式		先导式伺服阀,带主级和先导级的闭环位置控制,集成电子器件,外部先导供油和回油	

描　述	图　形	描　述	图　形
梭阀（"或"逻辑），压力高的入口自动与出口接通		直动式比例方向控制阀	
比例方向控制阀，直接控制		先导式比例方向控制阀，带主级和先导级的闭环位置控制	
先导式伺服阀，先导级带双线圈电气控制机构，双向连续控制，阀芯位置机械反馈到先导装置		电液线性执行器，带由步进电机驱动的伺服阀和油缸位置机械反馈	
伺服阀，内置电反馈和集成电子器件，带预设动力故障位置		比例溢流阀，直控式，通过电磁铁控制弹簧工作长度来控制液压电磁换向座阀	
比例溢流阀，直控式，电磁力直接作用在阀芯上，集成电子器件		比例溢流阀，直控式，带电磁铁位置闭环控制，集成电子器件	
比例溢流阀，先导控制，带电磁铁位置反馈		三通比例减压阀，带电磁铁闭环位置控制和集成式电子放大器	

描　述	图　形	描　述	图　形
比例溢流阀,先导式,带电子放大器和附加先导级,以实现手动压力调节或最高压力溢流功能		比例流量控制阀,直控式	
比例流量控制阀,直控式,带电磁铁闭环位置控制和集成式电子放大器		比例流量控制阀,先导式,带主级和先导级的位置控制和电子放大器	
流量控制阀,用双线圈比例电磁铁控制,节流孔可变,特性不受黏度变化的影响		压力控制和方向控制插装阀插件,座阀结构,面积 1∶1	
压力控制和方向控制插装阀插件,座阀结构,常开,面积比 1∶1		方向控制插装阀插件,带节流端的座阀结构,面积比例≤0.7	
方向控制插装阀插件,带节流端的座阀结构,面积比例＞0.7		方向控制插装阀插件,座阀结构,面积比例≤0.7	

描　述	图　形	描　述	图　形
方向控制插装阀插件,座阀结构,面积比例＞0.7		主动控制的方向控制插装阀插件,座阀结构,由先导压力打开	
主动控制插件,B端无面积差		方向控制阀插件,单向流动,座阀结构,内部先导供油,带可替换的节流孔	
带溢流和限制保护功能的阀芯插件,滑阀结构,常闭		减压插装阀插件,滑阀结构,常闭,带集成的单向阀	
减压插装阀插件,滑阀结构,常开,带集成的单向阀		无端口控制盖	
带先导端口的控制盖		带先导端口的控制盖,带可调行程限位器和遥控端口	
可安装附加元件的控制盖		带液压控制梭阀的控制盖	

描　述	图　形	描　述	图　形
带梭阀的控制盖		可安装附加元件,带梭阀的控制盖	
带溢流功能的控制盖		带溢流功能和液压卸载的控制盖	
带溢流功能的控制盖,用流量控制阀来限制先导级流量		带行程限制器的二通插装阀	
带方向控制阀的二通插装阀		主动控制,带方向控制阀的二通插装阀	
带溢流功能的二通插装阀		带溢流功能和可选第二级压力的二通插装阀	

描　述	图　形	描　述	图　形
带比例压力调节和手动最高压力溢流功能的二通插装阀		高压控制、带先导流量控制阀的减压功能的二通插装阀	
低压控制、减压功能的二通插装阀			

附表 2.2　液压泵

描　述	图　形	描　述	图　形
变量泵		双向流动,带外泄油路单向旋转的变量泵	
双向变量泵或马达单元,双向流动,带外泄油路,双向旋转		单向旋转的定量泵或马达	
操纵杆控制,限制转盘角度的泵		限制摆动角度,双向流动的摆动执行器或旋转驱动	

描　述	图　形	描　述	图　形
单作用的半摆动执行器或旋转驱动		变量泵,先导控制,带压力补偿,单向旋转,带外泄油路	
带复合压力或流量控制(负载敏感型)变量泵,单向驱动,带外泄油路		机械或液压伺服控制的变量泵	
电液伺服控制的变量液压泵		恒功率控制的变量泵	
带两级压力或流量控制的变量泵,内部先导操纵		带两级压力控制元件的变量泵,电气转换	
静液传动驱动单元,由一个能反转、带单输入旋转方向的变量泵和一个带双输出旋转方向的定量马达组成		表现出控制和调节元件的变量泵,箭头表示调节能力可扩展,控制机构和元件可以在箭头任意一边连接	

描　述	图　形	描　述	图　形
连续增压器,将气体压力 P_1 转换为较高的液体压力 P_2			

附表 2.3　液压缸

描　述	图　形	描　述	图　形
单作用单杆缸,靠弹簧力返回行程,弹簧腔带连接油口		双作用单杆缸	
双作用双杆缸,活塞杆直径不同,双侧缓冲,右侧带调节		带行程限制器的双作用膜片缸	
活塞杆终端带缓冲的单作用膜片缸,排气口不连接		单作用缸,柱塞缸	
单作用伸缩缸		双作用伸缩缸	
双作用带状无杆缸,活塞两端带终点位置缓冲		双作用缆绳式无杆缸,活塞两端带可调节终点位置缓冲	
双作用磁性无杆缸,仅右边终端位置切换		行程两端定位的双作用缸	

描　述	图　形	描　述	图　形
双杆双作用缸,左终点带内部限位开关,内部机械控制,右终点有外部限位开关,由活塞杆触发		单作用压力介质转换器,将气体压力转换为等值的液体压力,反之亦然	
单作用增压器,将气体压力 P_1 转换为更高的液体压力 P_2			

附表 2.4　液压辅助元件和其他装置

描　述	图　形	描　述	图　形
软管总成		三通旋转接头	
不带单向阀的快换接头,断开状态		带单向阀的快换接头,断开状态	
带两个单向阀的快换接头,断开状态		不带单向阀的快换接头,连接状态	
带一个单向阀的快插管接头,连接状态		带两个单向阀的快插管接头,连接状态	
可调节的机械电子压力继电器		输出开关信号、可电子调节的压力转换器	

描　述	图　形	描　述	图　形
模拟信号输出压力传感器		光学指示器	
数字式指示器		声音指示器	
压力测量单元（压力表）		压差计	
带选择功能的压力表		温度计	
可调电气常闭触点温度计（接点温度计）		液位指示器（液位计）	
四常闭触点液位开关		模拟量输出数字式电气液位监控器	
流量指示器		流量计	
数字式流量计		转速仪	

描　述	图　形	描　述	图　形
转矩仪		开关式定时器	
计数器		直通式颗粒计数器	
过滤器		油箱通气过滤器	
带附属磁性滤芯的过滤器		带光学阻塞指示器的过滤器	
带压力表的过滤器		带旁路节流的过滤器	
带旁路单向阀的过滤器		带旁路单向阀和数字显示器的过滤器	
带旁路单向阀、光学阻塞指示器与电气触点的过滤器		带光学压差指示器的过滤器	
带压差指示器与电气触点的过滤器		离心式分离器	

描　述	图　形	描　述	图　形
带手动切换功能的双过滤器		不带冷却液流道指示的冷却器	
液体冷却的冷却器		电动风扇冷却的冷却器	
加热器		温度调节器	
隔膜式充气蓄能器（隔膜式蓄能器）		囊隔式充气蓄能器（囊式蓄能器）	
活塞式充气蓄能器（活塞式蓄能器）		气瓶	
带下游气瓶的活塞式蓄能器		润滑点	

附表 2.5　气动阀控制机构及各类阀

描　述	图　形	描　述	图　形
带有分离把手和定位销的控制机构		具有可调行程限制装置的柱塞	
带有定位装置的推或拉控制机构		手动锁定控制机构	

描　述	图　形	描　述	图　形
具有 5 个锁定位置的调节控制机构		单方向行程操纵的滚轮手柄	
用步进电机的控制机构		气压复位,从阀进气口提供内部压力	
气压复位,从先导口提供内部压力		气压复位,外部压力源	
单作用电磁铁,动作指向阀芯		单作用电磁铁,动作背离阀芯	
双作用电气控制机构,动作指向或背离阀芯		单作用电磁铁,动作指向阀芯,连续控制	
单作用电磁铁,动作背离阀芯,连续控制		双作用电气控制机构,动作指向或背离阀芯,连续控制	
电气操纵的气动先导控制机构		二位二通方向控制阀,两通,两位,推压控制机构,弹簧复位,常闭	
二位二通方向控制阀,两通,两位,电磁铁操纵,弹簧复位,常开		二位四通方向控制阀,电磁铁操纵,弹簧复位	

描　述	图　形	描　述	图　形
气动软启动阀,电磁铁操纵内部先导控制		延时控制气动阀,其入口接入一个系统,使得气体低速流入直至达到预设压力才使阀口全开	
二位三通锁定阀		二位三通方向控制阀,滚轮杠杆控制,弹簧复位	
二位三通方向控制阀,电磁铁操纵,弹簧复位,常闭		二位三通方向控制阀,单作业电磁铁操纵,弹簧复位,定位销式手动定位	
带气动输出信号的脉冲计数器		二位三通方向控制阀,差动先导控制	
二位四通方向控制阀,单作用电磁铁操纵,弹簧复位,定位销式手动定位		二位四通方向控制阀,双作用电磁铁操纵,定位销式(脉冲阀)	
二位三通方向控制阀,气动先导式控制和扭力杆,弹簧复位		三位四通方向控制阀,弹簧对中,双作用电磁铁直接操纵,不同中位机能的类别	

描　述	图　形	描　述	图　形
二位五通方向控制阀,踏板控制		二位五通气动方向控制阀,先导式压电控制,气压复位	
三位五通方向控制阀,手动拉杆控制,位置锁定		二位五通气动方向控制阀,单作用电磁铁,外部先导供气,手动操纵,弹簧复位	
二位五通气动方向控制阀,电磁铁先导控制,外部先导供气,气压复位,手动辅助控制。气压复位供压具有如下可能:一从阀进气口提供内部压力;一从先导口提供内部压力;一外部压力源		不同中位流路的三位五通气动方向控制阀,两侧电磁铁与内部先导控制和手动操纵控制。弹簧复位至中位	
二位五通直动式气动方向控制阀,机械弹簧与气压复位		三位五通直动式气动方向控制阀,弹簧对中,中位时两出口都排气	
弹簧调节开启压力的直动式溢流阀		外部控制的顺序阀	
内部流向可逆调压阀		调压阀,远程先导可调,溢流,只能向前流动	
用来保护两条供给管道的防气蚀溢流阀		双压阀("与"逻辑),并且仅当两进气口有压力时才会有信号输出,较弱的信号从出口输出	

描　述	图　形	描　述	图　形
流量控制阀,流量可调		带单向阀的流量控制阀,流量可调	
滚轮柱塞操纵的弹簧复位式流量控制阀		单向阀,只能在一个方向自由流动	
带有复位弹簧的单向阀,只能在一个方向流动,常闭		带有复位弹簧的先导式单向阀,先导压力允许在两个方向自由流动	
双单向阀,先导式		梭阀("或"逻辑),压力高的入口自动与出口接通	
快速排气阀		直动式比例方向控制阀	
直控式比例溢流阀,通过电磁铁控制弹簧工作长度来控制液压电磁换向座阀		直控式比例溢流阀,电磁力直接作用在阀芯上,集成电子器件	
直控式比例溢流阀,带电磁铁位置闭环控制,集成电子器件		直控式比例流量控制阀	
带电磁铁位置闭环控制和电子器件的直控式比例流量控制阀			

附表 2.6　空气压缩机和马达

描　述	图　形	描　述	图　形
摆动气缸或摆动马达,限制摆动角度,双向摆动	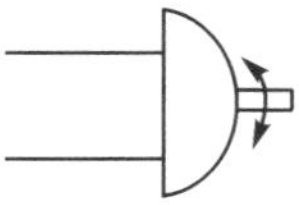	单作用的半摆动气缸或摆动马达	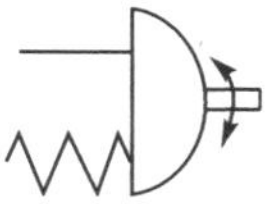
马达	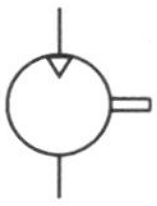	空气压缩机	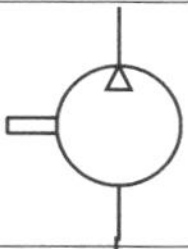
变方向定流量双向摆动马达	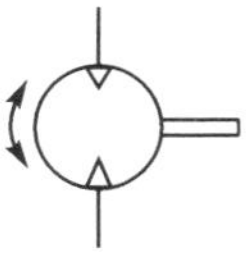	真空泵	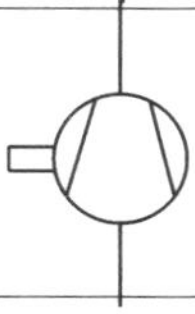
连续增压器,将气体压力 P_1 转换为较高的液体压力 P_2	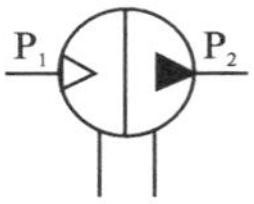 P_1 ◁▷ P_2		

附表 2.7　液压缸

描　述	图　形	描　述	图　形
单作用单杆缸,靠弹簧力返回行程,弹簧腔室有连接口	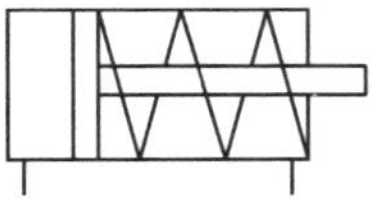	双作用单杆缸	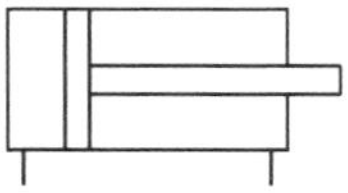
双作用双杆缸,活塞杆直径不同,双侧缓冲,右侧带调节	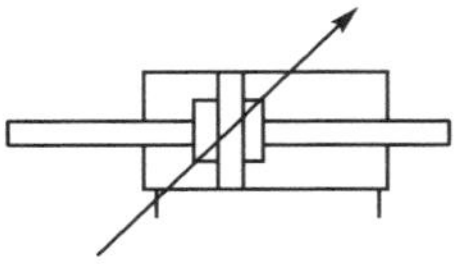	带行程限制器的双作用膜片缸	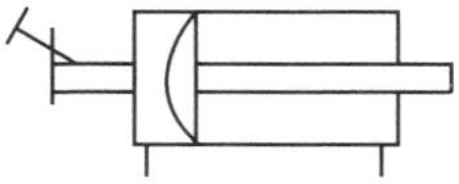
活塞杆终端带缓冲的膜片缸,不能连接的通气孔	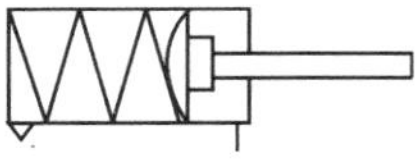	双作用带状无杆缸,活塞两端带终点位置缓冲	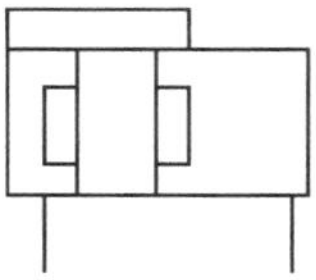
双作用缆索式无杆缸,活塞两端带可调节终点位置缓冲	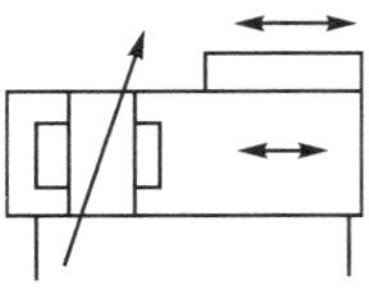	双作用磁性无杆缸,仅右手终端位置切换	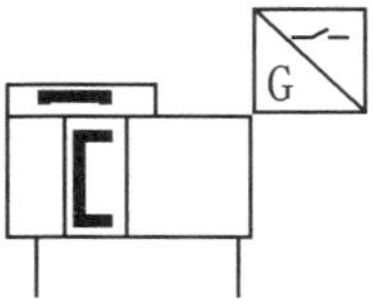 G

描　述	图　形	描　述	图　形
行程两端定位的双作用缸		双杆双作用缸,左终点带内部限位开关,内部机械控制,右终点有外部限位开关	
双作用缸,加压锁定与解锁活塞杆机构		单作用压力介质转换器,将气体压力转换为等值的液体压力,反之亦然	
单作用增压器,将气体压力 p_3 转换为更高的液体压力 p_2		波纹管缸	
软管缸		半回转线性驱动,永磁活塞双作用缸	
永磁活塞双作用夹具		永磁活塞双作用夹具	
永磁活塞单作用夹具		永磁活塞单作用夹具	

附表 2.8　液压附件

描　述	图　形	描　述	图　形
软管总成		三通旋转接头	
不带单向阀的快换接头,断开状态		带单向阀的快换接头,断开状态	

描　述	图　形	描　述	图　形
带双单向阀的快换接头,断开状态		不带单向阀的快换接头,连接状态	
带单向阀的快换接头,连接状态		带双单向阀的快换接头,连接状态	
可调节的机械电子压力继电器		输出开关信号,可电子调节的压力转换器	
模拟信号输出压力传感器		压电控制机构	
光学指示器		数字式指示器	
声音指示器		压力测量仪表(压力表)	
压差计		带选择功能的压力表	
开关式定时器		计数器	
过滤器		带光学阻塞指示器的过滤器	

描　述	图　形	描　述	图　形
带压力表的过滤器		旁路节流过滤器	
带旁路单向阀的过滤器		带旁路单向阀和数字显示器的过滤器	
带旁路单向阀、光学阻塞指示器与电气触点的过滤器		带光学压差指示器的过滤器	
带压差指示器与电气触点的过滤器		离心式分离器	
自动排水聚结式过滤器		带手动排水和阻塞指示器的聚结式过滤器	
双相分离器		真空分离器	
静电分离器		不带压力表的手动排水过滤器,无溢流	

续附表 2.8

描 述	图 形	描 述	图 形
气源处理装置，上图为详细示意图，下图为简化图	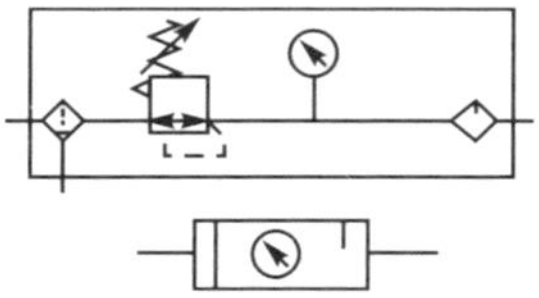	带手动切换功能的双过滤器	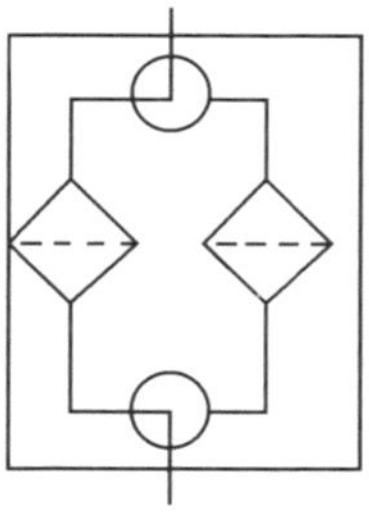
手动排水流体分离器	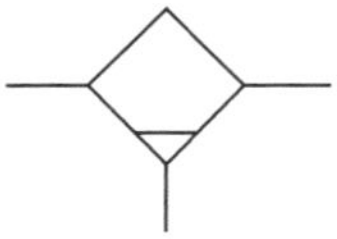	带手动排水分离器的过滤器	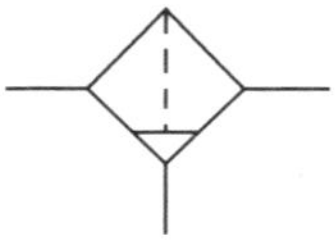
自动排水流体分离器	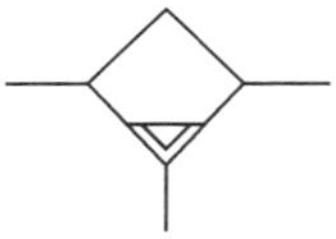	吸附式过滤器	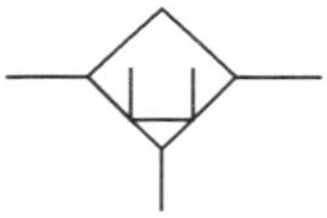
油雾分离器	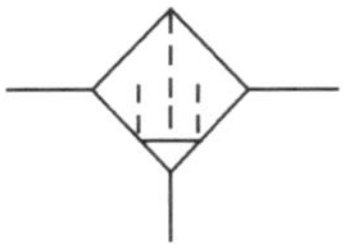	空气干燥器	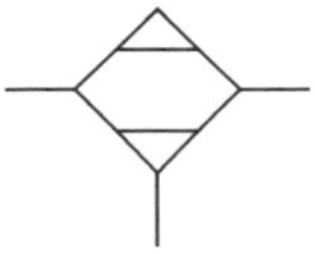
油雾器	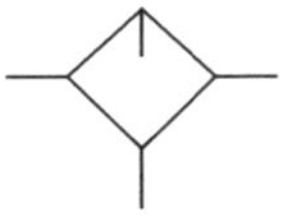	手动排水式油雾器	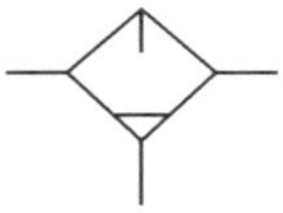
手动排水式重新分离器	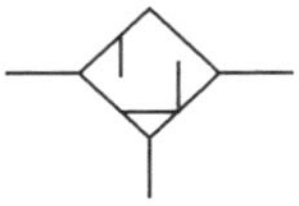	气罐	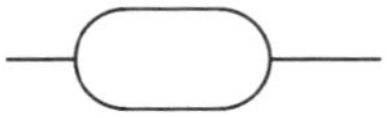
真空发生器	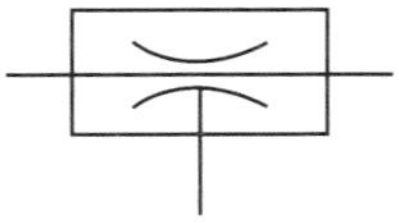	带集成单向阀的单级真空发生器	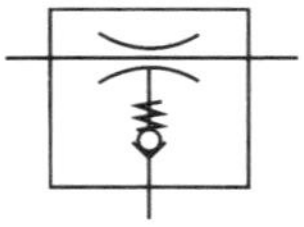
带集成单向阀的三级真空发生器	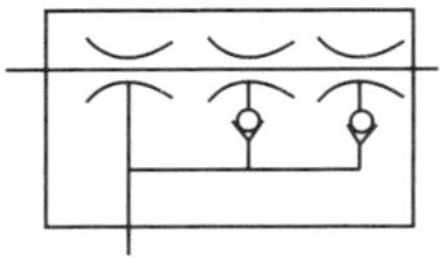	带放气阀的单级真空发生器	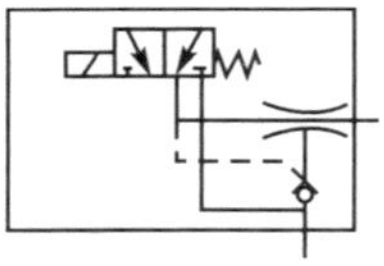

描　述	图　形	描　述	图　形
吸盘		带弹簧压紧式推杆和单向阀的吸盘	

参考文献

[1] 王占林,陈斌,裴丽华. 飞机液压系统的主要发展趋势[J]. 液压气动与密封, 2000,79(1):14-18.

[2] 姜继海. 液压传动[M]. 4 版. 哈尔滨:哈尔滨工业大学出版社,2007.

[3] 王海涛. 飞机液压元件与系统[M]. 北京:国防工业出版社,2012.

[4] 苟维杰,马峻,吕世霞. 液压与气压传动[M]. 长沙:国防科技大学出版社,2010.

[5] 王宝和. 流体传动与控制[M]. 长沙:国防科技大学出版社,2003.

[6] 丁树模. 液压传动[M]). 2 版. 北京:机械工业出版社,1999.

[7] 冀宏. 液压气压传动与控制[M]. 武汉:华中科技大学出版社,2009.

[8] 徐从清,王尔湘. 液压与气动技术[M]. 西安:西北工业大学出版社,2009.

[9] 张宏友. 液压与气动技术[M]. 大连:大连理工大学出版社,2004.

[10] 袁江,顺正环. 液压传动与控制[M]. 武汉:华中科技大学出版社,2006.

[11] 朱新才,周雄,周小鹏. 液压传动与气压传动[M]. 北京:冶金工业出版社,2009.

[12] 黄安贻,董起顺. 液压传动[M]. 成都:西南交通大学出版社,2005.

[13] 李芝. 液压传动[M]. 北京:机械工业出版社,1999.

[14] 许福玲. 液压与气压传动[M]. 武汉:华中科技大学出版社,2005.

[15] 李玉琳. 液压元件与系统设计[M]. 北京:北京航空航天大学出版社,1991.

[16] 李鄂民. 液压与气压传动[M]. 北京:机械工业出版社,2001.

[17] 何存兴,张铁华. 液压传动与气压传动[M]. 武汉:华中科技大学出版社,2000.

[18] 卢醒庸. 液压与气压传动[M]. 上海:上海交通大学出版社,2002.

[19] 姜继海,朱铃春,高常识. 液压与气压传动[M]. 北京:高等教育出版社,2002.

[20] 季明善. 液压气压传动[M]. 北京:机械工业出版社,2001.

[21] 欧阳小平,杨华勇,郭生荣,等. 现代飞机液压技术[M]. 杭州:浙江大学出版社,2016.

[22] 胡良谋,任博,李娜等. 飞机液压系统使用故障统计分析[M]. 北京:国防工业出版社,2014.

[23] 宋静波，李佳丽. 波音 737NG 飞机系统[M]. 北京：航空工业出版社，2016.

[24] 湛从昌，陈新元. 液压元件性能测试技术与试验方法[M]. 北京：冶金工业出版社，2014.

[25] 李艳军. 飞机液压传动与控制[M]. 北京：科学出版社，2009.